四川白河自然保护区
综合科学考察报告

主　编　袁施彬
副主编　张泽钧

科 学 出 版 社
北　京

内 容 简 介

本书通过将实地调查成果与历史资料相结合，全面系统地对四川省阿坝藏族羌族自治州九寨沟县白河自然保护区生物多样性进行调查。全书共19章，主要内容包括保护区自然地理概况、调查研究方法以及对大型真菌、苔藓植物、蕨类植物、裸子植物、被子植物、植被、昆虫、鱼类、两栖类、爬行类、鸟类、兽类等生物类群的考察成果；同时对保护区的川金丝猴进行了专题调查研究，此外还在对保护区社会经济状况和保护管理现状进行科学分析的基础上，对保护区自然生态质量和生态、生物、社会和经济效益进行科学评价，并提出相应的管理建议。

该书对评价白河自然保护区生物资源的科学价值和政府部门开展自然保护管理具有实际指导意义，同时可作为生物多样性研究工作者及自然保护管理人员的案头参考书。

图书在版编目(CIP)数据

四川白河自然保护区综合科学考察报告 / 袁施彬主编. —北京：科学出版社，2018.7

ISBN 978-7-03-058180-8

Ⅰ.①四… Ⅱ.①袁… Ⅲ.①自然保护区—科学考察-考察报告-九寨沟县 Ⅳ.①S759.992.714

中国版本图书馆 CIP 数据核字（2018）第 139389 号

责任编辑：张 展 孟 锐 / 责任校对：王 翔
责任印制：罗 科 / 封面设计：墨创文化

科学出版社出版
北京东黄城根北街16号
邮政编码：100717
http://www.sciencep.com

成都锦瑞印刷有限责任公司印刷
科学出版社发行 各地新华书店经销
*

2018 年 7 月第 一 版 开本：787×1092 1/16
2018 年 7 月第一次印刷 印张：16.75
字数：397 千字

定价：118.00 元

（如有印装质量问题，我社负责调换）

编 委 会

主　编：袁施彬

副主编：张泽钧

编　委：

西华师范大学：甘小洪　洪明生　黄小富　黎大勇　李林辉
廖文波　马永红　石爱民　曾　燏　张晋东
周　宏

四川白河自然保护区：金贵祥　刘玉平

四川省南充市南充高中：魏　扬

前　言

四川白河自然保护区位于四川省阿坝藏族羌族自治州九寨沟县，地处四川盆地向青藏高原过渡的岷山山系北段高山峡谷区，东经 104°01′～104°12′、北纬 33°10′～33°22′。保护区南北长约 18.8km，东西宽约 15.5km。东面以芝麻沟东侧的大草坡—中田山一线的主山脊为界，西面以沙坝沟、扎如沟的分水岭为界，南以四川勿角自然保护区的大草坡—青池—双池一线的主山脊为界，北面以白河、白水江及白水江以南的国有林与集体林、农耕地的分界线为界。保护区总面积为 16204.3hm^2，其中林地面积为 14457.7hm^2，占总面积的 89.2%。区内最高处海拔为 4453m，最低处海拔为 1240m，相对高差达 3213m。区内无村民居住。

保护区内地势东北低、西南高。峡谷切割深达 800～1000m，谷坡陡峻，多见悬岩陡壁。保护区在气候上属于太平洋东南季风及青藏高原西风环流交汇控制地区，既是亚热带到暖温带，又是暖湿平地向高寒高原的复合性过渡区域。复杂的自然环境条件，造就了保护区内较丰富的生物多样性。

四川白河自然保护区是 1963 年经原四川省人民委员会（现四川省人民政府）以“川农字第 0191 号文”批准建立的“以川金丝猴为主的野生动物及森林生态类型的自然保护区”，是四川省建立最早的保护区之一，是目前所知的川金丝猴种群最大、密度最高、最具代表性的保护区。现有资料表明，世界上约 1/10 的川金丝猴种群生活在白河自然保护区内。本次调查发现，白河自然保护区内分布着 7 个川金丝猴的自然种群，数量约为 1600 只。白河自然保护区内丰富的川金丝猴资源使该保护区在中国乃至世界川金丝猴的保护方面具有举足轻重的地位。

为了进一步保护好区内的珍稀濒危物种及其生物多样性，促进保护、区域经济、社会和文化的可持续发展，受四川省九寨沟县白河自然保护区管理处委托，西华师范大学生命科学学院组织相关人员于 2013 年对该保护区开展了野外综合科学考察，并在此基础上形成了《四川白河自然保护区综合科学考察报告》。在野外调查和报告撰写过程中，四川省林业厅、九寨沟县林业局等有关单位给予了大力支持，在此特别表示感谢！

由于水平有限，本书不足之处在所难免，敬请专家和同仁批评斧正。

目　　录

第 1 章　自然地理概况

1.1　地 理 位 置

1. 地理坐标

白河自然保护区位于四川省北部，阿坝藏族羌族自治州东北部、九寨沟县东南部白河南岸，地处岷山山系北段——四川盆地向青藏高原过渡的高山峡谷地带。该区距九寨沟县城 10km、距马尔康 496km、距成都 435km。地理位置位于东经 104°01′～104°12′、北纬 33°10′～33°22′。

2. 毗邻地区

白河自然保护区东以芝麻沟东侧的大白河—中田山一线的主山脊为界，西与沙坝沟、扎如沟的分水岭一带紧靠，南同九寨沟县保华乡、勿角林场、南坪林业局南坪林场、勿角保护区毗邻，北与白河、白水江及白水江以南的国有林、集体林、农耕地接壤(附图 1)。

3. 面积

保护区南北长约 18.8km，东西宽约 15.5km，总面积为 16204.3hm^2。其中，林地面积为 14457.7hm^2，占总面积的 89.2%。林地中，有乔木林地 12710.5hm^2、灌木林地 1701.4hm^2，全为国有林地，森林覆盖率为 83.9%。非林地面积为 1746.6hm^2，主要为高山草地及岩石裸露地。

1.2　地 形 地 貌

1.2.1　地势

保护区地处青藏高原东北部，是青藏高原和四川盆地两大地貌单元的过渡带，在四川地貌区划中属四川西部高山高原区岷山—邛崃山高山区。区内山高谷深，坡陡水急，层峦叠嶂，这与印度洋板块插入欧亚大陆板块底层后青藏高原隆起有密切关系。其地势由西南向东北倾斜，最高海拔为 4453m，最低海拔为 1240m，相对高程悬殊 3213m。峡谷切割深，多为 800～1000m。谷坡陡峻，呈南高北低的侵蚀地貌景观，山体坡度多为 30°～45°。

1.2.2 地貌类型

白河自然保护区地处九寨沟县中部，区域内地形地貌以高山深谷、坡陡水急、层峦叠嶂的深切割高山峡谷为主。再度细分，可划分出高山山地地貌、高山坡地地貌和高山河谷地貌等三种地貌类型，现分述如下。

1. 高山山地地貌

高山山地地貌位于海拔4000m以上的高大山体，地貌外营力主要表现为高山寒冻风化和冰川作用。岭脊基岩裸露，且由节理裂隙发育的石灰岩构成，强烈的冰雪寒冻风化和溶蚀作用，使岭脊地区形成了角峰、刃峰、峰丛，在山脚下因崩塌形成大片流石滩和崩塌裙带，并多处于活动状态，常沿山坡向下方缓慢运动，构成潜在威胁。

2. 高山坡地地貌

高山坡地地貌位于海拔4000m以下，由广阔的山地斜坡与高山谷地组成。按其坡度和坡面生长植物特征可分为森林植被覆盖坡地和草甸荒漠裸露坡地。

森林植被覆盖坡地位于海拔3800m以下到不同海拔谷底之间的山坡和谷坡区域。坡地上森林植被发育良好，自然植被垂直分带突出。该坡地区域由于植被茂盛、覆盖率高、坡面侵蚀弱，故坡地相对较稳定。

草甸荒漠裸露坡地位于海拔3800m以上的高山灌丛草甸和岭脊以下的山坡。该坡地区域的季节性积雪造成强烈的寒冻风化作用，致使坡面不断剥蚀后退，形成大量的松散状坡积物。因未长植被，该坡地区域处于不稳定状况，是泥石流、坡面流动等灾害地貌形成的发源地，一旦遇暴雨，雨水顺坡而下，直泻沟谷，形成泥石流，破坏自然资源，可诱发严重的自然灾害。

3. 高山河谷地貌

高山河谷地貌位于海拔3600m以上，有第四纪古冰川侵蚀和堆积作用的遗迹，冰川地貌典型，有U型槽谷、多道终碛堤和侧碛堤，以及基碛谷壁两侧发育系列泥石流扇体或冲洪积扇裙等微地貌。海拔3600m以下地区则以流水地貌和喀斯特地貌为主要特征。

1.3 地　　质

白河自然保护区在地质构造上处于青藏板块和四川盆地两大地质构造单元的结合地带，属四川西部地槽区，亦称松潘、甘孜地槽系，为一个相对独立的三级地槽系——南坪复向斜。其构造历史开始于震旦纪，形成于二叠纪，结束于三叠纪末。早二叠纪基本为浅海相灰岩沉积，进入早三叠纪为深海沉积，三叠纪末为边缘海性质，晚三叠纪时本区褶皱上升为陆地。

1.3.1 地质构造

保护区地质构造格局主要是大录－永丰向斜褶皱断裂和隆康－草地背斜褶皱断裂。

大录－永丰向斜褶皱断裂：该断裂从大录经九寨沟县城到永丰，其白河段为西北—东南走向(45°～65°)，倾角为 45°。该构造北受达舍寨背斜褶皱断裂的挤压，南受拉玛克盖－勿角压扭性断裂的屏障阻力作用，发育于三叠纪，有大理石、砂岩、千枚岩侵入。

隆康－草地背斜褶皱断裂：该断裂从隆康到黑河塘，为北东走向，黑河塘到草地为南东走向，属压扭性褶皱构造。断裂破碎带在双河、朝阳附近公路转弯处可见数十米由灰质角砾岩、碎裂岩、挤压片理岩组成的断面，以及大量斜擦痕迹，具有压扭性特征。

1.3.2 地层

保护区内出露的地层主要是晚古生代二叠纪(P)、中生代三叠纪(T)地层。古生代二叠纪地层分布于保护区北部，岩性主要为玄武岩、硅质岩、灰岩、石英岩、片岩等。中生代三叠纪地层分布于保护区南部，从上至下依次为三叠纪下统(T_1)、中统(T_2)、上统(T_3)地层，主要岩类有千枚岩、板岩、灰岩、页岩、砂岩等。

1.3.3 地质灾害

保护区地处四川盆地与青藏高原的交接地带，特殊的地质条件加上剧烈的造山运动，造就了规模宏伟的北西西向、北北东向的活动断裂带。正因为其地质条件因素非常奇异，白河自然保护区是众多珍稀动植物栖息地，同时也是地质灾害的多发区域。常见的地质灾害类型有滑坡、崩塌、泥石流、地震等。

滑坡：保护区的河谷地区容易产生滑坡灾害，这些灾害常伴随着岩崩、古泥石流堆积扇、倒石堆和断层破碎带的产生，基岩滑坡的情况比较少见。同时，根据针对滑坡地区地貌的研究，各个大型沟谷谷坡地区容易出现滑坡，而在沟谷源头地区、河流上游古冰碛物存在地区滑坡相对较少。从规模的角度划分，中型、小型滑坡比较常见，而大型滑坡相对较少。

崩塌：崩塌也是保护区内经常发生的地质灾害。该灾害一般发生在岩石结构有裂隙，同时其节理明显，裸岩比较破碎，加上没有植被保护，最终形成倒石堆的地方。

泥石流：泥石流是保护区内最常见的一种地质灾害，它是一种挟持有大量泥、沙、石块等的特殊流体，泥石流经常在季节性河谷中出现。从形成环境、规模、性质等角度分类，一般将泥石流划分为古泥石流、坡面性泥石流和活动性沟谷泥石流三种类型。

地震：截至 1995 年(四川省阿坝州地震监测中心的资料)，保护区内共发生大、小地震 51 处，震级多为 2～3 级。有历史记载以来，大于 5 级的强震有 7 处，震源深度为12～15km。1748 年 5 月 2 日，塔藏、羊峒出现 4 次地震，造成大面积的树木、房屋倒塌；1960 年 11 月 9 日，松潘漳腊发生 6.75 级地震，震源深度为 5km，震中烈度 9 级，受灾面积达 1500km^2，造成大面积的山地裂缝、山体垮塌、滑坡、房屋倒塌；1976 年 8 月 16

日、22日、23日，松潘小河相继发生7.2级、6.7级、7.2级地震，震源深度分别为15km、10km、22km，综合叠加烈度9度、震中烈度8度，波及九寨沟县、文县、北川县等地，造成日则沟林场住房多处裂隙，宽约20cm以上，观音岩器皿翻倒、砖石开裂、房屋梭瓦、新修公路垮塌，黄龙烟囱倒塌、院墙开裂及倒塌、山滚石、塌方等。地震虽然没有造成灭顶之灾，但由其造成的裂隙发育、岩石碎化，地面以下岩溶增强甚至地下管道连接起来，导致地表水转入地下，终将破坏现在水循环的系统。

1.4 土 壤

白河自然保护区地形起伏，相对高差大，地处青藏高原向四川盆地的过渡地带。由于受成土母质及气候等诸多因素的影响，保护区的土壤垂直带谱明显。各带的代表性土壤类型依次为：山地褐色土、山地棕壤土、山地暗棕壤土、亚高山草甸草原土、高山草甸土、高山寒漠土及流石滩等。各土类基本情况如下。

1.4.1 山地褐色土

山地褐色土分布于海拔2800m以下山体下部的阴向坡面。剖面发育完整，层次分化比较明显，土体构造属A-B-C型；土壤结构呈块状，常和棕壤土质互成复区，质地中壤至重壤，pH为6.8～7.2，有机质含量为5.6%～13.6%，黏粒含量为18.9%～36.8%，石砾含量为4.1%～12.3%。这部分土壤自然植被较好，主要以辽东栎(*Quercus liaotungensis*)、高山柳(*Salix* spp.)、油松林(*Pinus tabulaeformis*)为主。

1.4.2 山地棕壤土

山地棕壤土主要分布于海拔2800～3000m的山体中、下部的阴向坡面，成土母质为古生代石灰类系统下益哇组和洛阳组的碎屑灰岩、泥质灰岩、生物灰岩和白云质灰岩等各种灰岩的残坡积物。全剖面石砾含量为3.1%～28.3%，黏粒含量为3.0%～7.1%，pH为5.4～6.0，呈粒状或粒块状结构，中壤质地；表土层腐殖质为10.3%～15.6%，全氮量为0.4%～0.6%，盐基饱和度为67.1%～74.0%。土壤有明显的枯枝落叶层，腐殖层约为12cm，表土多为暗褐色，有粒状或核状结构，自然肥力高，植被以油松、桦、栎为主。

1.4.3 山地暗棕壤土

山地暗棕壤土主要分布于海拔3000～3800m的暗针叶林地带，成土原因与山地棕壤土相同。土体呈暗棕色至黄棕色，剖面构型为A_0-A_1-B-C型，层次过渡不甚明显；枯枝落叶层较厚，亚表层结构面有少量灰白色的二氧化硅粉末；腐殖质含量较高，达5%～20%；盐基饱和度为40%～85%，pH为4.5～7.0，黏粒含量为15%～20%，黏粒硅铝铁率为1.8～2.0，硅铝率为2.2～2.7；黏土矿物以伊利石和蛭石为主。该区主要为森林用地，植被为冷杉(*Abies*)、云杉(*Picea*)、箭竹(*Fargesia*)、杜鹃(*Rhododendron*)、苔藓、地衣等组成的植物群落，植被覆盖率大，层次较多。

1.4.4　亚高山草甸草原土

亚高山草甸草原土主要分布在海拔 3800～4000m 的林间空地和林线以上地区，常和暗棕、棕壤互相交错，成土母质残积物和风成黄土土壤有明显的草根盘结层。土体呈暗褐色至暗黄色，团粒状至块状结构，中壤或砂壤质地，pH 为 6.2～6.4，黏粒含量为 2.0%～4.1%，盐基饱和度为 76.5%～79.0%；表土层腐殖质聚积明显，有机质含量为 12.6%～15.8%。植被以峨眉蔷薇(*Rosa omeiensis*)、小叶柳(*Salix hypoleuca*)、高山绣线菊(*Spiraea alpina*)、金莲花(*Trollius* spp.)、金露梅(*Dasiphora fruticossa*)、苔草、蓼等形成的群落为主。

1.4.5　高山草甸土

高山草甸土主要分布在海拔 4000～4200m 的平缓坡地带和缓丘地带，成土母质为残坡积物和黄土母质，融冻作用强烈，土中多砾石碎片。流石滩镶嵌于高山草甸土中，阳坡生长高山草甸植物，如早熟禾、高山蓼和蒿草等，一般无灌丛，在阴坡则有高山灌丛植被零星分布，如高山柏(*Sabina squamata*)等。

1.4.6　高山寒漠土及流石滩

高山寒漠土及流石滩分布于海拔 4200m 以上地带，常与流石滩成复区分布。该区土壤常年冰冻，发育程度低，土层浅薄，无分化，通体成粗骨性，仅在岩块缝隙中有少量土粒。植物稀少，几乎全为裸岩。

1.5　气　　候

1.5.1　气候特征

保护区位于我国北亚热带秦巴湿润区与青藏高原波密——川西湿润区的过渡地带，属川西高原气候中的暖温带干温河谷气候。一方面，因东面有龙门山阻挡，使来自太平洋的暖湿气流多在龙门山东坡停留，故降水偏少；另一方面，因北面有高大的秦岭山脉屏护，大大削弱了冬季从蒙古高原来的冷高压寒流的影响，故相对并不寒冷。因而保护区的气候表现为气候温和，降水适中、旱雨季分明的季风气候。同时，保护区内气候的垂直差异显著，降水量随海拔的增加而有所增加，而气温则随海拔的增加显著降低。

1.5.2 气象要素

气象要素主要包括降水、气温、光照、蒸发、气压和风等。保护区内无气象站，主要通过对九寨沟、红原、松潘和若尔盖以及九寨沟内几个自动气象站的气温、气压、湿度、风速和太阳辐射等气象观测资料的统计计算来大体评估保护区的气象要素，现详述如下。

1. 降水

保护区位于川北山区，气候受地形影响显著，在四川境内属年降水量和暴雨偏少的地区，雨量少但降雨集中，常出现局地性暴雨和冰雹。

有资料显示，保护区年平均降水量为 551.6～769.2mm，降水量随海拔升高而增加，降水量季节性分配不均，5～10 月降水量占全年降水量的 82%～88%。由此可见，保护区干湿季节分明：干季空气干燥，少降水；雨季大体开始于 5 月上旬，结束于 10 月中旬，雨季空气湿润，降水比较充沛。由于受高原动力和热力作用影响，该区多阵雨和夜雨(夜雨率达 61.8%～65.4%)，少连续性降水，尤其是白天多为热力作用引起的短时阵雨。同时，该区年平均降水日数为 138～173d，降水日数随海拔升高而增加。1 月降水日数为 3～6d，4 月降水日数为 15～17d，降水日数最多月份为 5～6 月，为 19～22d，其次是 9 月，为 17～20d，12 月最少，为 1～4d。统计还表明，降水量≥1.0mm 的降水日数为 88～120d，降水量≥5.0mm 的降水日数为 37～53d。

雪是一种特殊的水分资源，保护区内降雪资源非常丰富，降雪日数达 20～112d，积雪天数为 4～86d。

2. 气温

保护区内无气象站。据九寨沟县气象站(东经 104°14′，北纬 33°16′，海拔 1406.3m)观测，该地区年均气温为 12.7℃，1 月平均气温为 1.8℃，7 月平均气温为 22.4℃，极端最高温出现在 1966 年 7 月，为 35.8℃，极端最低温出现在 1975 年 12 月，为−10.3℃。≥5℃积温为 4371.1℃，≥10℃积温为 3877.0℃。

由于保护区的海拔较县城高，保护区的气候相对县城来说有较大差异。根据与保护区最低海拔相近的位于海拔 2400m 的九寨沟国家级保护区的诺日朗气象站的资料，本海拔区域的年平均气温为 7.3℃，最热月为 7 月，均温为 16.8℃，10 月均温为 8.3℃，最冷月为 1 月，均温为−8.7℃，极端最高温为 32.6℃，极端最低温为−17℃。

3. 光照

总体而言，保护区内太阳总辐射值夏季大、冬季小，且春季高于秋季，全年 7 月最大，12 月最小。太阳总辐射值随海拔增加而增大，但保护区内由于地形遮蔽、植物遮挡等因素影响，出现了海拔升高但总辐射减少的现象。

统计表明，该区阴天日数少，为 32～82d，晴天日数多，为 81～135d。其年日照时数为 1664.5～2510.5h，日照百分率为 38%～57%，日照较为充足。日照时数和日照百分率冬季最多，春季次之，秋季最小；全年 12 月最多，9 月最少。并且，随海拔升高，日照时数增多。

4. 风速和气压

有资料显示，保护区内年平均风速为 0.1～2.4m/s，风速适宜，给人以舒爽感，利于旅游开发。

总的来说，该区气压的月季变化不大，但气压随海拔升高而降低，年平均气压为 859.4～665.2 hPa。

综上所述，白河自然保护区气候属川西高原暖温带干温河谷气候，具有温和偏冷、夏短冬长、降水量较少、蒸发量较大等特点。

1.6 水　　文

1.6.1 水系

白河自然保护区位于嘉陵江上游支流白龙江西源支流白水江的发源地附近。区内地形复杂，河流众多，可谓山高水急、沟壑万千。其中较大的河流、溪沟有白水江、白河、芝麻沟、燕子垭沟等，现分别叙述如下。

白水江：发源于日日柯，途经勒乌克盖、大录、玉瓦、黑河、陵江等地，在二道桥附近与白河汇合，再经白河、南坪、双河等地，在青龙附近流出九寨沟县，进入甘肃省文县，后于玉垒附近注入嘉陵江一级支流白龙江。该河流二道桥以上段称为黑河，二道桥至玉垒段称为白水江，在九寨沟县境内总长 189km，汇水面积为 7889.5km^2，多年平均流量为 71.4m^3/s，平均比降为 12.2‰。

白河：发源于弓杠岭斗鸡台，途经塔玛道班、干海子、上四寨、农康、沙坝等地，于二道桥附近汇入白水江，流程为 57km，汇水面积为 1334.1km^2。该河流流经保护区北部边境长约 18km，平均径流总量为 $22.5\times10^8m^3$，最大流量为 360m^3/s，最枯流量为 22m^3/s；流经保护区西北部边境长约 8km，多年平均流量为 16m^3/s。

芝麻沟：发源于保护区西南部山地，流经下坪地、太平等地，在马厂附近注入白水江。该溪沟汇水面积为 109.3km^2，流程为 15km，多年平均流量为 1.4m^3/s，平均比降为 112‰。

燕子垭沟：发源于保护区西南部山地，由西南向东北流经保护区腹心地带，于燕子垭附近注入白水江。该溪沟流程为 8.7km，汇水面积为 31.4km^2，平均比降为 151.7‰，年径流量为 $5295.7\times10^4m^3$，平均流量为 1.7m^3/s。

另外，保护区西南部还分布有青池、双池两个天然湖泊。其中，青池海拔为 3870m，水域面积为 3.5hm^2，平均水深为 3.1m，蓄水量约为 $6.5\times10^4m^3$；双池海拔为 3960m，水域面积为 5.0hm^2，平均水深为 3.5m，蓄水量约为 $12.0\times10^4m^3$。

1.6.2 地下水和融雪水

保护区年降雪天数最高达 112d，积雪天数最高达 86d。天气回暖后，低海拔积雪融化，可作为河流水系的重要补给水。同时，地下水也是河流水系的重要补给水。

保护区内河水主要来自大气降水，此外还有部分融雪水、湖泊径流和地下水补给。汛期为 5～10 月，主要来自大气降水，枯期为 11 月～次年 4 月，主要来自地下水补给。天然且健全的河水补给系统使保护区内河谷纵横、水流湍急、四季长流、终年不断。

第 2 章　调查研究方法

2.1　大型真菌调查

本次调查主要采用样线调查法和样地调查法，同时结合访问调查及历史资料检索法。

1. 样线调查法

样线调查法即在调查区内设置若干条垂直方向和水平方向且贯穿不同生境的样线。在样线行进的过程中地毯式搜索大型真菌并记录生境主要植被、样方定位且做上标记。发现目标后，进行生境照相、同一物种子实体个数记录、代表性单个子实体全貌照相、形态特征记录。

2. 样地调查法

样地调查法首先沿海拔或路径选择代表性样地，以发现较多大型真菌子实体的区域为中心，在 20m×20m 区域内地毯式搜索大型真菌。发现目标后，记录真菌的相关信息并拍照，记录生境主要植被、样方定位并做上标记。

2.2　植被与植物区系调查

2.2.1　植物种类调查

在调查区内采取典型抽样法。设置若干条垂直方向和水平方向且贯穿不同生境的样线，在样线上记录植物种类、数量、海拔、生境等信息，并对珍稀特有物种采用全球定位系统(Global Positioning System，GPS)定位，同时在样线上填写《白河珍稀濒危保护和特有物种调查记录表》。

在全面搜集相关资料的基础上，将主要的目标物种(特有类群、珍稀濒危保护物种)分布点标注在地形图上。通过实地调查，核实目标物种的分布面积、数量变化，准确记录其 GPS 位点并拍照，以便于准确掌握目标物种的资源现状，为保护管理提供依据和指导。

对不认识的植物种类，每个物种采集 2 份标本带回室内，参考图鉴进行鉴定，并填写采集记录表；木本植物或大型草本植物要采集带叶的花枝或果枝，小型草本植物要采集带花或果实的全株。

2.2.2 植被调查

根据保护区的自然环境及植被特点，布设垂直方向的样线，在样线上进行植被分布调查。调查时往往按样线由低至高行进，直至植被分布的上限，分别记录不同植被类型及其分布范围。

在样线上布设 20m×20m 的样方，按要求逐项调查样方所处地理位置、生境类型、植物群落名称、种类组成、郁闭度或盖度、海拔、坡度、坡向、坡位，人为干扰方式、程度及保护状况等信息。对样方内的乔木、灌木及草本分别记录如下信息：对样方内所有(树干)胸高直径(diameter at breast height，DBH，简称胸径)≥5cm(幼龄林 DBH ≥ 2cm)的乔木(包括活立木和死立木)进行每木调查，鉴定其种类，测定其胸径、树高等。

在样方中沿对角线梅花状设置 5 个 5m×5m 的样方，记录灌木(DBH<5cm，高度>50cm)的主要种类、多度及其盖度(注：高度小于 50cm 的小灌木，归为草本层)。

在灌木调查的样方内，围取 1 个 1m × 1m 的小样方，记录草本及幼苗植物的主要种类、多度和盖度。

2.3 动物调查

2.3.1 昆虫调查

昆虫种类多，分布范围广，根据不同海拔、植被等特点，采用踏查与定点辐射式采集，结合观察搜捕法、震落法、诱捕法及网捕法等方法对保护区内的昆虫资源进行调查。采集标本带回室内后参考相关工具书进行种类鉴定。

观察搜捕法：许多昆虫都能发声，例如蝉、蟋蟀等，可以凭借声音将其找到。对于不会发声的昆虫，可以根据它们在生活场所中留下的痕迹将其采集到。例如，可根据寄主的空洞及畸变来采集钻蛀性的昆虫；可根据叶片上被咬食的缺刻来采集咀嚼型的昆虫。在观察搜捕法的基础上，还可以根据昆虫的生活习性扩大搜索范围，在发现昆虫踪迹处附近的石块下、枯木中、树皮下及土壤中昆虫可能栖息的地方进行搜索。

震落法：当寄主植物突然受到猛烈震动时，许多昆虫会佯死而自行落下。在早上或傍晚温度较低、昆虫活动不甚活跃时进行震落效果最佳。此外，一些具拟态的昆虫在受到震动后常会解除拟态而暴露。在使用震落法时，在震动对象的下方放上网或白布等简单的工具，收集掉下来的昆虫。

诱捕法：许多昆虫的成虫对灯光都具有趋向性。只需在适宜的地方挂上一盏灯即可采集到很多其他方法难以采到的昆虫。定期收取昆虫尸体即可，省时省力。

网捕法：利用捕虫网对植物上(内)或飞在空中的昆虫进行采集。

2.3.2 鱼类调查

鱼类调查主要采取样带法与样方法结合的方式进行。样带法即沿着河沟一边走一边用渔网进行捕捞。样方法则是在样带上选择几处水流较缓、水体较深的点，布成样方，用钓竿、拉网和捞网进行捕捞。可通过访问渔民、水产品收购和批发市场、当地渔业管理部门的工作人员，获得更多信息。

对采集到的每一尾鱼样本种类进行现场鉴定，并逐尾进行生物学测量(其中体长测量精确到 1mm，体重测量精确到 1g 或 0.1g)。对于不能现场识别、识别尚存疑问或以前没有采集到的种类，用 5%～10%的福尔马林溶液固定后，夹写布质标签，标明采集地点、采集时间和采集地生境，运回实验室后参考相关工具书进行种类鉴定和复核。

2.3.3　两栖类调查

两栖类调查主要采用白天样线、样方法和晚上定点调查相结合的方法进行。

在某个物种分布的不同生境内设计一条样线，记录此线所遇到的所有动物个体的调查方法即为样线法。溪流型两栖动物调查宜使用样线法。沿溪流随机布设样线，沿样线行进，仔细搜索样线两侧的两栖动物。发现动物时，记录动物名称、数量、距离样线中线的垂直距离、地理位置、影像等信息，同时记录样线调查的行进航迹。样线上行进的速度根据调查工具确定，步行速度宜为 1～2km/h。

非溪流型两栖动物调查宜使用样方法。即在调查样区确定两栖动物的栖息地后，随机布设 8m×8m 样方，仔细搜索并记录发现的动物名称及数量。

2.3.4　爬行类调查

爬行类调查主要采用白天样线、样方法和晚上定点调查相结合的方法进行。样线法为在爬行动物栖息地随机布设样线，调查人员在样线上行进，发现动物时，记录动物名称、数量、地理位置、距离样线中线的垂直距离等信息，同时记录样线调查的行进航迹。样线上行进的速度根据调查工具确定，步行速度宜为 1～2km/h，不宜使用摩托车等噪音较大的交通工具进行调查。样方法为在爬行动物栖息地随机布设 50m×50m 的样方，仔细搜索并记录发现的动物名称、数量等信息。

2.3.5　鸟类调查

鸟类调查主要采用样线法，根据自然保护区的自然环境及植被特点，布设垂直方向的样线，沿样线调查鸟类种类及分布。调查时往往按样线由低至高行进，直至海拔最高点，并记录所发现的鸟类名称、数量、距离样线中线的垂直距离、地理位置(GPS 位点，沟名)、影像等信息，以 GPS 记录样线调查的行进航迹。

另外，在植被茂密、视野不开阔或地形复杂、难以进行样线调查的环境和区域，以定点的形式观察鸟类，如雀形目鸟类调查宜使用该方法。样点应随机设置，样点间间距不少于 200m。

2.3.6 兽类调查

大型兽类调查主要采用样线法，根据保护区地形地貌以及植被特点，在不同的生境内布设一定数量、基本涵盖整个保护区的样线，且每条样线从低到高，穿越所有的生境类型。2或3人一组开展调查，线上观察记录兽类的实体、痕迹(如食迹、足迹、粪便、抓痕等)和遗迹(如骨骼、皮张、毛发等)，并辅以访问的方式补充调查。

小型兽类，包括鼠兔类、食虫类、啮齿类，采用样线法、样方法结合铗日法进行调查，铗距为5m。

2.4 社会经济调查

社会经济调查采用资料调研和走访调查相结合的方法。通过查阅相关主管部门的有关统计资料，以行政村为基本单位，记录自然保护区周边地区和本地社区内的乡镇、行政村名称及其社会经济发展状况，包括土地面积、土地利用类型及范围、土地权属、人口、工业总产值、农业总产值、第三产业产值等。社会经济状况应注明统计资料年代。

第3章 大型真菌

大型真菌指真菌中形态结构较为复杂、子实体大、容易被人眼直接看到的种类。它们是一项重要的生物资源，对生态系统稳定，特别在植被更新、物质循环及能量流动中起着极为重要的作用。同时，许多大型真菌不仅是美味可口的食用菌，还具有营养、保健价值或是筛选抗癌药物的重要资源。

2004年，白河自然保护区首次进行了较为系统的大型真菌调查。在这次调查中，共采集大型真菌标本315份，分类鉴定出49种，隶属2亚门5目17科32属。其中，林木菌根真菌19个种，食用菌39个种，药用真菌16个种；国家Ⅱ级保护1种，即冬虫夏草(*Cordyceps sinensis*)。

3.1 大型真菌的多样性

生物多样性可简述为生物的物种多样性和变异性及生态环境的生态复杂性，具体包括物种多样性、基因多样性和生态系统多样性三个方面。大型真菌具有以下特点：①菌体都是由组织化了的丝状体构成；②不含叶绿素，不能进行光合作用，也不能摄食，是靠分解与吸收动植物和微生物残体的异养生物；③绝大多数都是典型的无性和有性世代，无性世代的菌丝体或组织细胞具有全能性，可进行无性繁殖，成熟个体产生的子囊孢子或担孢子可进行有性繁殖。真菌可分解吸收广泛的食物且繁殖能力较强，能适应各种生态环境，因而分布广、成员多，是菌物界里一支非常庞大的队伍，在地球上是仅次于昆虫的第二大生物群。其中，已记载的大型真菌达两千多种。

本次野外调查雇请了熟悉保护区地形路径、并有菌类采集经验的民工参与野外标本采集。调查组在保护区境内由近至远、由低至高分区分片全面考察，边采集、边照相、边记录，同时记录菌物生境，每天都将标本送室内鉴定，调查期间共采集到521份样本。根据《真菌字典》(第10版)的分类系统，白河自然保护区内分布有大型真菌106种，隶属于2亚门5纲9目33科65属，具有较丰富的种类多样性(附录1)。

保护区海拔跨度比较大，生境类型主要是落叶阔叶林、针阔混交林、暗针叶林以及草甸等。不同的林型分布的真菌有较大的差别。例如：侧耳属(*Pleurotus* spp.)食用菌多出现在针阔叶混交林内，栎林里出现橙盖鹅膏菌(*Amantia caesarea*)、红菇类(*Russula* spp.)、蜡伞类(*Hygrophorus* spp.)等，草甸里分布有鬼伞科(Coprinaceae)、白蘑科(Tricholomataceae)等。

3.2 白河自然保护区内重要的大型经济真菌

保护区的面积不大，调查到的林下菌类种类不多，种群数量也不多。然而，由于经济利益的驱动，保护区内居民毁灭性采集冬虫夏草(*Cordyceps sinensis*)、羊肚菌(*Morchella* spp.)、猪苓(*Grifola umbellata*)以及茯苓(*Poria cocos*)作为商品出售的现象颇多。

1. 羊肚菌(*Morchella* spp.)

羊肚菌是一种营养丰富、风味独特、药效较高且可出口创汇的珍稀食用菌，其干品市场价格高，产品供不应求。其子实体含粗蛋白为28.6%，是猪、羊肉的1.5~2倍，是牛肉的1.3~1.8倍；含有氨基酸17种，包括人体必需的8种氨基酸。羊肚菌药效较高，其菌体内含有大量的多糖等有效成分，具有较强的抗肿瘤、抗病毒、抗辐射、抗诱变的作用。因此，羊肚菌在用药、食品、保健品、化妆品等领域具有良好的应用前景。该菌在保护区内分布较广，拥有一定的资源数量。

2. 木耳(*Auricularia* spp.)

木耳是一种胶质、细嫩可口、风味优美、营养丰富的著名食用真菌，也可以作为药用。其功效有性平味甘、补气血、润肺、止血等。据报道，木耳所含的多糖对小白鼠肉瘤S-180的抑制率达42.5%~70%，对艾氏瘤的抑制率达80%。

木耳是一种木材腐朽菌，生长在朽木桩、腐倒木等树干树枝上。保护区内自然倒下死亡的云杉、冷杉等树和砍伐而未运走的木材遍地都是，都为木耳提供了良好的生长条件和环境。木耳在保护区的适生范围广，但采集量不大。

3. 冬虫夏草(*Cordyceps sinensis*)

冬虫夏草是一种罕见的个体，它冬天是“虫”，夏天却摇身一变成了“草”。蝙蝠蛾等昆虫的幼体寄生在冬虫夏草菌内后，冬天幼虫钻入土内，菌核就在它的体内形成，外表仍然保持原来的虫体形状。第二年夏季，从虫体或菌核上生长出有柄的子座，呈褐色，犹如刚从土中长出的幼草，故取名“冬虫夏草”，其主要分布在保护区内海拔3000~5000m的高山灌丛和高山草甸带，每年5~7月出现。

冬虫夏草是名贵的药用菌与食用菌，与人参、鹿茸并称为我国三大珍稀补品，其所含虫草素具有一定的抗癌作用和抑制细胞分裂的作用。中医认为本菌性温、味苦微辛，具有补精益髓、保肺、益胃止血、化痰、止痨咳等功效。冬虫夏草同时也是一种高级滋补品，可以与鸡肉、鸭肉、猪肉同炖后食用，有极好的快速滋补强身效果。冬虫夏草的提取物在动物实验中表现出抗癌作用。

4. 墨汁鬼伞(*Coprinus alramentarius*)

墨汁鬼伞子实体小或中等大，菌盖早期如钟形，成熟时有一大特点：开伞时流出墨汁状液体。幼嫩时可以食用，但一定不能与鸡肉同煮，或者用鸡汤煮食。食用后不能饮酒，或者饮酒时不能食用，否则会引起中毒，出现颜面潮红、冒汗、心率加快等症状。据中医记载，本菌可作为药用，其性寒味甘，有益肠胃、理气化痰、解毒消肿等功效，经常食用可增进食欲，祛痰。该菌种在保护区分布广，分布的海拔跨度大，春季至秋季在林中、田野、路边、村庄等处地下有腐木的地方丛生。

5. 橙盖鹅膏菌(*Amanita caearea*)

橙盖鹅膏菌子实体大型，菌盖直径为 5.5～20cm。夏秋季在林地散生或单生。可食用，味很好，属著名食用菌。据记载，罗马帝国的恺撒大帝最喜食此菌，因此橙盖鹅膏菌有“恺撒蘑菇”的别称。此菌是树木的外生菌根菌，与云杉、冷杉、山毛榉、栎等树木形成菌根，在保护区内分布范围较大，但种群数量不大。

6. 猪苓(*Grifola umbellata*)

猪苓子实体大或很大，肉质、有柄、多分枝，一丛直径可达 35cm，生在阔叶林地上或腐木桩上，有时也生在针叶林旁。

子实体幼嫩时可食用，味道十分鲜美。其地下菌核为黑色，形状多样，是著名的中药，有利尿治水肿之功效。猪苓在保护区主要分布在下坪地一带，有一定的数量，但挖采较严重。

7. 茯苓(*Poria cocos*)

茯苓子实体生于菌核表面，呈平核状，厚 0.3～1cm，初期为白色，老后和干后变为浅褐色。茯苓生于多种松树的根际，偶见于其他针叶树及阔叶树的根际，其土质为砂质适宜。我国药用茯苓历史悠久，传统以“闽苓”“安苓”“云苓”著名。据《神龙本草经》记载：“茯苓主治胸肋逆气，忧患惊邪恐悸，心下结痛、寒热烦满咳逆，口焦舌干，利小便。”《本草纲目》记载：“茯苓皮主治水肿肤胀、止泻温热、生津止渴、退热安胎、宁心益气、消烦躁”，另有降低血糖的作用。茯苓在保护区分布少。

3.3　白河自然保护区大型真菌资源简要评价

本次调查查明白河保护区有大型真菌共 33 科 65 属 106 种。其中，可食用大型真菌 59 种，占总种数的 54%。在可食用菌种中，如侧耳科有 6 种(占 10%)，白蘑科有 13 种(占 22%)，蘑菇科有 3 种(占 5%)，丝膜菌科有 3 种(占 5%)，牛肝菌科有 3 种(占 5%)，红菇科有 4 种(占 7%)等，其中包括著名食用菌羊肚菌、猪苓和冬虫夏草等，可食用资源丰富。保护区内分布有毒菌 9 种，占总种数的 8%；药用菌 37 种，占总种数的 35%；药食同源菌 28 种，占总种数的 26%；抗癌菌 39 种，占总种数 37%；木腐菌 38 种，占总种数的 36%；外生菌根菌 23 种，占总种数的 22%。

白河自然保护区可栽培的食用菌品种较多，是获取野生大型真菌资源的重要基地，且抗癌菌种类多(占 37%)，因此也是从大型真菌层面筛选抗癌活性物质的重要资源区。

第4章 苔藓植物

苔藓植物是由水生向陆生过渡的高等植物类群，在植物界的系统演化过程中具有特殊的地位和独特的生理生态适应机制，分布范围十分广泛。全世界现有苔藓植物约23000种。据1990年和1996年出版的《中国苔类植物名录》《中国藓类植物名录》初步统计，我国已记载苔藓植物125科670属约3450种。苔藓植物是生态系统的重要组成部分，在园林绿化、环境监测、医药、农业等方面有着重要作用。

苔藓植物形态微小，人们对其经济价值认识不足，所以对苔藓植物研究的深度和广度远不及其他高等植物。目前的研究大多仅限于宏观领域，偏重于区系、分类等方面，对苔藓植物形态、发育、细胞学、生理生态、化学内含物、超微结构、分子生物学方面的研究刚起步，未充分利用现代技术领域的新方法和新手段，这使中国的苔藓植物研究缺乏深度。且现阶段对苔藓植物的研究主要集中在物种多样性方面，对其生态多样性和遗传多样性的研究虽已有所涉及，但规模和水平远未达到要求。科学意义重要的地区和种类应加强植物保护学研究。

植物分区研究是植物区系和植物地理学及与植物生态学相结合的综合性学科。对国内各地苔藓植物进行分区的研究对中国植物的地理分布特性、植物地理的划分和对苔藓植物在不同植被类型中的指示等均可起到积极的指导作用。我国苔藓植物在世界植物地理分区上大部分属于泛北区植物区系范畴，中部和东部多东亚特有种属，南部渐入热带植物区系，大致是华北区以北各地富于欧亚北部苔藓植物种属，东部具有东亚北部包括朝鲜、日本北部的苔藓种属；华中区苔藓最富于东亚类型，亦为华北区寒地苔藓类及岭南区暖地苔藓类的交汇区；青藏区以寒地苔藓类为主，概为欧亚习见种属；云贵区西北高山除有欧亚北部习见种外，多为喜马拉雅地区的特有种属，南部则渗入南亚暖地的苔藓类；岭南区以暖地苔藓类为主，大半系南亚热带种属，已属热带植物区系。因此，我国苔藓植物在种类上是寒带、温带、热带的种属代表兼收并蓄，是世界上苔藓植物种属最丰富的地区。吴鹏程等(2006)在对中国苔藓植物相关研究资料进行总结归纳的基础上，对其分区进行了重新划分，将最初的7个分区划分为10个分区，从华中区中分出华东区，从华北区中分出华西区，并将青藏区及云贵区内的云南西北部、四川西南部和西藏东南部组成单独的横断山区。中国苔藓植物的分布类型及可能的分布路线有三条：第一条是从喜马拉雅地区经滇西北、川西沿长江流域到中国的东南部；第二条位于喜马拉雅、横断山区和台湾之间；第三条则从喜马拉雅地区通过秦岭直至长白山区。

4.1 苔藓植物物种多样性

结合野外调查及历史文献资料可知，白河自然保护区内分布有苔藓植物146种，隶属于49科102属(附录2)。物种多样性较为丰富，如表4.1所示。

表 4.1　白河自然保护区内苔藓植物科、属内种的数量组成

科的类型/种数	科数/科	占总科数的百分比/%	包含种数/种	占总种数的百分比/%	属的类型/种数	属数/属	占总属数的百分比/%	包含种数/种	占总种数的百分比/%
多种科(≥10)	2	4.08	29	19.86	多种属(≥10)	1	0.98	11	7.53
中等类型科(5～9)	8	16.33	47	32.19	中等类型属(5～9)	1	0.98	5	3.42
少种科(2～4)	20	40.82	51	34.93	少种属(2～4)	20	19.61	49	33.56
单种科(1)	19	38.78	19	13.01	单种属(1)	80	78.43	81	55.48
合计	49	100.00	146	100.00	合计	102	100.00	146	100.00

4.1.1　科的分析

在科级分类阶元上，少种科(含 2～4 种)和单种科数量接近，且最为丰富，科数分别达 20 科（占总科数 40.82%）和 19 科（占总科数 38.78%），种数分别达 51 种（占总数的 34.93%）和 19 种（占总种数的 13.01%）。少种科的代表科有角苔科(Anthocerotaceae)、叉苔科(Metzgeriaceae)、毛叶苔科(Ptilidiaceae)、指叶苔科(Lepidoziaceae)、石地钱科(Rebouliaceae)、蛇苔科(Conocephalaceae)、地钱科(Marchantiaceae)、耳叶苔科（Frullaniaceae)、钱苔科(Ricciaceae)、泥炭藓科(Sphagnaceae)、牛毛藓科(Ditrichaceae)、白发藓科(Leucobryaceae)、凤尾藓科(Fissidentaceae)、紫萼藓科(Grimmiaceae)、葫芦藓科(Funariaceae)等；单种科的代表科有溪苔科(Pelliaceae)、带叶苔科(Pallavieiniaceae)、南溪苔科(Makinoaceae)、剪叶苔科(Herbertaceae)、睫毛苔科（Blepharostomaceae)、横叶苔科(Southbyaceae)、扁萼苔科(Radulaceae)、虾藓科(Bryoxiphiaceae)、卷柏藓科(Rhacopliaceae)、万年藓科(Climaciaceae)、皱蒴藓科(Aulacomniaceae)等。这些科所含物种数量虽然少，但它们是组成该地区苔藓植物区系的主体，同时很多类群如泥炭藓科、葫芦藓科、白发藓科等种群数量在不同生境下占据绝对优势。

含有 5～9 种的中等类型的科在保护区有 8 科，占总科数的 16.33%，分别为：光萼苔科(Porellaceae)、曲尾藓科(Dicranaceae)、真藓科(Bryaceae)、提灯藓科(Mniaceae)、蔓藓科(Meteoriaceae)、平藓科(Neckeraceae)、羽藓科(Thuidiaceae)、青藓科(Brachytheciaceae)。含有 10 种以上的多种科在保护区内仅有 2 科，只占总科数的 4.08%，但物种数量达 29 种，占总种数的 19.86%，分别为丛藓科(Pottiaceae)和金发藓科(Polytrichaceae)。含物种数量多的大科的数量虽少，但物种丰富，其中的部分物种为局部区域的优势种，如金发藓(*Polytrichum* spp.)。丛藓科是典型的干旱种类，显示保护区地区的气候环境具有一定的干旱特点，与其紧邻岷江干热河谷的地理环境相关。在优势类群统计中，无苔类植物的出现反映了该保护区内苔类植物相对贫乏。

4.1.2　属的分析

在属级分类阶元方面，保护区苔藓植物类群最丰富的为单种属，达 80 属，占总属数的 78.43%。这些单种属是该地区苔藓植物区系的主要组成部分，与该地区受到干热河

谷的气候影响有关，部分种为不同生态环境中的优势种，但从另一方面可能反映出白河自然保护区苔藓植物多样性不高。少种属在保护区内分布有20属，占总属数的19.61%。苔藓植物的优势属仅金发藓属(*Polytrichum*)(含11种)和光萼苔属(*Porella*)(含5种)两属，虽为优势属，但所含种类不多。

4.2 区系分析

按照植物区系划分的一般概念，并参照吴征镒等(1983)对中国种子植物属的分布类型的划分，可将白河自然保护区苔藓植物区系成分简要划分为如下类型(表4.2)。

表4.2 白河自然保护区苔藓植物种的主要分布型

分布区类型	种数	百分比/%
1. 世界广布	13	8.90
2. 泛热带分布	2	1.37
3. 热带亚洲分布	3	2.05
4. 北温带分布	58	39.73
5. 旧世界温带分布	11	7.53
6. 温带亚洲分布	7	4.79
7. 东亚分布	41	28.08
8. 东亚—北美分布	4	2.74
9. 中国特有分布	7	4.79
合计	146	100.00

1. 世界广布型

世界广布型包括几乎遍及世界各大洲而没有特殊分布中心的种，或虽有一个或数个分布中心但遍布世界的种。世界广布类型在保护区内共有13种，如扭口藓(*Barbula unguiculata*)、石地钱(*Reboulia hemisphaerica*)、石生净口藓(*Gymnostomum rupestre*)等。一般来说，该类型往往难以反映白河自然保护区苔藓植物区系的特点。

2. 泛热带分布型

泛热带分布型包括普遍分布于东西两半球的热带地区以及在世界范围内有一个或数个分布中心但在其他地区也有一些分布的热带种，有不少种分布于热带、亚热带甚至温带地区。泛热带分布型在保护区内共有2种，如羊角藓(*Herpetineuron toccoae*)等。

3. 热带亚洲分布型

热带亚洲分布型主要分布于印度、斯里兰卡、印度尼西亚、菲律宾及新几内亚等热带地区，向东可扩展到斐济等南太平洋岛屿，但不到澳大利亚大陆。其分布区的北缘到达我国的西南、华南及台湾，甚至更北的地区。热带亚洲分布型在保护区内共有3种，包括短月藓(*Brachymenium nepalense*)、尖叶提灯藓(*Mnium cuspidatum*)和波叶仙鹤藓

(*Atrichum undulatum*)。

4. 北温带分布型

北温带分布型是指广泛分布于欧洲、亚洲和北美洲温带地区的种类。由于地理和历史的原因，有些种沿山脉向南延伸到热带地区，甚至远达南半球温带，但其原始类型或分布中心仍在北温带。该类型在保护区中最多，共计 58 种。从科的分布来看，它们主要隶属于丛藓科(Pottiaceae)、紫萼藓科(Grimmiaceae)、真藓科(Bryaceae)、提灯藓科(Mniaceae)、柳叶藓科(Amblystegiaceae)和青藓科(Brachytheciaceae)。

5. 旧世界温带分布型

旧世界温带分布型主要指广泛分布于欧洲、亚洲中高纬度的温带和寒温带，或最多有个别种延伸到亚洲、非洲热带山地甚至澳大利亚的种。该类型在保护区内共有 11 种，常见的有仙鹤藓(*Atrichum undulatum*)、东亚小金发藓(*Pogonatum inflexum*)等。

6. 温带亚洲分布型

温带亚洲分布型主要分布于亚洲的温带地区，其范围一般包括中亚(土库曼斯坦、吉尔吉斯斯坦、乌兹别克斯坦、塔吉克斯坦和哈萨克斯坦)至东西伯利亚和亚洲东北部，南部界限为喜马拉雅山区，我国西南、华北至东北，朝鲜和日本东部。该类型在保护区内有圆叶提灯藓(*Mnium vesicatum*)、尖叶提灯藓(*Mnium cuspidatum*)和皱叶牛舌藓(*Aomodon rugelii*)等。

7. 东亚分布型

东亚分布型指的是从东喜马拉雅一直分布到日本的一些属和种。它们的分布区较小，几乎都是森林区系成分，并且分布中心不超过喜马拉雅至日本的范围。该类型在保护区内共有 41 种，代表种有深色红叶藓(*Bryoerythrophyllum atrorubens*)、砂藓(*Rhacomitrium canescens*)和东亚绢藓(*Entodon okamurae*)等。

8. 东亚—北美分布型

东亚—北美分布型为间断分布于东亚和北美洲温带及亚热带地区的种。该类型在保护区内共有 4 种，例如鳞叶藓(*Taxiphyllum taxiramenum*)。

9. 中国特有分布型

中国特有分布型泛指以中国整体自然植物区为中心分布，界限不越出国境很远的一类区系成分。该类型在保护区内共有 7 种，如短叶纽口藓(*Barbula tectorum*)、长尖扭口藓(*Barbula ditrichoides*)等。这一类型虽只占保护区苔藓植物总种数的 4.79%，但是对认识该地苔藓植物区系特征、探讨苔藓植物系统发育具有重要的意义。

综上所述，白河自然保护区内苔藓植物区系组成具有以下特点：区系地理成分多样，区系联系广泛，分布类型有 9 个，与世界温带、热带的许多地区以及中国各大区域的苔藓植物区系都有不同程度的联系和渗透；以温带性质为主，分布的种达到了 121 种，占总种数的82.88%；热带残遗性和亲缘性中，泛热带成分和热带亚洲成分占有一定比例，而这些热带成分大多数是古近—新近纪古热带植物区系的直接后裔，具有不同程度的古老性，反映了本区系的热带残遗性和亲缘性。

4.3 苔藓植物的应用

苔藓植物已被人类在许多领域所利用，如作为医药和工农业生产的原料；用于园林景观、水土保持、边坡植被的生态恢复及农业方面；作为我国特产的、具有较高经济利用价值的五倍子的致瘿蚜虫(五倍子蚜虫)的冬寄主，在五倍子生产中具有举足轻重的作用。

第 5 章　蕨类植物

目前，国内学者对蕨类植物的研究都建立在“秦仁昌系统”的基础上，主要集中在区系、孢子形态、细胞观察、系统发育及分子等方面。但无论是研究力量、研究类群、重视程度还是科研成果，相对于种子植物，对蕨类植物的研究都比较薄弱。

5.1　蕨类植物的区系成分

据调查，白河自然保护区分布有蕨类植物 144 种(含种以下单位)，按照“秦仁昌系统”隶属于 25 科 49 属(附录 3)。

5.1.1　科的分析

白河自然保护区蕨类植物的数量组成如表 5.1 所示。含 10 种以上的多种科共 3 科，分别为水龙骨科(Polypodiaceae)(属/种：4/15，下同)、蹄盖蕨科(Athyriaceae)(6/16)、鳞毛蕨科(Dryopteridaceae)(3/18)，这 3 个科共有 13 属 49 种，分别占白河自然保护区总科数和总种数的 12.00%和 34.03%。水龙骨科具有热带美洲和亚洲东南部两大分布中心，其东南亚的分布中心为喜马拉雅至横断山区。蹄盖蕨科全世界约有 20 属，是以北半球为主的广布科，并集中分布在中国，在白河自然保护区内有 6 属。该科的大属蹄盖蕨属(*Athyrium*)以中国西南为现代分布中心，白河也位于其分布中心区域。鳞毛蕨科主产于北半球温带及亚热带高山林下，在中国西南及喜马拉雅得到较大发展。

表 5.1　白河自然保护区蕨类植物科及科内种的数量组成

科的类型(种数)	科数/科	占总科数的百分比/%	包含种数/种	占总种数的百分比/%
多种科(≥10)	3	12.00	49	34.03
中等类型科(5～9)	9	36.00	62	43.06
少种科(2～4)	11	44.00	31	21.53
单种科(1)	2	8.00	2	1.38
合计	25	100.00	144	100.00

中等类型科有 9 科，所含种数达到 62 种，分别占该区总科数和总种数的 36.00%和 43.06%，包括卷柏科(Selaginellaceae)、石松科(Lycopodiaceae)、木贼科(Equisetaceae)、凤尾蕨科(Pteridaceae)、中国蕨科(Sinopteridaceae)、铁线蕨科(Adiantaceae)、裸子蕨科(Hemogrammaceae)、铁角蕨科(Aspleniaceae)和岩蕨科(Woodsiaceae)。这些类群是组成该区蕨类植物区系的主体，部分类群，如卷柏科、凤尾蕨科中的物种，不仅是局部区域的优势类群，而且常常作为土壤指示物种，反映生态环境的差异。

少种科有11科，所含种数仅31种，分别占该区总科数和总种数的44.00%和21.53%，分别为石杉科(Huperziaceae)、阴地蕨科(Botrychiaceae)、膜蕨科(Hymenophyllaceas)、瘤足蕨科(Plagiogyriaceae)、里白科(Gleicheniaceae)、碗蕨科(Dennstaedtiaceae)、剑蕨科(Loxogrammaceae)、蕨科(Pteridiaceae)、乌毛蕨科(Blechnaceae)、球子蕨科(Onocleaceae)和鳞始蕨科。

单种科有2科，分别为书带蕨科(Vittariaceae)和三叉蕨科(Aspidiaceae)。

5.1.2　属的分析

白河自然保护区蕨类植物属及属内种的数量如表5.2所示。含有5种以上的属共8属，分别为耳蕨属(*Polystichum*)(8种，以下同)、瓦韦属(*Lepisorus*)(10)、铁角蕨属(*Asplenium*)(7)、凤尾蕨属(*Pteris*)(7)、凤丫蕨属(*Coniogramme*)(6)、铁线蕨属(*Adiantum*)(5)、木贼属(*Equisetum*)(7)和卷柏属(*Lycopodioides*)(8)。这些优势属所含种数共计达58种，占总种数的40.97%，它们是该自然保护区蕨类植物区系的主体。然而，从优势属所含物种数量来看，几乎均在10种以内。保护区内数量最多的是少种属，达25属69种，代表属有蕗蕨属(*Mecodium*)、裸蕨属(*Gymnopteris*)、冷蕨属(*Cystopteris*)、岩蕨属(*Woodia*)、贯众属(*Cyrtomium*)、槲蕨属(*Drynaria*)、碗蕨属(*Dennstaedtia*)、粉背蕨属(*Aleuritopteris*)等。单种属在区内也很丰富，达16属，代表属有新月蕨属(*Abacopteris*)、羽节蕨属(*Gymnocarpium*)、双盖蕨属(*Diplazium*)、荚囊蕨属(*Struthiopteris*)、狗脊属(*Woodwardia*)、书带蕨属(*Vittaria*)、肋毛蕨属(*Ctenitis*)、丝带蕨属(*Drymotaemium*)等。

表5.2　白河自然保护区蕨类植物属及属内种的数量组成

科的类型(种数)	属数/属	占总属数的百分比/%	包含种数/种	占总种数的百分比/%
多种属(≥10)	1	2.04	10	6.94
中等类型属(5～9)	7	14.29	48	34.03
少种属(2～4)	25	51.02	69	47.92
单种属(1)	16	32.65	16	11.11
合计	49	100.00	144	100.00

单种属和少种属所占比例多，且各优势属所含物种少，体现出该区蕨类植物的分布特点，这能与该保护区所处地理环境有密切关系。

5.2　白河自然保护区蕨类植物区系分析

5.2.1　世界分布

白河自然保护区蕨类植物世界分布型共计8属(表5.3)，占总属数的16.33%。在这一类型的属中，石松属(*Lycopodium*)、卷柏属(*Selaginella*)等为现存蕨类的原始代表，另外还有铁线蕨属(*Adiantum*)、铁角蕨属(*Asplenium*)、蕨属(*Pteridium*)、小阴地蕨属(*Botrychium*)、阴地蕨属(*Sceptridium*)等。同种子植物一样，世界分布属反映了该地区蕨类植物区系与世界蕨类区系之间可能存在的联系。

表5.3 白河自然保护区蕨类植物属、种的分布区类型统计

	分布区类型	属数/属	占总属数的百分比/%	种数/种	占总种数的百分比/%
	1. 世界分布	8	16.33	3	2.07
热带分布区类型	2. 泛热带分布	13	26.53	0	0.00
	3. 热带亚洲至热带美洲间断分布	1	2.04	0	0.00
	4. 旧世界热带分布	3	6.12	1	0.69
	5. 热带亚洲至热带大洋洲间断分布	2	4.08	2	1.38
	6. 热带亚洲至热带非洲分布	1	2.04	1	0.69
	7. 热带亚洲分布	3	6.12	7	4.83
温带分布区类型	8. 北温带分布	11	22.45	12	8.28
	9. 东亚至北美间断分布	1	2.04	3	2.07
	10. 东亚分布	2	4.08	19	13.10
	10-1. 中国—喜马拉雅	2	4.08	25	17.93
	10-2. 中国—日本	2	4.08	28	19.31
	11. 中国特有分布	0	0.00	43	29.66
	合计	49	100.00	144	100.00

5.2.2 热带分布

热带分布型有23属(表5.3)，占总属数的46.93%，其中泛热带成分占绝对优势，为13属，占总属数的26.53%。代表属有蕗蕨属(*Mecodium*)、碗蕨属(*Dennstaedtia*)、乌蕨属(*Stenoloma*)、肾蕨属(*Nephrolepis*)、凤尾蕨属(*Pteris*)、粉背蕨属(*Aleuritapteris*)、旱蕨属(*Pellaea*)、凤丫蕨属(*Coniogramme*)、肋毛蕨属*Ctenitis*)、书带蕨属(*Vittaria*)、碎米蕨属(*Cheilanthes*)等。其次，旧世界热带分布型有3属，占6.12%；热带亚洲分布型有3属，占6.12%，常见属为石韦属(*Pyrrosia*)。其他热带分布类型，即热带亚洲至热带美洲间断分布型、热带亚洲至热带大洋洲分布型、热带亚洲至热带非洲分布型等，在白河自然保护区均有代表，但属很少。

5.2.3 温带分布

温带分布型的属共有18属(表5.3)，占36.73%，其中最重要的是北温带分布和东亚分布2种类型。北温带分布型共11属，占22.45%，有石松属(*Lycopodium*)、木贼属(*Equisetum*)、膜蕨属(*Hymenophyllum*)、蹄盖蕨属(*Athyrium*)、冷蕨属(*Cystopteris*)、卵果蕨属(*Phegopteris*)、狗脊蕨属(*Woodwardia*)、荚果蕨属

(*Matteuccia*)、鳞毛蕨属(*Dryopteris*)等。东亚分布型共计 6 属，占 12.24%。代表属有：假冷蕨属(*Pseudocystopteris*)、荚囊蕨属(*Struthiopteris*)、贯众属(*Cyrtomium*)、瓦韦蕨属(*Lepisorus*)、水龙骨属(*Polypodium*)等。保护区内东亚至北美间断分布型只有 1 属，即峨眉蕨属(*Lunathyrium*)。

5.2.4 种的分析

白河自然保护区蕨类植物区系特点也可从种的分类等级上进行分析研究，种的分析结论比科、属更能说明该区蕨类植物的区系特点。组成该区的 144 种蕨类植物可划分为 11 个分布类型(含 2 个变型)(表 5.3)，以东亚分布型和中国特有分布型为主，共有 118 种，占该区种数的 82.07%，它们基本是温带性质。其他类型共有 26 种，仅占 17.93%，在该区蕨类植物区系居次要地位。

白河自然保护区蕨类植物区系东亚分布型种类最多，这表明该区蕨类植物处于东亚蕨类植物区系的分布中心。而东亚分布型又包括两个变型，即中国—喜马拉雅分布变型和中国—日本分布变型。属中国—日本分布变型的蕨类植物有 28 种，占该区总种数的 19.31%，其大部分种类局限于秦岭、长江以南，如凤丫蕨(*Coniogramme japonica*)、掌叶凤尾蕨(*Pteris dactylina*)等；有些种类分布到秦岭、长江以北以至中国东北地区，如溪洞碗蕨(*Dennstaedtia wilfordii*)、普通凤丫蕨(*Coniogramme intermedia*)等。属中国—喜马拉雅分布变型的蕨类植物有 25 种，占该区总种数的 17.93%，其主要分布于中国西南，如掌羽凤尾蕨(*Pteris dactylina*)；有些种除分布于西南地区外还可延伸到中国东南部，如康定耳蕨(*Polystichum kangdingense*)、披针叶新月蕨(*Abacopteris penangiana*)、川西鳞毛蕨(*Dryopteris rosthornii*)等；有些种类也能分布到华北和华东等地区，如兖州卷柏(*Selaginella involvens*)等。

白河自然保护区蕨类植物区系所有种中，中国特有成分极其丰富，有 43 种，占该区蕨类植物总种数的 29.66%，这可能与该区地处横断山区东缘、与横断山的地史和地质构造密切相关。代表种有蹄盖蕨(*Athyrium filix-femina*)、大叶假冷蕨(*Pseudocystopteris atkinsoni*)、星毛卵果蕨(*Phegopteris levingei*)、多羽节肢蕨(*Arthromeris mairei*)、两色瓦韦(*Lepisorus bicolor*)等，其次如翠云草(*Selaginella uncinata*)、华中铁角蕨(*Asplenium sarelii*)、深裂鳞毛蕨(*Dryopteris incisolobata*)、水龙骨(*Polypodium amoenum*)等。有些种类向北分布到秦岭、华北，如白背铁线蕨(*Adiantum davidii*)、网眼瓦韦(*Lepisorus clathratus*)等。

除东亚分布和中国特有分布外，其他的温带成分和热带成分也有，共有 22 种，说明该区与其他温带地区和热带地区有一定联系。

综合上述，白河自然保护区蕨类植物区系具有以下特征。

(1)种类较丰富。据野外调查及查阅历史文献，保护区内分布有蕨类植物 25 科 49 属 144 种。

(2)特有化程度高。该区有 43 种为中国特有分布，这跟该区的地质和生态环境有密切关系。

(3)优势科内的属数和种数少，表明该区蕨类植物多样性不高。

(4)属的分布区类型以热带类型为主，但与温带类型差异不大；种的分布区类型温带性质显著。这表明该区蕨类植物区系与温带地区和热带地区有一定联系。

5.3　蕨类植物资源的开发利用途径

1. 药用蕨类

白河自然保护区内几乎所有的蕨类植物都可以作为药用植物资源，数量多且分布范围广。常见种类有：凤丫蕨(*Coniogramme japonica*)、蜈蚣草[*Eremochloa ciliaris* (Linn.) Merr.]、垫状卷柏(*Selaginella pulvinata*)、蕨、瓦韦属(*Lepisorus* sp.)、乌蕨(*Sphenomeris chinensis*)、紫萁(*Osmunda japonica*)、水龙骨、贯众(*Cyrtomium uniseriale*)等。不少种类在本区民间被广泛使用，用于治疗刀伤、火烫伤、毒蛇和狂犬咬伤、跌打损伤、溃烂等。近年来，国内外在寻找新药资源时，对蕨类药用植物资源的研究越来越重视，如已在卷柏科和里白科中发现了防治癌症的药物资源。因此，蕨类药用植物资源的开发利用前景十分广阔。

2. 观赏蕨类

20 世纪 80 年代以来，蕨类植物成为一种重要的观赏植物。大部分观赏蕨类植物清雅新奇，耐荫，因而在室内园艺中更具重要地位，在公园、庭院和室内采用观赏蕨类作为布景和装饰材料逐渐普遍，观赏蕨类的商品生产和栽培育种发展迅速。保护区蕨类植物中观赏价值较大的种类有：膜蕨属(*Hymenophylhum*)、铁线蕨属(*Adiantum*)、凤丫蕨(*Coniogramme*)、狗脊蕨属(*Woodwardis*)、紫萁、贯众等。

3. 环境指示蕨类

白河自然保护区有不少蕨类植物对土壤的酸碱性有特殊的适应性，有的只能生活在酸性或偏酸性的土壤中，成为酸性土壤的指示植物；有的只适宜生活于碱性或偏碱性的土壤中，成为碱性土壤的指示植物，在林业上可作为造林或者发展多种林地的指示植物。例如，铁角蕨(*Asplenium trichomanes*)、石松、紫萁、狗脊蕨、芒萁等可作为酸性土壤指示植物，舟山碎米蕨(*Cheilanthes chusana*)、井栏边草(*Pteris multifida*)、凤尾蕨(*P. cretica* var. *nervosa*)、蜈蚣草、贯众、铁线蕨等可作为钙质土和石炭岩土的指示植物。

4. 化工原料蕨类

植物性工业原料是现代工业赖以生存的基本条件，蕨类植物中此类资源植物不少，可以从其植物体中提取鞣质、植物胶、油脂、染料等化工原料。保护区内可作为化工原料资源的蕨类植物有石松类(*Lycopodium* spp.)、卷柏类(*Selaginella* spp.)、节节草(*Hippochaeter amosissima*)、凤尾蕨、贯众、紫萁等。

5. 编织蕨类

许多蕨类植物的根、茎、叶柄较为柔韧，富有弹性，可用于编织草席、草帽、草包、篮子、网兜及绳索等各种生活用品和工艺制品。编织蕨类植物在保护区内约有 10 余种，如瓦韦(*Lepisorus thunbergianus*)、石韦(*Pyrrosia* sp.)、木贼(*Equisetum* sp.)、紫萁、凤丫蕨等。

6. 食用蕨类

作为食用资源的蕨类植物，大部分种类是因为根状茎富含淀粉，根状茎经过洗净去泥、切片粉碎、过滤去渣、反复水洗后，即可得到高质量的可食用淀粉，其营养价值很高；还有一部分种类是因为幼叶可作为蔬菜炒制或干制，味道纯美，如贯众等。然而，不少蕨类植物体内含有毒成分，对人畜可产生有害作用，甚至引起死亡，因此食用蕨类时要格外小心。同时，由于许多蕨类叶的生长发育后期将形成有毒物质，故食用只能是幼叶，掌握采摘时机非常重要。

7. 农药类蕨类植物资源

植物农药对人畜安全，易分解、无残毒危害、不污染环境，因而极其适用于果树、蔬菜类种植，有极大的发展潜力，蕨类植物中也有越来越多的种类被作为农药类资源开发。保护区内可作为农药类的蕨类植物主要有贯众、水龙骨、蜈蚣草等。

第6章　裸子植物

6.1　裸子植物的物种多样性与区系

6.1.1　裸子植物种类丰富

通过野外调查和查阅文献，白河自然保护区共分布有裸子植物5科10属35种(附录4)，另有栽培植物3种。该区域裸子植物占中国裸子植物总科数的50%、总属数的29.41%和总种数的14.71%，占四川种子植物总科数的55.56%、总属数的35.71%和总种数的35.00%(表6.1)。其中，松科的属、种最多，柏科其次，是构成本地区裸子植物区系的主体。

由表6.1可知，白河自然保护区的裸子植物占全国及四川裸子植物科、属的比例较大。中国是裸子植物之乡，在全球裸子植物中占据重要地位，不少古老和残遗的成分在我国亚热带地区形成了现代分布中心。显然，地处我国西南的白河自然保护区是位于这些现代分布中心的重要区域。

表6.1　白河自然保护区裸子植物与全国、四川的科、属、种的比较

地区	白河			四川			全国		
种类	科	属	种	科	属	种	科	属	种
裸子植物	5	10	35	9	28	100	10	34	238

注：①全国及四川的统计数据引自《卧龙植被及资源植物》；②四川省统计数据包括重庆市的统计数据。

6.1.2　特有及起源古老的种类较多

在白河自然保护区分布的10属35种裸子植物中，属于我国特有的植物有33种，占总种数的94.29%，是组成适温针阔叶混交林、寒温性针叶林的建群植物。

从地质历史上看，白河自然保护区在第四纪时虽有山岳冰川的存在，但对本地植物影响不大，古老植物得以保存和发展，因此裸子植物区系中古近—新近纪及之前的古老植物较多。例如，产于白垩纪的松属(*Pinus*)、云杉属(*Picea*)和红豆杉属(*Taxus*)；产于古近纪的冷杉属(*Abies*)、铁杉属(*Tsuga*)、落叶松属(*Larix*)和麻黄属(*Ephedra*)等。这些古老的植物占保护区蕨类植物总属数的70%。

6.1.3 裸子植物的分布区类型

根据吴征镒(1991)关于中国裸子植物属分布区的划分方案，对白河自然保护区自然分布的 10 属 35 种裸子植物进行归类统计(表 6.2)。其中，温带分布为 4 科 8 属，占白河自然保护区裸子植物总科数的 80%，总属数的 80%。可以看出，该区域温带分布科数和属数最多，表明白河自然保护区裸子植物区系具有典型的温带性质。此外，北温带分布属不仅在本地区全部属中所占的百分比较高，同时其占全国同类属的百分比比全国同类属占总属数的百分比高 51.31%，这可能与白河地区植被垂直地带性分布规律有关。

表 6.2 白河自然保护区裸子植物属的分布区类型

分布区类型	全国		白河自然保护区		
	属数	占总属数的百分比/%	属数	占总属数的百分比/%	占全国同类属的百分比/%
1. 世界分布	1	2.94	1	10.00	100.00
2. 泛热带分布	4	11.76	0	0.00	0.00
3. 热带亚洲至热带大洋洲分布	1	2.94	0	0.00	0.00
4. 热带亚洲(印度—马来西亚)分布	1	2.94	0	0.00	0.00
5. 北温带分布	9	26.47	7	70.00	77.78
6. 东亚—北美间断分布	8	23.53	1	10.00	12.50
7. 旧大陆温带(主要在欧洲温带)分布	1	2.94	0	0.00	0.00
8. 东亚(东喜马拉雅至日本)分布	4	11.76	1	10.00	25.00
9. 中国特有分布	5	14.71	0	0.00	0.00
合计	34	100.00	10	100.00	29.41

1. 世界分布型

白河自然保护区裸子植物中拥有世界分布型 1 属，即麻黄科的麻黄属(*Ephedra*)。麻黄属属于干旱、荒漠分布类型，主要分布在亚洲、美洲、欧洲南部及非洲北部等干旱、荒漠地区。在白河地区的大白河等海拔 3400～4200m 的亚高山草甸或高山草甸有分布，这不仅体现了该地区植物区系的多样性，也反映了白河地区地理位置和地理环境的特殊性。

2. 北温带分布型

北温带分布类型是白河自然保护区裸子植物分布属最多的类型，占保护区裸子植物总属数的 70%。该类型中的木本属植物在保护区分布较多，如裸子植物中的松属、云杉属、冷杉属、落叶松属、圆柏属(*Sabina*)、柏木属(*Cupressus*)、红豆杉属等。其中，云杉属、冷杉属、圆柏属、柏木属的不少种类是森林群落中的建群种和优势种。

3. 东亚分布型

保护区内东亚分布属仅有 1 属，即三尖杉科（Cephalotaxaceae）的三尖杉属（*Cephalotaxus*），主要分布于亚洲东部。化石最早见于英格兰侏罗纪，我国浙江中侏罗纪亦有发现。该属在白河地区主要分布于燕子垭沟海拔 1400～1700m 的谷坡，是构成常绿、落叶阔叶林的重要伴生植物。

4. 东亚—北美间断分布型

该地区东亚—北美间断分布属仅有 1 属，即松科铁杉属（*Tsuga*），主要分布于亚洲东部以及北美温暖湿润山地。在白河地区主要分布于下坪地沟、油房沟、上坪地沟、燕子垭沟等区域。该属最早的化石发现于西伯利亚东部沿海的始新世地层。作为典型的东亚—北美间断分布属，铁杉属是早期地质历史上东亚和北美地理上相互密切联系的结果，反映出裸子植物区系四川分布的古老性。

6.1.4　裸子植物区系成分的过渡性

白河自然保护区在地理位置上处于青藏高原向四川盆地的过渡地带，构成森林优势种的裸子植物在地理分布上出现了地理替代或过渡现象。例如，盆地东缘山地的较耐寒且耐旱的岷江冷杉（*Abies faxoniana*）和紫果云杉（*Picea purpurea*）延伸到白河保护区被鳞皮云杉（*P. aurantiaca* var. *retroflexa*）与川西云杉（*P. balfouriana*）所替代，部分高山地区的方枝柏（*Sabina saltuaria*）和冷杉（*Abies*）替代了川西云杉和油松（*pinus tabuliformis*）向森林上线分布。

6.2　珍稀濒危或特有裸子植物

6.2.1　珍稀濒危裸子植物

珍稀濒危植物是濒危植物、渐危植物和稀有植物的统称，是亿万年生物历史演化的重要遗产。其中，稀有植物是指在分布区内只有很少的群体或仅存在于有限地区的我国特有单型科、单型属或少型属的代表植物种类，濒危植物是指在分布区濒临灭绝危险的植物种类。珍稀濒危植物对古气候、古地理及物种的系统发育和古植物区系等方面的研究具有非常重要的意义。同时，它们对丰富物种基因也具有重要作用，是十分宝贵的自然财富。

根据国务院 1999 年发布的《国家重点保护野生植物名录(第一批)》，在白河自然保护区内，现知属于国家重点保护的裸子植物共 5 种，其中国家Ⅰ级重点保护植物 1 种，国家Ⅱ级重点保护植物 4 种。

1. 国家Ⅰ级重点保护植物

红豆杉[*Taxus chinensis* (Pilg.)Rehd.]，红豆杉科，濒危种。

红豆杉是红豆杉科红豆杉属常绿乔木，中国特有物种，是世界上濒临灭绝的天然珍稀抗癌濒危植物。红豆杉分布范围较窄，资源破坏严重，在我国仅见于甘肃南部、陕西南部、湖北西部和四川等地海拔1500～2100m的山地。该物种对研究植物区系和红豆杉属分类、分布等有重要价值。在白河自然保护区内下坪地沟（N 33.25165°，E 104.13157°）、燕子垭沟(N 33.32008°，E 104.10667°)等海拔1600～1900m的区域发现有分布。

2. 国家Ⅱ级重点保护植物

(1)四川红杉(*Larix mastersiana* Rehd. et Wlis.)，松科，濒危种。

四川红杉是稀有、珍贵、速生用材树种，我国特有树种，仅分布于岷江流域，对研究落叶松属的分类有科学价值。白河自然保护区的四川红杉主要分布在下坪地沟、油房沟、上坪地沟、青岩沟等海拔2100～3300m的针叶、阔叶混交林和亚高山针叶林中。

(2)油麦吊云杉(*Picea brachytyla* var. *complanata* Cheng ex Rehd.)，松科，渐危种。

油麦吊云杉是我国特有树种，森林的过度砍伐使油麦吊云杉数量急剧减少，森林面积日益缩小，现无大面积纯林，多零星散生，呈小块状。因林地环境恶化，残存母树结实稀少，天然更新困难，若不保护，可能濒临灭绝。油麦吊云杉材质优良，为建筑和制造乐器、家具、器具等的良材，又是高山森林更新及荒山造林的优良树种。林下大面积的箭竹(*Fargesia* spp.)是我国特有珍稀动物——大熊猫(*Ailuropoda melanoleuca*)的主要食物。因此，对油麦吊云杉林的保护具有极重要的价值。油麦吊云杉在保护区主要分布于下坪地沟、油房沟等海拔2000～3000m的阴湿沟谷中。

(3)大果青杆(*Picea neoveitchii* Mast.)，松科，濒危种。

大果青杆是我国特有树种，因破坏严重，残存林木极少。其种鳞宽大，极为特殊，对研究植物区系、云杉属分类和物种保护均有科学意义。大果青杆树干通直、木材优良，为建筑、制造家具等的良材，零散分布于河南西南部、湖北西部、陕西南部、甘肃南部及四川西部等地。大果青杆在保护区主要分布于太平村等海拔1300～2200m的山坡针阔混交林中。

(4)岷江柏木(*Cupressus chengiana* S. Y. Hu)，柏科，渐危种。

岷江柏木为我国特有植物，是长江上游保护水土的重要树种，也是在高山峡谷地区中山、干旱河谷地带进行荒山造林的先锋树种，它材质坚硬、致密，具香气，是优良用材树种。因长期过度砍伐，成片林极为罕见，残存者多在交通不便、人类活动极少的地方，多散生在岩石裸露的秃山峻岭、岩边峭壁上和峡谷两侧。若不采取保护措施，有可能被河谷灌丛所替代。岷江柏木分布于四川岷江流域的九寨沟、茂县、汶川、理县，大渡河流域的马尔康、金川、小金、丹巴及甘肃白龙江流域的舟曲、武都、文县等地，生于海拔980～2900m的峡谷两侧或干旱河谷地带。岷江柏木在白河自然保护区太平村附近、下坪地沟、燕子垭沟等海拔2500m以下的峡谷两侧有零星分布。

6.2.2　特有植物

白河自然保护区拥有我国特有的裸子植物 33 种，分别是华山松(*Pinus armandii*)、油松(*P. tabulaeformis*)、高山松(*P. densata*)、黄果冷杉(*Abies ernestii*)、巴山冷杉(*A.* fargesii)、岷江冷杉(*A. faxoniana*)、紫果冷杉(*A. recurvata*)、四川红杉(*Larix mastersiana*)、云杉(*Picea asperata*)、麦吊云杉(*P. brachytyla*)、油麦吊云杉、鳞皮云杉(*P. aurantiaca* var. *retroflexa*)、丽江云杉(*P. likiangensis*)、紫果云杉(*P. purpurea*)、川西云杉(*P. balfouriana*)、白皮云杉(*P. aurantiaca*)、青杄(*P. wilsonii*)、大果青杄、铁杉(*Tsuga chinensis*)、丽江铁杉(*T. forrestii*)、矩鳞铁杉(*T. chinensis* var. *oblongisguamata*)、刺柏(*Juniperus fommosana*)、香柏(*Sabina pingii* var. *wilsonii*)、方枝柏(*S. saltuaria*)、垂枝香柏(*S. pingii*)、高山柏(*S. squamata*)、岷江柏木(*Cupressus chengiana*)、三尖杉(*Cephalotaxus fortunei*)、高山三尖杉(*C. fortunei* var. *alpina*)、粗榧(*C. sinensis*)、红豆杉(*Taxus chinensis*)、矮麻黄(*Ephedra minuta*)和丽江麻黄(*E. likiangensis*)；其中四川省特有植物 3 种，分别是四川红杉、川西云杉和白皮云杉。

1. 华山松

华山松，松科松属，又名葫芦松、五须松、果松等，是松科中著名的常绿乔木，因集中产于陕西的华山而得名。华山松原产我国，主产中部和西南部高山，分布于西北、中南及西南各地，喜温凉湿润气候，不耐寒及湿热，稍耐干燥瘠薄，可供建筑、制造家具及木纤维工业原料等用材。树干可割取树脂，树皮可提取栲胶，针叶可提炼芳香油，种子可食用、榨油。华山松在保护区主要分布于下坪地沟各支沟、油房沟等谷地海拔 2000～2600m 的地带，常形成山地常绿针叶林——华山松林。

2. 油松

油松，松科松属，又名短叶松、短叶马尾松、红皮松、东北黑松等，是原产于我国北部的一种中型常绿乔木，分布于东北、华北、西北、西南地区，如河南、山东、山西等。油松在保护区主要分布于太平村附近的两条支沟谷地的阳坡和半阳坡海拔 2200～2600m 地带，并形成山地常绿针叶林的油松林。

3. 高山松

高山松，松科松属，为我国特有植物，主产于云南、四川、西藏、青海等地，为我国西部地区高山主要树种，生于海拔 2900～3900(4200)m 的河谷、山坡、林中、山谷和阳坡。松针药用，具祛风活络、止痛安神之效，主治风湿疼痛、牙痛、跌打损伤等症。高山松材质坚韧，富含树脂，可供建筑、坑木、枕木及木纤维工业原料等用材。树干可割取树脂，树皮可提取栲胶。高山松在保护区主要分布于下坪地沟各支沟的中山地带的针阔叶混交林中。

4. 黄果冷杉

黄果冷杉，松科冷杉属，为我国特有树种，产于四川西部、北部和西藏东部，为分布区内分布较少的一种冷杉。常绿乔木，生于海拔 2600～3600m、气候较温和、棕色森林土的山地及山谷地带。黄果冷杉在保护区分布海拔较低(约 2800m)，集中分布于燕子垭、太平村附近的山体中下部均匀坡上，常呈纯林。

5. 巴山冷杉

巴山冷杉，松科冷杉属，又名四川冷杉、太白冷杉、川枞、洮河冷杉，中国特有树种，主要分布于河南西部、湖北西部及西北部、四川北部、陕西南部、甘肃南部及东南部，常生长于海拔 2000m 以上的高山地带。木材可供建筑和家具用材。巴山冷杉在白河自然保护区广泛分布于下坪地沟、油坊沟等海拔 2700～3900m 的区域。

6. 岷江冷杉

岷江冷杉，松科冷杉属，为我国特有树种，主要分布于甘肃南部洮河流域及白龙江流域，四川岷江流域上游及大、小金川流域以及康定折多山的东坡等海拔 2700m 以上的高山地带。木材呈淡黄色或白色，材质轻软，纹理通直，可作建筑、家具及木材纤维工业原料等用材。岷江冷杉在涵养水源、保持长江中上游水土流失等方面起着重要的作用，同时它又是分布区内森林更新和人工造林的重要树种。岷江冷杉在保护区零星分布于海拔 2700m 以上直达林线附近的区域。

7. 紫果冷杉

紫果冷杉，松科冷杉属，为我国特有树种，主要分布于甘肃南部白龙江流域和四川北部及西北部海拔 2300～3600m 的山谷或阴坡。木材坚实耐用，较岷江冷杉为佳，可供建筑、家具及木纤维工业原料等用材，可作分布区内的造林树种。紫果冷杉在保护区主要分布于下坪地沟、上坪地沟等海拔 2400～3000m 的冷杉林中。

8. 云杉

云杉，松科云杉属，又名粗枝云杉、大果云杉、粗皮云杉，为原产于我国西部云杉属的特有树种，主要分布于青海东部、甘肃南部、陕西西南与南部到四川西部一带。其树形端正，枝叶茂密，为重要的庭院观赏树种。木材通直，切削容易，无隐性缺陷。云杉可作电杆、枕木、建筑、桥梁用材，还可用于制作乐器、滑翔机等，是造纸的原料。云杉针叶含油率约为 0.1%～0.5%，可提取芳香油。云杉在保护区零星分布于下坪地沟、油坊沟等海拔 2600～2900m 的阴坡或半阴坡。

9. 麦吊云杉

麦吊云杉，松科云杉属，为中国特有树种，产于湖北西部，陕西东南部，甘肃南部白龙江流域，四川东北部、北部及岷江流域上游，生于海拔 1300～3200m 地区，常与青杆、云杉、铁杉、冷杉混交或散生于针阔叶混交林中。其木材坚韧，纹理细密，可供飞机、机器、车辆、乐器、建筑、家具、器具及木纤维工业原料等用材。麦吊云杉在保护区内主要分布于下坪地沟等海拔 2200～2800m 地带的阴坡和半阴坡，常作为冷杉林、四川红杉林、铁杉针阔叶混交林的伴生植物。

10. 鳞皮云杉

鳞皮云杉，松科云杉属，为我国特有树种，产于四川岷江支流杂谷河流域、大渡河流域上游及雅砻江流域和青海东南部(班玛)。鳞皮云杉在保护区内主要分布于海拔 2600～3300m的阳坡下部，常与川西云杉或麦吊云杉等针叶树种组成混交林，或与高山栎、桦木、槭树等落叶阔叶树组成针阔混交林。

11. 丽江云杉

丽江云杉，松科云杉属，又名丽江杉、吊杉，我国特有树种，产于四川西南部和云南西北部的高山地带，组成大面积单纯林。木材轻软、耐用，可作建筑、枕木、器具、造纸等用材。丽江云杉在保护区主要分布于海拔 2500～3800m 的酸性山地棕色森林土高山地带，常组成单纯林或与其他针叶树组成混交林。

12. 紫果云杉

紫果云杉，松科云杉属，俗称铁杆松，为高大针叶乔木，我国特有树种，产于四川省北部(阿坝藏族羌族自治州)、甘肃榆中及洮河流域、青海西倾山北坡。其材质优良，可作飞机、乐器、机器、建筑及木纤维工业原料等用材。树种生长较快，可选为森林更新及荒山造林树种。紫果云杉在保护区主要分布于下坪地沟、油房沟等海拔 2200～3600m 的阴坡、半阴坡及河谷地带。

13. 川西云杉

川西云杉，松科云杉属，又名西康云杉、水平杉、包氏云杉、康藏云杉，四川省特有树种，产于四川省西部和西南部，其分布中心为雅砻江中游地区，向北至邓柯仁达、色达杜柯河、壤塘皮利沟，向南可达乡城、稻城、九龙，东至马尔康、小金、康定，西界跨越金沙江。川西云杉材质优良，可供各种建筑、桥梁、枕木、器具及木纤维工业原料用材。川西云杉在保护区内主要分布于青岩沟等海拔 3000～4100m 的谷坡，常与其他针叶树组成混交林。

14. 白皮云杉

白皮云杉，松科云杉属，为四川特有树种，主产于康定、九寨沟等海拔 2600～4000m 的森林中，为中国的稀有珍贵树种，是川西地区物种强烈分化的种类之一，对研究云杉属的种系发育和青藏高原隆起后的植物演化等，均有重要的科研价值。白皮云杉在保护区主要分布于上坪地沟等沟系。

15. 青杄

青杄，松科云杉属，为中国特有的常绿针叶树种，主产于河北省小五台山、雾灵山，山西省五台山、管涔山，湖北西部，甘肃省中部榆中县、南部洮河、白龙江流域，四川岷江流域。其干形通直，材质轻软，纹理顺畅，结构较细，用途广泛，为建筑、桥梁、车辆、枕木、矿柱、电杆、家具、器具和造纸的良好用材。树体高大，枝叶繁茂，寿命较长，是营造水源涵养林的理想树种。树皮含单宁，也是栲胶生产及木纤维工业等的优质原料。青杆在保护区油房沟海拔2500～3300m区域分布较多，常成纯林。

16. 铁杉

铁杉，松科铁杉属，为我国中亚热带地区特有的古近—新近纪残遗树种，产于甘肃白龙江流域、陕西南部、河南西部、湖北西部、贵州西北部和四川东部及岷江流域上游、大小金川流域、大渡河流域、青衣江流域、金沙江流域下游等地海拔1200～3200m地带。其植株高大，材质坚实，耐水湿，适于作建筑、家具等用材，有一定的经济及科研价值。在白河地区下坪地沟、油坊沟、上坪地沟海拔2100～2700m的阴坡及狭窄谷地两侧谷坡形成铁杉针阔叶混交林。

17. 丽江铁杉

丽江铁杉，松科铁杉属，为我国特有植物，产于云南西北部和四川西部局部地区，分布区位于西部亚热带中山上部和亚高山中部。其木材结构细致，材质坚重，不翅裂，耐水湿，为优良用材。丽江铁杉在保护区主要分布于太平村附近、油坊沟等海拔2000m～2500m的针阔混交林中。

18. 矩鳞铁杉

矩鳞铁杉，松科铁杉属，为我国特有树种，产于甘肃白龙江流域，陕西南部，河南西部，湖北西部，贵州西北部，四川东部及岷江流域上游、大小金川流域、大渡河流域、青衣江流域、金沙江流域下游。矩鳞铁杉在保护区主要分布于油坊沟、燕子垭沟等海拔2400～3200m的溪流两侧或十分阴湿的山谷。

19. 刺柏

刺柏，柏科刺柏属，又名刺松、山刺柏、台桧，中国特有树种，产于台湾、江苏、安徽、浙江、福建、江西、湖北、湖南、陕西、甘肃、青海、四川、贵州、云南、西藏等高山地区，常出现于石灰岩上或石灰质土壤中。其材质优良，可作建筑、船舶、桥梁、家具及文具等用材。树形美丽，叶片苍翠，冬夏常青，果红褐或蓝黑色，可孤植、列植形成特殊景观。刺柏在保护区主要散生于针阔混交林中。

20. 香柏

香柏，柏科圆柏属，是常绿灌木，产于四川西南部及云南西北部海拔2600～3800m地带。香柏在保护区主要分布于上坪地沟、青岩沟及燕子垭沟等沟尾海拔3600～4300m的山地阳坡，往往形成常绿革叶的高山灌丛。

21. 方枝柏

方枝柏，柏科圆柏属，产于甘肃南部洮河流域及白龙江流域，四川岷江上游、大小金川流域、大渡河流域、青衣江流域、雅砻江流域及稻城，西藏东部和云南西北部，生于海拔 2400～4300m 的山地。木材结构细致、坚实耐用，可供建筑、家具、器具等用材，也可作为分布区干旱阳坡的造林树种。方枝柏在保护区主要分布于上坪地沟、青岩沟、燕子垭沟等各级支沟的阳坡和半阳坡，位于海拔 3400～3500m 的冷杉、云杉群落上限林缘地段，呈狭带状分布，常形成亚高山常绿针叶林中的方枝柏林。

22. 垂枝香柏

垂枝香柏，柏科圆柏属，为我国特有树种，主产四川西部和云南西北部海拔 2600～3800m 地带，常与云杉类、落叶松类针叶树种混生成林。木材结构细致，有芳香，耐久用，可作建筑、器具、家具等用材。垂枝香柏在保护区主要分布于青岩沟等海拔 2600m 以上的针叶林中。

23. 高山柏

高山柏，柏科圆柏属，为中国特有树种，产于西藏、云南、贵州、四川、甘肃南部、陕西南部、湖北西部、安徽黄山、福建及台湾等地，生长于高寒地带。高山柏在保护区零星分布于西南部海拔 3800～4200m 地带，形成高山柏高山灌丛。

24. 粗榧

粗榧，三尖杉科三尖杉属，为中国特有树种，又称粗榧杉、中华粗榧杉、中国粗榧，产于江苏、浙江、安徽、福建、江西、河南、湖南、湖北、陕西、甘肃、四川、云南、贵州、广西、广东等地。种子含油，供制肥皂、润滑油，树皮含单宁，可提栲胶，木材供农具用。粗榧在保护区燕子垭沟附近有零星分布。

25. 三尖杉

三尖杉，三尖杉科三尖杉属，为常绿乔木，又名桃松、山榧树。三尖杉产于浙江、安徽南部、福建、江西、湖南、湖北、河南南部、陕西南部、甘肃南部、四川、云南、贵州、广西及广东等地，生于海拔 200～1300m 地带。三尖杉是我国特产的重要药原植物，从植物体中提取的植物碱对于癌症具有一定疗效。此外，其木材坚实，有弹性，具有多种用途。种子榨油可供制皂及油漆，果实入药有润肺、止咳、消积之效，所以三尖杉是一种具有多种用途的重要野生经济植物，具有多方面的保护价值。三尖杉在保护区主要分布于燕子垭沟等海拔 1400～1700m 的谷坡，成为阔叶林下的伴生植物。

26. 高山三尖杉

高山三尖杉，三尖杉科三尖杉属，为我国特有树种，主要分布于浙江、安徽南部、福建、江西、湖南、湖北、河南南部、陕西南部、甘肃南部、四川、云南、贵州、广西及广东等地。经济利用价值同三尖杉。高山三尖杉在保护区主要分布于西南部海拔 1800～3700m 的局部区域。

27. 矮麻黄

矮麻黄，麻黄科麻黄属，又名川麻黄、小麻黄、岩麻黄、异株矮麻黄等，主产于四川北部及西北部、青海南部(囊谦)，生于海拔 2000～4000m 的高山地带。其含麻黄碱，可供药用。矮麻黄在保护区主要分布于西部海拔 3400～4200m 的亚高山草甸或高山草甸。

28. 丽江麻黄

丽江麻黄，麻黄科麻黄属，为我国特有植物，产于云南西北部、贵州西部、四川西部及西南部、西藏东部海拔 2400～4000m 的高山及亚高山地带。丽江麻黄在保护区主要分布于西南部海拔 2800～4500m 的高山草甸、干旱沟谷及悬崖石缝处。

6.3 裸子植物在保护区内的空间分布

裸子植物在保护区内的空间分布与植被关系甚为密切，植被的分布受地貌、气候和土壤、人为活动等多种因素的影响。

保护区地处岷山山系北部高山峡谷地带，地势由西南向东北倾斜，受局域气候、地形地貌、海拔、土壤以及人为活动的影响，植被在水平和垂直分布上呈现一定差异，因此裸子植物的分布也具有极为典型的空间分布规律。根据这种差异，可将保护区裸子植物的分布大体划分为东北、东南、西部 3 个片区。

6.3.1 东北片区

东北片区主要指东北部白河河谷、燕子垭沟与芝麻沟之间的部分区域和太平村附近、下坪地沟、油坊沟附近海拔 1240～2800m 的区域，其主要植被类型为常绿、落叶阔叶混交林和次生的落叶阔叶林。在此片区，红豆杉科、三尖杉科等裸子植物常作为阔叶林中的伴生植物存在，松科松属的植物常作为山地常绿针叶林的建群种存在。

红豆杉科仅有红豆杉 1 种，在保护区主要分布于燕子垭沟等海拔 1500～2000m 的阔叶林中。三尖杉科有 1 属 2 种，即三尖杉、粗榧，在东北片区海拔 1400～1700m 的谷坡，常成为阔叶林下的伴生植物。松科有 1 属 2 种，即华山松和油松，其中华山松主要分布于下坪地沟各支沟、油房沟等谷地海拔 2000～2600m 地带；油松主要分布于太平村附近的两条支沟谷地的阳坡和半阳坡海拔 2200～2600m 地带。

6.3.2 东南片区

东南片区指保护区内太平村、下坪地沟、上坪地沟等周边海拔 2000～3800m 的广大区域。该片区的主要植被类型为铁杉针阔混交林、云冷杉林、落叶松林和柏树林，主要分布的植物有松科铁杉属、云杉属、冷杉属、落叶松属，柏科的圆柏属、柏木属等。

松科冷杉属有 4 种，其中巴山冷杉主要分布于下坪地沟、油房沟等海拔 2700～3900m 区域，黄果冷杉集中分布于太平村附近的山体中下部海拔 2800m 左右区域的均匀坡上，岷江冷杉在海拔 2700m 以上直达林线附近有零星分布，紫果冷杉主要分布于下坪地沟、上坪地沟等海拔 2400～3000m 的冷杉林中。

铁杉属有 4 种，其中铁杉分布范围较广，在下坪地沟、上坪地沟、油坊沟等海拔

2100～2700m的阴坡及狭窄谷地两侧谷坡均可形成铁杉针阔叶混交林，其中零星分布有云南铁杉和丽江铁杉。矩鳞铁杉主要分布于油房沟等海拔 2400～3200m 的溪流两侧或十分阴湿的山谷。

云杉属种类较多，共有 8 种。川西云杉分布海拔最高，主要分布于青岩沟等海拔 3000～4100m 的谷坡，常与其他针叶树组成混交林；白皮云杉主要分布于上坪地沟等沟系；青杆在保护区油房沟海拔2500～3300m有较多分布；紫果云杉主要分布于下坪地沟、油房沟等海拔 2200～3600m 的阴坡、半阴坡及河谷地带；丽江云杉主要分布于海拔 2500～3800m 酸性山地棕色森林土高山地带，常组成单纯林或与其他针叶树组成混交林；鳞皮云杉主要分布于海拔 2600～3300m 的阳坡下部；麦吊云杉主要分布于下坪地沟等海拔 2200～2800m 的阴坡和半阴坡；云杉零星分布于下坪地沟海拔 2600～2800m 的阴坡或半阴坡。

柏科有 3 属 4 种，其中圆柏属 2 种。垂枝香柏主要分布于青岩沟等海拔 2600m 以上的针叶林中；方枝柏主要分布于青岩沟、燕子垭沟等各级支沟的阳坡和半阳坡；柏木属的岷江柏木在太平村附近、下坪地沟等海拔 2500m 以下的峡谷两侧有零星分布；刺柏属的刺柏主要散生于针阔混交林中。

6.3.3 西部片区

西部片区是指保护区内青岩沟、燕子垭沟等沟尾海拔 3500～4200(4400)m 的高山区域，主要的裸子植物植被类型为高山灌丛和高山草甸，其中分布有亚高山灌丛和亚高山草甸，分布的裸子植物主要有柏科的香柏、高山柏和麻黄科植物。其中，香柏主要分布于青岩沟、燕子垭沟等沟尾及两侧海拔 3600～4400m 的山地阳坡，往往形成常绿革叶的高山灌丛；高山柏零星分布于西南部海拔 3800～4200m 高山柏高山灌丛；矮麻黄、丽江麻黄和中麻黄主要分布于西部海拔 3400～4200m 的亚高山草甸或高山草甸。

第 7 章 被 子 植 物

7.1 被子植物物种多样性

结合野外调查及历史文献资料，白河自然保护区内分布有被子植物 103 科 456 属 1293 种(附录 5)。科、属内种的数量组成如表 7.1 所示。

表 7.1 白河自然保护区内被子植物科、属内种的数量组成

科的类型(种数/种)	科数/科	占总科数的百分比/%	包含种数/种	占总种数的百分比/%	属的类型(种数/种)	属数/属	占总属数的百分比/%	包含种数/种	占总种数的百分比/%
大科(≥50)	7	6.80	493	38.13	多种属(≥20)	2	0.44	42	3.25
较大科(20～49)	10	9.71	268	20.73	较大属(15～19)	4	0.88	68	5.26
中等类型科(10～19)	20	19.42	238	18.41	中等类型属(10～15)	12	2.63	134	10.36
少种科(2～9)	53	51.46	281	21.73	少种属(2～9)	272	59.65	883	68.29
单种科(1)	13	12.62	13	1.01	单种属(1)	166	36.40	166	12.84
合计	103	100.00	1293	100.00	合计	456	100.00	1293	100.00

7.1.1 科的分析

统计结果(表 7.1)表明，从科的分布水平来看，该区少种科最为丰富，达 53 科，但所含种数仅 281 种，分别占该区被子植物总科数、总种数的 51.46%和 21.73%。

其次是中等类型科，有 20 科，含 238 种，分别占该区被子植物总科数、总种数的 19.42%和 18.41%，代表科有：小檗科(Berberidaceae)(5/19)、罂粟科(Papaveraceae)(5/17)、龙胆科(Gentianaceae)(6/18)等。

较大科也很丰富，达 10 科 268 种，与含种数超过 50 的大科一起组成该保护区被子植物区系的主体。这些科分别为：蓼科(Polygonaceae)(20 种)、杨柳科(Salicaceae)(22 种)、荨麻科(Urticaceae)(24 种)、伞形科(Umbelliferae)(37 种)、杜鹃花科(Ericaceae)(30 种)、唇形科(Labiatae)(31 种)、玄参科(Scrophulariaceae)(23 种)、忍冬科(Caprifoliaceae)(31 种)、莎草科(Cyperaceae)(25 种)、兰科(Orchidac*eae*)(25 种)。

单种科在全球植物区系种的数量本来就少，这些类群往往是一些古老孑遗类群。在保护区分布有 13 科，在这些单种科中还包括 3 个单型科(单型科指在全球区系中，仅含有 1 种)，即水青树科(Tetracentraceae)、杜仲科(Eucommiaceae)和透骨草科

(Phrymaceae)。在 3 个单型科中，除了透骨草科为东亚—北美间断分布型外，其余 2 科都是中国或东亚分布的特有科，几乎都是在三叠纪早期建立起来的科，在系统演化中属于古老和孤立的类群。在这些单种科中，也有在全球区系中不到 20 种的少种科，如领春木科(Eupteleaceae)、连香树科(Cercidiphyllaceae)、三白草科 (Saururaceae)和马桑科(Coriariaceae)等，这些科在系统发育方面也有与单型科相似的特点，反映出保护区被子植物区系的古老性及其悠久的演化历史。另外，这些单种科中也不乏在全国和全球植物区系中含有种或属较多的类群。在保护区中，其数量占整个单种科数量的 50%以上。它们虽然不是该保护区植物区系的主要组成部分，但能反映该地区被子植物区系与四川及全国被子植物区系的广泛联系。

最能体现该区被子植物分布特征的是那些含有 50 种以上的大科，在白河自然保护区较为丰富，达 7 科 493 种，占该区被子植物总种数的 38.13%，是组成该区被子植物区系的主体，有些类群为不同环境中的优势物种。这些大科分别为毛茛科(Ranunculaceae)(属/种：17/82，下同)、蔷薇科(Rosaceae)(24/83)、菊科(Compositae)(36/103)、禾本科(Gramineae)(36/69)、百合科(Liliaceae)(19/54)、虎耳草科(Saxifragaceae)(9/50)和蝶形花科(Papilionaceae)(17/52)。

7.1.2 属的分析

属作为分类学上最自然的类群，相互间能更好地划清界限，因而从某种意义上讲，它在植物区系分析中相对于科来说更准确、更重要(李仁伟等，2001)。

通过对属的统计分析(表 7.1)发现，白河自然保护区中被子植物区系成分组成以单种属和少种属最丰富，共计达 438 属，占总属数的 96.05%，所含种数达 1049 种，占总种数的 81.13%，相当一部分单种属和部分少种属是古老孑遗属，如水青树属(*Tetracentron*)、连香树属(*Cercidiphyllum*)、化香属(*Platycarya*)属于古老成分；八角枫(*Alangium chinensis*)、润楠(*Machilus* sp.)、山胡椒(*Lindera glauca*)、胡枝子(*Lespedera* sp.)、菝葜(*Smilax chinnensis*)、柃木(*Eurya japonica*)等为古近—新近纪就已存在且至今仍占重要地位的双子叶植物古老成分。

中等类型属在保护区内有 12 属 134 种。代表属有：栎属(*Quercus*)、唐松草属(*Thalictrum*)、铁线莲属(*Clematis*)、乌头属(*Aconitum*)、小檗属(*Berberis*)、堇菜属(*Corydelis*)、虎耳草属(*Saxifraga*)、绣球属(*Hydrangea*)、茶藨子属(*Ribes*)、栒子属(*Cotoneaster*)、萎陵菜属(*Potentilla*)、蔷薇属(*Rosa*)、马先蒿属(*Pedicularis*)、花椒属(*Zanthoxylum*)、卫矛属(*Euonymus*)、柳叶菜属(*Epilobium*)、报春花属(*Primula*)、蒿属(*Artemisia*)、风毛菊属(*Saussurea*)、南星属(*Arisaema*)和葱属(*Allium*)。

最能体现该保护区被子植物区系地位的是那些含有 15 种以上的多种属和较大属，共计达 6 属，所含物种达到了 109 种。代表属有：柳属(*Salix*)(20 种，下同)、杜鹃属(*Rhododendron*)(21)、忍冬属(*Lonicera*)(16)、苔草属(*Carex*)(16)、蓼属(*Polygonum*)(19) 和槭属(*Acer*)(17)，反映出白河自然保护区是这些类群重要的集中分布区。同时，这些类群也是该区域优势属和被子植物区系的主体，充分体现出该区相对独特的自然环境条件。

7.2 区系特征

根据吴征镒等(2003)对中国被子植物属的分布区类型的划分方法及李仁伟等(2001)对四川被子植物区系的分区方法，本书把白河自然保护区内被子植物区系的科、属分别划分为世界分布、热带分布、温带分布和中国特有分布四大类型，并在各大类型中进一步划分出一些亚型(表7.2、表7.3)。

表7.2 白河自然保护区内被子植物科分布区类型

类型	亚型	科数/科	占总科数的百分比/%
世界分布	1. 世界分布	28	27.18
热带分布	2. 泛热带分布	34	33.01
	3. 热带亚洲、美洲间断(广义)	5	4.85
	4. 旧世界热带	2	1.94
	5. 热带亚洲、大洋洲	1	0.97
	6. 热带亚洲、热带非洲	1	0.97
	7. 热带亚洲	2	1.94
温带分布	8. 北温带分布	21	20.39
	9. 东亚北美洲间断分布	3	2.91
	10. 旧世界温带	1	0.97
	14. 东亚分布	4	3.88
中国特有	15. 中国特有分布	1	0.97
合计		103	100.00

表7.3 白河自然保护区内被子植物属分布区类型

类型	亚型	属数/属	占总属数的百分比/%
世界分布	1. 世界分布	56	12.28
热带分布	2. 泛热带分布	63	13.82
	3. 旧世界热带	6	1.32
	4. 热带亚洲、美洲间断(广义)	2	0.44
	5. 热带亚洲、澳洲	5	1.10
	6. 热带亚洲、热带非洲	9	1.97
	7. 热带亚洲	15	3.29
温带分布	8. 北温带分布	144	31.58
	9. 东亚—北美洲间断分布	33	7.24
	10. 旧世界温带	41	8.99
	11. 温带亚洲	10	2.19
	12. 地中海、西亚至中亚	2	0.44
	13. 中亚分布	2	0.44
	14. 东亚分布	56	12.28
中国特有	15. 中国特有分布	12	2.63
合计		456	100.00

7.2.1　科的分布区类型

在保护区内，泛热带分布和世界分布的科最多，分别有 34 科和 28 科，各占该区域总科数的 33.01%和 27.18%，体现出该区内被子植物与世界植物区系的广泛联系和起源的热带特性。泛热带性质的科占主要比例的原因可能是本区地形复杂，地质历史上第四纪冰期对本区的中、低海拔影响较小，从而有大量古热带性质的科被保留了下来。其次，北温带分布的科为 21 科，约占总科数的 20.39%。除此之外，其他分布类型均占较低成分(表 7.2)。杜仲科(Eucommiaceae)是白河自然保护区分布的唯一一个特有科，但只是作为药用植物少量栽培。

7.2.2　属的分布区类型

如表 7.3 所示，该区被子植物的属共分为 15 个分布区类型，其中世界分布属有 56 属，占总属数的 12.28%；热带分布属共计 100 属，占总属数的 21.94%。热带成分中以泛热带成分最为丰富，达 63 属，占整个热带成分的 63.00%；温带分布属共计 288 属，占总属数的 63.16%，温带类型中以北温带占绝对优势，达 144 属，占温带分布属总数的 50.00%；中国特有 12 属，占总属数的 2.63%。

总体而言，白河自然保护区被子植物区系具有以下特征。

(1)温带性质显著。白河自然保护区被子植物属的分布类型以温带型占显著优势，共计 288 属，占总属数的 63.13%。温带类型中北温带分布最为丰富，达 144 属，占总属数的 31.58%，居各分布区类型之首，远高于全国北温带分布属(10.03%)的比例。代表属有：葱属(*Allium*)、桑属(*Morus*)、蔷薇属(*Rosa*)、杜鹃属(*Rhododendron*)等。在这些属中，有些为广布北温带的属，如槭属(*Acer*)、柳属(*Salix*)、栗属(*Castanea*)、樱桃属(*Prunus*)等是北温带的代表类群。在保护区内，不少木本植物是古近—新近纪泛北极植物区系的后裔，由于本区独特地质发展历史以及温、湿气候条件，使它们得以保存并得到良好发展。大量温带分布类型属的出现，反映出该地区被子植物区系特征的温带特性。

(2)与世界被子植物区系有密切联系。在白河自然保护区内的被子植物中，世界分布属 56 属，占该区总属数的 12.28%。它们中大多数是草本或灌木，在我国普遍分布，如悬钩子属(*Rubus*)、苔草属(*Carex*)等。但是，龙胆属(*Gentiana*)则主要分布于温带地区和热带高山区，在我国的主产地为西南高山区；千里光属(*Senecio*)、老鹳草属(*Geranium*)、早熟禾属(*Poa*)等也有类似的分布情况，它们常常是亚热带至寒温带的林下植物或高山草甸的重要组成部分。这些世界分布型的部分植物，不仅为该区的优势类群，同时数量丰富，体现出该区被子植物区系与世界被子植物区系存在密切联系。

(3)被子植物区系类型相对比较完整。其他分布型在白河自然保护区都有少数分布，但也可反映出该地区被子植物区系类型相对比较完整。

(4)中国特有属比较丰富。共 12 属，占本区总属数的 2.63%。该分布类型从原始的到结构复杂和进化的属均有，如羌活属(*Nototerygium*)产于云南、四川或至西藏，在系统发生上为年轻的新特有属。独叶草属(*Kingdonia*)从西藏东部，经滇北、川西、川北分布到陕、甘南部或秦岭，或者至青海东部边界分布，在系统发生上为古老类群的属。另外，在本区分布的中国特有属还有藤山柳属(*Clematoclethra*)、岩匙属(*Berneuxia*)、箭竹属(*Fargesia*)、虎榛子属(*Ostryopsis*)、水青树属(*Tctraccntron*)、双盾木属(*Dipelta*)、串果藤属(*Sinofranchetia*)、羌活属(*Notopterygium*)等。

7.3 珍稀濒危保护植物

依据《国家重点保护野生植物名录(第一批)》(1999)，保护区内珍稀濒危保护被子植物共4种，隶属于4科，如表7.4所示。其中，属国家Ⅰ级重点保护植物1种，即独叶草；属Ⅱ级重点保护植物3种。

表7.4 白河自然保护区珍稀濒危保护被子植物名录

中文名	拉丁学名	系统位置	保护级别	资料来源	多度*
独叶草	*Kingdonia uniflora* Balf. f. et W. W. Smith	毛茛科	I	①②③	Cop1
连香树	*Cercidiphyllum japonicum* Sieb. et Zucc	连香树科	II	③	Cop1
水青树	*Tctraccntron sinense* Oliv.	水青树科	II	③	Cop1
红花绿绒蒿	*Meconopsis punocea* Maxim.	罂粟科	II	①②	Sp.

注：①第一次科学考察报告；②访问；③本次考察实得。*. 种群多度是衡量物种个体数量的一个指标，采用德鲁提(Drude)提出的多度划分等级，分为极多(Soc.)、很多(Cop3)、多(Cop2)、尚多(Cop1)、少(Sp.)、稀少(So)和个别(Un.)等7个等级。

1. 独叶草(*Kingdonia uniflora* Balf. f. et W. W. Smith)

独叶草属毛茛科(Ranunculaceae)，是我国特有的单种属植物，稀有种，现为国家Ⅰ级重点保护物种。该物种零星分布在陕西太白县、眉县，甘肃迭部、舟曲、文县，四川马尔康、茂汶、金川、南坪、泸定、松潘、峨眉山及云南德钦等地。在保护区草地乡海拔3000m以上的高山针叶林下有成片分布。独叶草具有以下特征：①生长于亚高山至高山原始林下和荫蔽、潮湿、腐殖质层深厚的环境中，被子植物大多不能成熟，主要依靠根状茎繁殖，天然更新能力差，人为破坏和采挖使其数量逐渐减少，自然分布日益缩小；②其营养叶的脉序、根状茎和花被片的形态解剖特征都有别于毛茛科的其他属，这种原始被子植物对研究被子植物的进化和毛茛科的系统发育有一定的科学意义；③全草供药用。独叶草在保护区偶见于上坪地一带。

2. 连香树(*Cercidiphyllum japonicum* Sieb. et Zucc.)

连香树别名五君树、山白果，属连香树科(Cercidiphyllaceae)连香树属(*Cercidiphyllum*)，为雌雄异株、落叶的高大乔木，主要分布于中国和日本，国内主要分布于山西西南部、河南、陕西、甘肃、安徽、浙江、江西、湖北及四川。连香树生于海拔1000~1900m的沟谷或山坡的中下部，常与华西枫杨、秦岭冷杉、亮叶桦、椴树、水青树等混生。该物种具有重要的科研、观赏和药用价值。目前，我国连香树数量小，且零星分布。该种为东亚孑遗植物之一，现已列入我国II级重点保护植物。

野外调查发现连香树在保护区内蔡马地至下坪地之间沟谷及两侧山坡有分布，平均胸径为 35cm 不等，其中有多株胸径超过 50cm，树龄超过百年，具体经纬度及海拔为 E104°06′5.76″、N33°18′47.2″、海拔 1937m，E104°07′52.8″、N33°15′49.3″、海拔 1864m，E104°07′47.7″、N33°14′59.1″、海拔 1881m，E104°07′02.23″、N33°14′24.53″、海拔 2066m。连香树常与水青树混生，所以在区内的分布区域常与水青树重叠。

3. 水青树(*Tctraccntron sinense* Oliv.)

水青树属水青树科(Tetracentraceae)水青树属(*Tetracentron*)，稀有种。该物种分布较为广泛，主要分布于陕西南部太白山、佛坪、户县、周至、眉县、凤县、南郑、山阳，甘肃东南部天水、舟曲、武都、宕昌，四川北川、汶川、理县、宝兴、天全、洪雅、泸定、峨眉、汉源、峨边、南川、屏山、马边、越西、美姑、雷波，贵州金阳、碧江，云南中甸、贡山、德钦、镇雄、永善、大关，贵州印江、江口、绥阳、凯里、雷山、毕节、威宁、纳维，湖南城步、新宁、东安、张家界、桑植、石六，湖北长阳、利川、宜恩、恩施、五峰、房县、鹤峰、巴东、宜昌、神农架、兴山，河南西部南召、西峡等地，生于海拔 1600～2200m 的沟谷或山坡阔叶林中。

水青树是古近—新近纪古老孑遗珍稀植物，为我国特有。由于其木材无导管，对研究中国古代植物区系的演化、被子植物系统和起源具有重要科学价值；另外，其木材质坚、结构致密、纹理美观，可作为制造家具及造纸原料等。树形美观，可作为造林、观赏树及行道树，现为国家 II 级保护植物。保护区内蔡马地至下坪地之间沟谷及两侧山坡有较多分布，胸径为 4～50cm 不等，具体经纬度及海拔为 E104°07′52.8″、N33°15′49.3″、海拔 1864m，E104°06′5.76″、N33°18′47.2″、海拔 1937m，E104°07′47.7″、N33°14′59.1″、海拔 1881m，E104°05′56.0″、N33°18′36.78″、海拔 2067m。

4. 红花绿绒蒿(*Meconopsis punocea* Maxim.)

红花绿绒蒿属罂粟科(Papaveraceae)绿绒蒿属(*Meconopsis*)，国家Ⅱ级重点保护野生植物。

红花绿绒蒿分布于四川西北部、西藏东北部、青海东南部和甘肃南部，生于海拔 2500～4600m 的山坡草地、高山草甸、林缘、沟边、山坡草地。其全草入药，具有清热、镇痛、降压、止咳、利尿、固涩、解毒、抗菌等功效，主治血热及中毒性肝病，肺热咳嗽、热性水肿、肝硬化、神经性头痛、肠炎等；作为传统藏药材，可治遗精、肺结核、肺炎、痛经、白带、高血压等。红花绿绒蒿在保护区内油坊沟沟尾等地 3000m 以上的高山草甸上有零星分布。

第 8 章 植　　被

植被是在过去和现在的环境因素影响下，某一地区植物长期历史发展的结果，是植物与环境长期相互作用后演化形成的自然复合体，也是生物多样性的重要组成部分。对一个以大熊猫、川金丝猴(*Rhinopithecus roxellana*)等珍稀野生动植物为主要保护对象的保护区而言，植被是最基本的资料之一。

白河自然保护区地处岷山山系北段，位于青藏高原向四川盆地过渡的高山峡谷地带。研究白河地区植被及其分布规律，是该地区生物多样性研究与保护管理的重要组成部分，对于高山峡谷地区植被研究具有重要的参考意义。

8.1 植被分类系统

8.1.1 植被的基本情况

白河自然保护区最高海拔为 4453m，最低海拔为 1240m，相对高差超过 3000m，在气候上属于太平洋东南季风及青藏高原西风环流交汇控制的地区，既是亚热带到暖温带，又是暖湿平地向高寒高原的复合性过渡区域。复杂的自然环境条件，造就了保护区较高的生物多样性和丰富的植物种类。

保护区内地质历史古老，在第四纪冰川活动期间仅山岳被冰川侵袭，广大河谷地带未受影响，因此成为古老生物群落的避难所，保存了大熊猫、川金丝猴、独叶草(*Kingdonia uniflora*)、水青树(*Tetracentron sinense*)和连香树(*Cercidiphyllum japonicum*)等大量珍稀濒危物种。

自然生态环境的水平和垂直差异孕育了丰富的植物种类和群落。本书根据植被分区的基本原则和依据，采用植被区、植被地带、植被地区和植被小区四级植被分区单位，将白河自然保护区植被划分为：亚热带常绿阔叶林区、川西高山峡谷山原针叶林地带、川西高山峡谷植被地区、白龙江上游植被小区。

8.1.2 植被分类系统

参照《中国植被》和《四川植被》的分类原则，白河自然保护区植被基本类型划分采用的主要分类单位主要有植被型(高级单位)、群系(中级单位)和群丛(基本单位)三级。在每一级分类单位之上，各设一个辅助单位，即植被型组、群系组和群丛组：

植被型组

　植被型

群系组

群系

群丛组

群丛

白河自然保护区的植被共划分为 5 个植被型组(即阔叶林、针叶林、灌丛、草甸和高山稀疏植被)、11 个植被型、36 个群系。保护区植被类型示意图见附图 3。

保护区植被类型分类系统如图 8.1 所示。

一、阔叶林

1. 常绿、落叶阔叶混交林

1)樟、落叶阔叶混交林

(1)卵叶钓樟、野核桃林

(2)卵叶钓樟、槭树林

2. 落叶阔叶林

2)山毛榉类林

(3)鹅耳枥、辽东栎林

3)桦木林

(4)红桦林

(5)白桦林

(6)糙皮桦林

(7)虎榛子林

4)槭树林

(8)槭树林

5)沙棘林

(9)沙棘林

二、针叶林

3. 温性针叶林

6)温性松林

(10)油松林

(11)华山松林

4. 温性针阔混交林

7)铁杉针阔叶混交林

(12)铁杉针阔叶混交林

8)冷云杉针阔混交林

(13)岷江冷杉、麦吊云杉针阔混交林

5. 寒温性针叶林

9)云杉、冷杉林

(14)巴山冷杉林

(15)黄果冷杉林

(16)青杆林

(17)鳞皮云杉林

(18)粗枝云杉林

10)落叶松林

(19)四川红杉林

11)圆柏林

(20)方枝柏林

三、灌丛
6. 落叶阔叶灌丛
12)温性落叶阔叶灌丛
(21)河柳灌丛
(22)高山柳灌丛
(23)刺悬钩子灌丛
(24)红花蔷薇灌丛
13)高寒落叶阔叶灌丛
(25)金露梅、高山绣线菊灌丛
7. 常绿革叶灌丛
(26)紫丁杜鹃、亮杜鹃灌丛
(27)青海杜鹃灌丛
(28)黄毛杜鹃灌丛
(29)窄叶鲜卑花灌丛
8. 常绿针叶灌丛
14)高山常绿针叶灌丛
(30)香柏灌丛
四、草甸
9. 典型草甸
15)丛生禾草草甸
(31)鹅观草草甸
16)杂类草草甸
(32)大火草、乳白香青草甸
(33)柳兰草甸
10. 高寒草甸
17)禾草高寒草甸
(34)草地早熟禾草甸
18)蒿草高寒草甸
(35)高山嵩草草甸
五、高山稀疏植被
11. 高山流石滩稀疏植被
19)凤毛菊、红景天稀疏植被
(36)凤毛菊、红景天植被

图 8.1 保护区植被类型分类系统

8.1.3 保护区植被

根据植被分类系统，本节对白河自然保护区自然植被基本类型介绍如下(本节编号同图 8.1)。

一、阔叶林

阔叶林是以阔叶树种为建群种的森林植被类型。阔叶林在保护区森林线以下的地段广泛分布，是保护区的优势植被类型。保护区的落叶阔叶林主要由常绿与落叶阔叶混交林、落叶阔叶林组成。区内的低海拔地带原本是常绿阔叶林分布的地段，由于该地带水热条件较优，在人类长期生产活动的影响下，常绿阔叶林已不复存在，取而代之的是农地和部分次生灌丛、人工林或经济林。海拔较高地段的阔叶林，如常绿、落叶阔叶混交林，以及大部分的落叶阔叶林群落，虽也不同程度受到过人类的干扰，常绿树种有所减少，并表现出明显的次生性状，但绝大多数群落都还保持着正常的生长发育状态，并逐步恢复其群落的原生风貌。

1. 常绿、落叶阔叶混交林

常绿、落叶阔叶混交林是四川山地植被中常见的类型，是处于常绿阔叶林与针叶、阔叶混交林间的过渡类型，在保护区主要分布于太平村附近、菜马地、下坪地沟口等地海拔 1500～2000m 的山坡下部。该群落的下限以常绿成分占优势，落叶树种次之；其上限(靠近针阔叶混交林的下缘)以落叶树种占优势，常绿树种次之。因有落叶阔叶树种存在，群落外貌具有较为明显的季相变化，春夏季节群落外貌呈深绿与嫩绿色相间，入秋后气温下降，叶片则呈黄色、红色、紫色，冬季落叶后林冠呈少数绿色斑块状。

该植被类型仅有樟、落叶阔叶混交林 1 个群系组。

1)樟、落叶阔叶混交林

(1)卵叶钓樟、野核桃林(Form. *Lindera limprichtii* & *Jugland cathayaensis*)

卵叶钓樟、野核桃林主要分布于太平村附近、菜马地等海拔 1400～2000m 的山麓坡地。由于人为砍伐，林内阳光充足，落叶树种生长发育快，而形成常绿、落叶阔叶混交林。群落中的卵叶钓樟多为萌生状，树高常处于落叶树种之下。

群落代表样地位于菜马地海拔 1800m 左右(N 33°15′40″，E 104°8′17″)的山体下部。坡度为 40°～45°，坡向为西南坡。群落外貌呈灰绿色，林冠较整齐，成层现象较明显。乔木层高 7～10m，总郁闭度为 0.8。以卵叶钓樟为优势种，郁闭度为 0.35，平均高 8m，胸径为 5～6cm；野核桃为次优势种，郁闭度为 0.30，平均高 10m，胸径为 6～8cm；其次有蛮青冈、红果树(*Stranvaesia davidiana*)、石楠(*Photinia serrulata*)等常绿树种，以及鹅耳枥、华西枫杨、山杨、河柳等落叶树种，郁闭度为 0.2；另有针叶树种铁杉、麦吊云杉等也常在群落中散生。灌木层高 0.5m～4m，总盖度为 40%。以沙棘和桦叶荚蒾占优势，盖度为 30%；其次有山胡椒、马桑、羊奶子、栒子等，盖度共 10%。草本层高 5～100cm，总盖度为 60%。以高 5～10cm 的丝叶苔草为主，盖度为 40%；其次有附地菜、葎草、松蒿、野豌豆、甘青老鹳草、竹林消、鹿药、变豆菜、蜂斗菜等，盖度为 25%。

(2)卵叶钓樟、槭树林(Form. *Lindera limprichtii* & *Acer* spp.)

该群落类型主要分布于下坪地沟、油房沟等海拔 1800～2000m 的山坡下部。代表样地位于下坪地沟海拔 1910m(N 33°15′16″，E 104°7′60″)处，坡度为 30°～35°，坡向为西南坡。群落外貌呈灰绿色，林冠较整齐，成层现象较明显。乔木层高达 15m，总郁闭度为 0.75。以卵叶钓樟为优势种，郁闭度为 0.4 左右，平均高 6～8m，胸径为 5～6cm；次为槭树，郁闭度为 0.35，平均高 12m，平均胸径为 10cm；其他常见的还有红桦、西南糙皮桦、椴树、稠李、领春木等落叶树种，郁闭度为 0.2。另有麦吊云杉、华山松等针叶树在林中散生。灌木层高 3～4m，总盖度为 40%。以忍冬占优势，盖度为 30%；其次还有刺五加、猫儿屎、悬钩子等，总盖度为 15%。草本层高 5～100cm，总盖度为 50%，以苔藓为优势，盖度达 30%；其次有大火草、鸭儿芹、唐松草、万寿竹、蜂斗菜、长籽柳叶菜、甘青老鹳草、变豆菜等，盖度为25%。

2. 落叶阔叶林

落叶阔叶林在亚热带山地中是一种非地带性、不稳定的次生植被类型。它们是保护区内的常绿阔叶林，针叶、阔叶混交林，亚高山针叶林等多种地带性植被类型被破坏后形成的次生植被类型。该植被类型具有垂直分布幅度大、呈块状分布的特点，在保护区森林线以内的各地带均可见到该群落。由于海拔高度及气候等自然环境的差异，落叶阔叶林群落类型差异较大。海拔1800(2000)m以下地段，落叶阔叶林主要是常绿阔叶林、常绿与落叶阔叶混交林等森林群落乔木树种，特别是常绿树种被砍伐或间伐所形成的次生群落。因此处于较低海拔的山毛榉类林又常与农耕地相间分布；而海拔(2000)1800～3200m的地带则是针阔叶混交林和亚高山针叶林等森林群落中的针叶树种被砍伐后形成的群落。因此，在落叶阔叶林内，常能见到原植被类型建群种的散生树及幼苗，如细叶青冈、蛮青冈、卵叶钓樟等常绿阔叶树，以及华山松(*Pinus armandii*)、铁杉(*Tsuga chinensis*)、云南铁杉(*T. dumosa*)、麦吊云杉(*Picea brachytyla*)、岷江冷杉(*A. faxoniana*)、四川红杉(*Larix mastersiana*)等针叶树种。

保护区的落叶阔叶林主要有山毛榉类林、桦木林、槭树林、沙棘林4个群系组。

2)山毛榉类林

(3)鹅耳枥、辽东栎林(Form. *Carpinus turczaninowii* & *Quercus liaotungensis*)

在保护区，鹅耳枥、辽东栎林主要分布在太平村附近、下坪地沟等海拔2100m以下，林分结构比较复杂。群落外貌深灰绿色，尤其是随着时间不同而有较大变化。其代表样地位于太平村海拔1996m(N 33°15′, E 104°09′)的山体下部，坡度大于40°。乔木层平均高度为8～10m，胸径为15～25cm，总郁闭度为0.6。以鹅耳枥和辽东栎为优势种，总郁闭度为0.45左右；次为华山松和山杨等，平均高度均为8m。常见的伴生乔木还有油松、铁杉和槭树类植物，平均高度为6～8m。灌木层以辽东栎和鹅耳枥的幼苗为优势种，其盖度高达45%，平均高度为3～4m；次为槭树(尖尾槭、青榨槭)、山杨和小叶六道木，其盖度分别为10%、8%和5%，平均高度为4m左右；其他常见的还有长柄绣球、油松、桦叶荚蒾、藤山柳、忍冬和红桦等，总盖度达12%，平均高度为3.5m。草本层植物相对较少，基本上以阴生的植物为主，包括百合科、兰科、茜草科、莎草科、虎耳草科和毛茛科等科属植物，总盖度在25%以下。

3)桦木林

(4)红桦林(Form. *Betula albo-sinensis*)

红桦林在保护区广布于下坪地沟和油坊沟海拔2400～3000m的山体中下部。其代表样地位于(N 33°13′22″, E 104°8′49″)的山体中部凹坡上，坡度为6°～20°。群落外貌呈黄绿色，林内郁闭度较高，群落结构比较简单，林缘上接华山松林、鳞皮云杉林，下接白桦、山杨林。乔木层总郁闭度高达0.65，高8～15m。以红桦占绝对优势，郁闭度为0.45%，平均高12m，平均胸径35cm；次为蔷薇科的湖北花楸和虎耳草科的紫萼山梅花等，总郁闭度为0.15，高6～10m；其他常见的还有疏花槭、东陵绣球、油松等，总郁闭度为0.1。灌木层总盖度在20%以下，物种较少，以紫萼山梅花和东陵绣球的幼苗为优势，总盖度为12%左右，平均高度约为3m；另外还有高丛珍珠梅、红花蔷薇、巴东荚蒾、红毛五加等植物，其高度均在 2m 以下。草本层总盖度为 25%～35%，以耳叶凤仙花和冷蕨类植物为优势，常见的还有菊科的蟹甲草、紫菀、橐吾和蒿类植物，柳叶菜科、毛茛科、茜草科和马兜铃科等科的部分植物。

(5)白桦林(Form. *Betula platyphylla*)

白桦林在保护区内呈斑块状分布于海拔 2500～2800m 的山凹中，或其边缘的阴坡上。群落外貌为暗绿或黄绿色，林冠较整齐，林内郁闭度为 0.4～0.6，群落结构比较简单。其代表样地位于油房沟海拔 2600m(N 33°14′49″，E 104°5′58″)，坡度为 20°～30°，坡向东南方向。乔木层总郁闭度为 0.7，以白桦为绝对优势，树高 10～15m，胸径为 15～30cm，其郁闭度为 0.6；其他的还有辽东栎、青杆、黄果冷杉、油松、红桦和糙皮桦等与其伴生，郁闭度约为 0.2。灌木层总盖度为 15%，平均高 3m，以麻核栒子、柳叶忍冬、红花蔷薇和尖叶茶藨为优势种，其他常见的还有细枝绣线菊、山梅花、桦叶荚蒾和藤山柳等。林下草本层植物组成基本上与红桦林相似。

该群落的主要群丛有：

白桦(*Betula platyphylla*)-麻核栒子(*Cotoneaster foveolatus*)+柳叶忍冬(*Lonicera lanceolata*)-耳叶凤仙花(*Impatiens delavayi*)；

白桦(*Betula platyphylla*)+青杆(*Picea wilsonii*)-尖叶茶藨(*Ribes acuminatum*)+细枝绣线菊(*Spiraea myrtilloides*)-三褶脉紫菀(*Aster ageratiodes*)+甘青乌头(*Aconitum tanguticum*)；

白桦(*Betula platyphylla*)+辽东栎(*Quercus liaotungensis*)+油松(*Pinus tabulaeformis*)-柳叶忍冬(*Lonicera lanceolata*)+红花蔷薇(*Rosa moyesii*)-蛛毛蟹甲草(*Cacalia roborowskii*)+耳叶凤仙花(*Impatiens delavayi*)。

(6)糙皮桦林(Form. *Betula utilis*)

糙皮桦在保护区油房沟的山林中分布较多。其代表样地位于油房沟海拔 2200m(N 33°14′39″，E 104°6′35″)的山体下部凹形坡中，坡向向东，坡度为 6°～20°。群落外貌深绿色；成层现象明显。乔木层总郁闭度高达 0.7，以糙皮桦为绝对优势，其郁闭度为 0.5，平均高 22m，平均胸径为 30cm；其他常见的还有少量的华西枫杨、湖北花楸、铁杉和紫果云杉等乔木，其总郁闭度为 0.2；偶见毛叶木姜子等树种。灌木层总盖度为 10%～20%，平均高度为 1.5～3.0m，以忍冬科的桦叶荚蒾、禾本科的华西箭竹为主，其总盖度为 12%左右，属该层的共优种；常见的还有青榨槭、三桠乌药、藤山柳、红花蔷薇、华山松、鲜黄小檗和麻核栒子、青荚叶等灌木。草本层总盖度高达 80%，组成成分十分丰富，包括大量的耳叶凤仙花、山酢浆草、蕨类等阴生植物；常见的糙野青茅、大火草、鬼灯擎、尼泊尔酸模等草本植物；少量菊科、唇形科的其他植物分布。

该群落的主要群丛有：

糙皮桦(*Betula utilis*)-华西箭竹(*Fargesia nitida*)-糙野青茅(*Deyeuxia scabrescens*)+大火草(*Anemone tomentosa*)；

糙皮桦(*Betula utilis*)-桦叶荚蒾(*Viburnum betulifolium*)-耳叶凤仙花(*Impatiens delavayi*)+鬼灯擎(*Rodgersia aesculifolia*)；

糙皮桦(*Betula utilis*)-桦叶荚蒾(*Viburnum betulifolium*)-大火草(*Anemone tomentosa*)+尼泊尔酸模(*Rumex nepalensis*)。

(7)虎榛子林(Form. *Ostryopsis davidiana*)

虎榛子林属于保护区低海拔的群落类型，海拔为2000～2300m，分布面积较小，纯林几乎没有，但拥有的混交类型中虎榛子具有明显的建群种优势。其代表样地位于燕子垭海拔2050m(N33°18′5″，E104°5′21″)的山体下部复合坡上，坡向向西，坡度小于20°。群落外貌灰绿色，林冠参差不齐。乔木层郁闭度为0.4～0.6。以虎榛子为优势种，郁闭度可达0.4以上，平均高度、胸径分别为15m和15cm；次优势种为华西枫杨，其郁闭度为0.1，平均高度达9m；次外还伴生有少量的糙皮桦和铁杉。灌木层以华西箭竹为优势种，其盖度达30%以上，高度为0.5m左右，分布比较均匀。常见的还有绣球、茶藨、栒子、桦叶荚蒾和红毛五加等植物，总盖度在20%以下。草本层植物种类主要有土细辛、山酢浆草、鹅观草、橐吾、耳叶凤仙花、鼠尾草以及东方草莓、蓝布裙、蟹甲草等，总盖度为25%～45%。层间植物还有菝葜、茜草和铁线莲等。

4)槭树林

(8)槭树林(Form. *Acer* spp.)

槭树林在保护区分布面积较小，主要在海拔为2000～2700m的下坪地、油房沟等水分条件较好的山洼中，以及低海拔的太平村。代表样地位于油房沟海拔2300m(N 33°12′40″，E 104°7′5″)的山体中部，坡向向北，坡度为6°～20°的均匀坡。群落外貌随季节不同差异较大，在秋季多呈现一片红色的独特景观。乔木层郁闭度为0.5，以五裂槭或青榨槭为优势种，郁闭度可达0.3以上，平均高度为12m，胸围为11.5cm，其幼苗相对较多；其他常见的还有华西枫杨、白桦、油松、稠李、野樱桃等植物。灌木层总盖度可达35%，以藤山柳、陇塞忍冬和长串茶藨为优势种，平均高度多为1.5～3m，盖度共为25%；此外还有部分悬钩子、小檗、荚蒾和杜鹃类植物伴生。层间植物较少，只有少量猕猴桃。草本植物相对较多，主要有菊科的橐吾属、蒿属，百合科的黄精属、韭属、鹿药属，唇形科的鼠尾草属，五加科的五加、三七和毛茛科的唐松草、独叶草等植物；此外还有少量的石竹科、伞形科、柳叶菜科、兰科、荨麻科和玄参科等科属的植物，总盖度高达50%。

该群落的主要群丛有：

五裂槭(*Acer oliverianum*)+华西枫杨(*Pterocarya insignis*)-藤山柳(*Clematoclethra lasioclada*)+陇塞忍冬(*Lonicera tangutica*)-掌叶橐吾(*Ligulraia przewalskii*)+卷叶黄精(*Polygonatum cirrhifolium*)；

青榨槭(*Acer davidii*)+白桦(*Betula platyphylla*)-长串茶藨(*Ribes longiracemosum*)-甘西鼠尾(*Salvia przewalskii*)+钩柱唐松草(*Thalictrum uncatum*)；

青榨槭(*Acer davidii*)+油松(*Pinus tabulaeformis*)-刚毛忍冬(*Lonicera hispida*)+桦叶荚蒾(*Viburnum betulifolium*)-窄瓣鹿药(*Smilacina paniculata*)。

5)沙棘林

(9)沙棘林(Form. *Hippophae rhamnoides*)

沙棘林主要分布在保护区燕子垭和太平村的河谷两旁的山坡上，海拔为2300～2600m，面积不大，多成斑块状分布。群落外貌灰绿色，林冠整齐。乔木层郁闭度为0.65，高4～6m。以沙棘为优势种，郁闭度为0.5，平均高度为5m，平均胸径为10cm；其他常见的乔木还有多种柳，与沙棘几乎同高，郁闭度为0.2。沙棘林下灌木主要是蔷薇、茶藨、栒子、珍珠梅、绣线菊和忍冬等，总盖度为40%。草本层植物较多，主要有多种禾草、藜芦、橐吾、圆穗蓼、太白韭、天南星、滇川唐松草、翠雀花、紫菀以及毛茛状金莲花等，总盖度为65%。

沙棘林可分为三个群丛：

沙棘(*Hippophae rhamnoides*)-绢毛蔷薇(*Rosa sericea*)+高丛珍珠梅(*Sorbaris arborea*)；

沙棘(*Hippophae rhamnoides*)-小叶栒子(*Cotoneaster microphyllus*)+狭叶绣线菊(*Spiraea japonica* var. *acuminata*)；

沙棘(*Hippophae rhamnoides*)+红皮柳(*Salix purpurea*)-细枝茶藨(*Ribes tenue*)+刚毛忍冬(*Loicera hispida*)。

二、针叶林

针叶林是以针叶树种为建群种或优势种组成的森林植被类型。它包含了以针叶树种为建群种的纯林、不同针叶树种为共建种的混交林以及含有阔叶树种的针阔混交林。

针叶林是保护区植被重要的组成部分，也是分布面积最大的森林植被类型，从保护区的低海拔地段（1300m），直至高海拔林（3800m），都有不同类型分布。优势树种主要有松科的松属(*Pinus*)、铁杉属(*Tsuga*)、云杉属(*Picea*)、冷杉属(*Abies*)、落叶松属(*Larix*)和柏科的柏木属(*Cupressus*)、圆柏属(*Sabina*)等，这些树种多为我国西南部的特有植物。

按组成保护区针叶林建群种生活型相似性及其与水热条件生态关系的一致性，保护区的针叶林可划分为温性针叶林、温性针阔叶混交林、寒温性针叶林3个类型。

3. 温性针叶林

温性针叶林系分布于海拔2400m以下，以常绿针叶树种为建群种的森林植被。现在见到的山地常绿针叶林群落，多是次生林或经人工造林形成的人工林，林龄较大者已封闭成林。但这些群落，其结构异常简单，建群种单一，群落对生态环境的调节能力十分有限。

在保护区，温性针叶林主要有温性松林1种植被类型。

6)温性松林

(10)油松林(Form. Pinus tapulaeformis)

保护区的油松林主要分布于海拔相对较低(2200～2600m)的干燥山坡上，特别是太平村附近的两条沟中均有成片的分布。油松群落外貌呈深绿色，林冠整齐，林内郁闭度为0.6～0.8，属于该保护区的顶级群落。其代表样地位于太平村附近海拔2320m(N 33°15′54″，E 104°9′24″)的山坡中下部，坡度为30°～40°，坡向西北。乔木层郁闭度高达0.75，高7～20m。以油松为优势种，郁闭度达0.6以上，平均高度为17m，平均胸径为25cm；次为槭树、桦木、辽东栎和山杨等阔叶树种，总郁闭度为0.2，平均高度为9m。灌木层总盖度25%，以油松幼苗占绝对优势，其数量占群落灌木层的40%；伴生的还有白桦、槭树幼苗，其平均高度和总盖度分别是3.5m、16%；另外还有少量的忍冬、六道木、辽东栎和鹅耳枥等，总盖度仅在5%以下。草本层植物比较少，以禾本科的垂穗鹅观草、糙野青茅，玄参科的马先蒿和菊科的蛛毛蟹甲草、掌叶橐吾等植物为主，总盖度不到15%。

该群落的主要群丛有：

油松(*Pinus tabulaeformis*)+白桦(*Betula platyphylla*)-垂穗鹅观草(*Roegneria nutans*)；

油松(*Pinus tabulaeformis*)+辽东栎(*Quercus liaotungensis*)-油松(*Pinus tabulaeformis*)+青榨槭(*Acer davidii*)-糙野青茅(*Deyeuxia scabrescens*)+短毛紫菀(*Aster brachytrichus*)；

油松(*Pinus tabulaeformis*)+山杨(*Populus davidiana*)+糙皮桦(*Betula utilis*)-辽东栎(*Quercus liaotungensis*)+油松(*Pinus tabulaeformis*)+糙皮桦(*Betula utilis*)-蛛毛蟹甲草(*Cacalia roborowskii*)+轮叶马先蒿(*Pedicularis verticillata*)；

油松(*Pinus tabulaeformis*)+铁杉(*Tsuga chinensis*)+青榨槭(*Acer davidii*)-辽东栎(*Quercus liaotungensis*)+鹅耳枥(*Carpinus turczaninowii*)+油松(*Pinus tabulaeformis*)-掌叶橐吾(*Ligulraia przewalskii*)。

(11)华山松林(Form. *Pinus armandi*)

华山松林在保护区的分布比较分散，下坪地的几条支沟都有分布，在海拔2300～2600m分布成群。代表样地位于下坪地沟2350m(N 33°13′59″、E 104°7′49″)的山体中部凹坡上，坡向向西，坡度为21°～30°。华山松纯林面积较小，大面积的是与其他树种混交的华山松林。群落外貌翠绿色，馒头状均匀分布，结构相对较复杂，林内透光度较差，郁闭度为0.6～0.8。乔木层以华山松为优势种，郁闭度为0.3～0.4，平均高度为17m，平均胸径在25cm以上；次为云杉类植物，郁闭度为0.2，高度在15m以下，平均胸径为20cm；常见的还有桦木、杨树类阔叶树种，郁闭度在0.1以下。有时在相对湿润的地方，还偶见一些柳树、槭树和虎耳草科的绣球树零星分布其中。灌木层植物树种数量较多，以华西箭竹和糙叶五加为优势，盖度分别为10%和5%，平均高度分别为0.6m和1.5m；常见的还有华山松、山杨幼苗、槭树、瑞香、小檗、山梅花、野樱桃、卫矛、忍冬和木姜子类植物，高度为0.4～0.7m，总盖度为30%左右。层间植物主要是菝葜，盖度为1%。草本层以圆穗蓼、青茅和多花落新妇为优势种，盖度共为25%，平均高度分别为0.6m、0.8m和0.9m；另外还零星分布有鹅观草、紫菀、蟹甲草、鹿蹄草和火烧兰等植物，总盖度在10%以下。

华山松群落的主要群丛有：

华山松(*Pinus armandi*)+紫果云杉(*Picea purpurea*)-华西箭竹(*Fargesia nitida*)-糙野青茅(*Deyeuxia scabrescens*)+圆穗蓼(*Polygonum sphaerostachyum*)；

华山松(*Pinus armandi*)+粗枝云杉(*Picea asperata*)+山杨(*Populus davidiana*)-华西箭竹(*Fargesia nitida*)-多花落新妇(*Astilbe myriantha*)；

华山松(*Pinus armandi*)+红桦(*Betula albo-sinensis*)+白桦(*Betula platyphylla*)-糙叶五加(*Acanthopanax henryi*)+华西箭竹(*Fargesia nitida*)-圆穗蓼(*Polygonum sphaerostachyum*)。

4. 温性针阔混交林

温性针阔叶混交林是由常绿针叶树种与落叶阔叶树种混生一起，并共同构成群落优势种的森林群落。针阔叶混交林是山地植被垂直分布中处于常绿、落叶阔叶混交林与亚高山针叶林之间的过渡地带的植被类型，由分布于前述两种植被带的树种相互渗透而形成的植被类型。保护区的针阔叶混交林是以针叶树种云南树铁杉、铁杉和桦木(*Betula* spp.)、槭树(*Acer* spp.)、椴树等多种能形成一定优势的阔叶树种共同组成，在海拔2000～2600(2700)m的阴坡、半阴坡及山坡顶部均有分布。由于针阔叶混交林在山地植被垂直分布上，处于常绿、落叶阔叶混交林与亚高山针叶林之间，该垂直带上段的群落中常有岷江冷杉、麦吊云杉、四川红杉等亚高山针叶林的树种渗入；垂直带下部的群落中有油松、华山松等针叶树种散生。但是，云南树铁杉和铁杉在群落中的优势明显，树高也明显高出所有阔叶树，山坡顶部及山脊处尤其显著。

保护区的山地针阔叶混交林有铁杉针、阔叶混交林、冷云杉针、阔叶混交林 2 种类型。

7)铁杉针阔叶混交林

(12)铁杉针阔叶混交林

该群系主要分布在保护区海拔 2000～2550m 的局部地区，群落外貌为深绿色，较整齐，成层现象明显，郁闭度达 0.7。乔木层平均树高 15～20m，胸径为 30～45cm，主要以针叶树种铁杉及阔叶树种红桦、糙皮桦、五裂槭和水青树为优势种，其次为华椴、连香树、毛果槭(*Acer maximowiczianum*)和大叶柳(*Salix magnifica*)等落叶阔叶树种。灌木层盖度为 50%～70%，高 0.4～6m，主要以桦叶荚蒾、鲜黄小檗(*Berberis diaphana*)、华西箭竹和杜鹃(*Rhododendron* spp.)为优势种，其次为构骨冬青、高山柳、华中五味子、多花勾儿茶(*Berchemia floribunda*)、高丛珍珠梅、蕊帽忍冬、甘青茶藨、瑞香等。草本层盖度为 50%～70%，高 0.5～0.8m，主要以大火草、山酢浆草、楼梯草、苔草(*Carex* spp.)等为优势种，其次为假升麻、铁线莲、茜草、蹄盖蕨(*Athyrium* spp.)、沿阶草(*Ophiopogon bodinieri*)等。

该群落的主要群丛有：

铁杉+桦木-华西箭竹-苔草；

铁杉+五裂槭-华西箭竹-山酢浆草；

铁杉+水青树-桦叶荚蒾+杜鹃-山酢浆草+楼梯草。

8)冷云杉针阔混交林

(13)岷江冷杉、麦吊云杉针阔混交林

该群系主要分布在海拔 2200～2700m 的局部地区，群落外貌不整齐，成层现象明显，郁闭度达 60%。代表样地位于下坪地沟海拔 2258m(N 33°13′52″, E 104°7′37″)的谷坡中下部，坡向西坡，坡度 20°～25°。乔木层中的针叶树种主要以岷江冷杉和麦吊云杉为优势种，其他的还有铁杉、紫果云杉、黄果冷杉、华山松等；阔叶树主要以糙皮桦、红桦、槭树等为优势种，次为华椴、川滇高山栎等。灌木层盖度为 50%～60%，高 1～4m，主要以杜鹃、华西箭竹、乳凸青荚叶(*Helwingia japonica*)、桦叶荚蒾、红毛五加(*Acanthopanax giraldii*)等为优势种，次为甘青茶藨、狭叶绣线菊、刺黄花、鲜黄小檗等。草本层的盖度为 40%～45%，高 0.1～0.8m，主要以山酢浆草、血满草、单叶细辛(*Asarum himalaicum*)等为优势种，次为肾叶橐吾、蛇莓、大百合(*Cardiocrinum giganteum*)。

该群落的主要群丛有：

麦吊云杉+岷江冷杉+槭树-桦叶荚蒾-血满草+三褶脉紫菀(*Aster ageratoides*)；

麦吊云杉+桦木-华西箭竹+乳凸青荚叶+陕甘花楸-单叶细辛+山酢浆草。

5. 寒温性针叶林

寒温性针叶林是保护区主要的森林植被类型。该类型广泛分布于海拔 2700～3600(3800)m 的阴坡、半阴坡。保护区的亚高山常绿针叶林由松科冷杉属(*Abies*)的巴山冷杉、黄果冷杉，云杉属(*Picea*)的青杆、鳞皮云杉、云杉，落叶松属的四川红杉和柏科圆柏属(*Sabina*)的方枝柏(*S. saltuaria*)等种类组成，既有单优势种的纯林，亦有多优势种的混交林等多种类型的群落。

保护区的亚高山常绿针叶林按群落种类组成和生态特性，可划分为云杉冷杉林、落叶松林和圆柏林 3 个群系组。

9)云杉冷杉林

(14)巴山冷杉林(Form. *Abies fargesii*)

在保护区的下坪地沟、油坊沟海拔 2700～3600m 区域分布较广，代表样地位于 N 33°13′54″、E 104°8′7″和 N 33°13′5″、E 104°5′24″，山体的脊部凸坡上，基本上无坡度、坡向。群落外貌绿色，林冠整齐，结构简单，层次明显，郁闭度为 0.5～0.7。乔木层巴山冷杉的优势度非常明显，其总盖度达到 60%以上，其中平均高度在 20m、胸围为 150cm 的高大乔木占一半以上。常见的伴生树种主要有白桦，盖度在 8%以下，高度在 15m 以下；另外还零星分布有美容杜鹃、尖尾槭和湖北花楸等阔叶树种，平均高度为 5～7m。灌木层以华西箭竹为优势种，平均高度为 0.8m，盖度达 60%以上，分布比较均匀；次为巴山冷杉的幼苗(高 2m)、桦叶荚蒾(高 2.5m)和纤齿卫矛(高 0.9m)，它们的平均盖度都在 5%以下；同时还有少量的忍冬、小檗、瑞香、蔷薇、山梅花类植物。层间植物有革叶猕猴桃、狗枣猕猴桃等猕猴桃类和百合科的菝葜类植物，总盖度在 7%左右。草本层总盖度约 35%，常见的有五加科的三七类，百合科的鹿药、重楼类以及菊科的蟹甲草、紫菀、橐吾类和荨麻科的楼梯草类植物，此外还有少量的铁线莲、川赤芍和蕨类等与之共生。

该群落的主要群丛有：

巴山冷杉(*Abies fargesii*)-华西箭竹(*Fargesia nitida*)-羽裂蟹甲草(*Cacalia tangutica*)+鹿药(*Smilacina japonica*)；

巴山冷杉(*Abies fargesii*)+白桦(*Betula platyphylla*)-峨眉蔷薇(*Rosa omeiensis*)+华西箭竹(*Fargesia nitida*)-羽叶三七(*Pannax bipinnatifidus*)；

巴山冷杉(*Abies fargesii*)+白桦(*Betula platyphylla*)-阔叶杜鹃(*Rhododendron platyphyllum*)+藤山柳-独叶草(*Kingdonia uniflora*)+星叶草(*Circaeaster agrestis*)。

(15)黄果冷杉林(Form. *Abies ernestii*)

黄果冷杉在保护区分布海拔较低(约 2800m)，集中分布在燕子垭、太平村附近的山体中下部均匀坡上。代表样地位于 N 33°16′25″、E 104°7′43″，坡向向南，坡度 35°左右。群落外貌深绿色，除了部分混交其中的阔叶树种使得群落呈现错落状外，林冠比较整齐，林内群落结构简单。乔木层郁闭度达到 0.6 以上，以黄果冷杉为优势种，平均高度、胸径分别为 22m、45cm，其郁闭度在 0.5 以上；其他伴生种极少，只有少数群落类型混交了诸如糙皮桦、尖尾槭等阔叶树种，其郁闭度小于 0.1。灌木层植物种类较少，总盖度为 12%～20%，高度 2m 左右，种类主要有蔷薇、双盾木、箭竹、悬钩子和山梅花等；其他常见的还有桦木、槭树的幼苗。草本层植物相对较多，主要有齿叶橐吾、双舌蟹甲草、三褶脉紫菀、大花金挖耳、大叶茜草、粗齿铁线莲、东方草莓等植物，另外还有百合科的韭属、鹿药属、菝葜属，毛茛科的唐松草属，以及禾本科、莎草科、伞形科等植物伴生。

该群落的主要群丛有：

黄果冷杉(*Abies ernestii*)-红花蔷薇(*Rosa moyesii*)+双盾木(*Dipelta floribunda*)-齿叶橐吾(*Ligularia dentata*)+粗齿铁线莲(*Clematis argentilucida*)；

黄果冷杉(*Abies ernestii*)-山梅花(*Phiadelphus incanus*)+悬钩子(*Rubus pungens*)-双舌蟹甲草(*Cacalia davidii*)+三褶脉紫菀(*Aster ageratiodes*)+东方草莓(*Fragaria orientalis*)；

黄果冷杉(*Abies ernestii*)+糙皮桦(*Betula utilis*)-华西箭竹(*Fargesia nitida*)+云南双盾木(*Dipelta yunnanensis*)-大叶茜草(*Rubia leiocaulis*)+大花金挖耳(*Carpesium macrocephalum*)。

(16)青杆林(Form. *Picea wilsonii*)

青杆主要分布于海拔 2500～3300m 的油坊沟一带，既有次生林，也有原始林，代表样地位于 N 33°14′48″、E 104°5′48″的山体下部，坡向向北，坡度为 6°～20°。该群落外貌葱绿色，层次明显，结构简单。其次生林乔木层郁闭度为 0.5～0.8，树高 5～15m，胸径 20～30cm，树干挺直。其原始林分布海拔相对较高，约 2800m 以上，林内明亮，透光，林木平均高 20m，胸径为 80cm。乔木层以青杆为优势种，另外还有少量的白桦、糙皮桦和华榛等乔木混生，但其郁闭度仅为 0.1。灌木层盖度为 20%～40%，高 0.5～2m。常占优势的树种为球花荚蒾、小叶栒子、西南绣球、柳叶忍冬、大刺茶藨等；此外还有少量的青杆幼苗和层间植物，如鼠李科的云南勾儿茶、木兰科的五味子等，并零星分布有蔷薇科的红花蔷薇、悬钩子类。草本层盖度一般在 15%以下，高在 20cm 以下，种类较多。常见的有川赤芍、狼毒、土当归、三褶脉紫菀、小斑叶兰、大花金挖耳、圆穗蓼、极丽马先蒿、车前叶垂头菊、银背粉蕨、鳞毛蕨等；另外，在海拔 3000m 以上区域，某些群落中的杜鹃树底下可以发现列当科的丁座草。

青杆林更新良好，各个龄级的幼苗较多，并且青杆适应性强，种子萌发率高。因此，青杆的原始林被砍伐后，可以恢复成群落保持相对稳定的次生林。

该群落的主要群丛有：

青杆(*Picea wilsonii*)-球花荚蒾(*Viburnum glomeratum*)+柳叶忍冬(*Lonicera lanceolata*)-川赤芍(*Paeonia veitchii*)；

青杆(*Picea wilsonii*)-小叶栒子(*Cotoneaster microphyllus*)+西南绣球(*Hydrangea davidii*)-三褶脉紫菀(*Aster ageratiodes*)；

青杆(*Picea wilsonii*)+糙皮桦(*Betula utilis*)-大刺茶藨(*Ribes alpestre*)-小斑叶兰(*Goodrera repens*)+大花金挖耳(*Carpesium macrocephalum*)；

青杆(*Picea wilsonii*)+白桦(*Betula platyphylla*)-柳叶忍冬(*Lonicera lanceolata*)+

大刺茶藨(*Ribes alpestre*)-扭盔马先蒿(*Pedicularis davidii*)+川赤芍(*Paeonia veitchii*)。

(17)鳞皮云杉林(Form. *Picea retroflexa*)

该群落的建群种为鳞皮云杉，分布在保护区海拔2400m左右的山体下部。其代表样地位于N 33°13′21″、E 104°7′3″，坡向向东，坡度小于20°的均匀坡上。群落外貌翠绿色，林冠整齐，林内郁闭度达到0.7以上。乔木层种类构成简单，多呈现小面积的纯林。以鳞皮云杉占绝对优势，平均高度、胸径分别是20m、23cm，郁闭度通常高于0.4；此外，仅有少量的糙皮桦伴生其中，其盖度低于10%，胸径也小于10cm。由于该群落鳞皮云杉的更新幼苗很少，因此不是该海拔范围内的顶级群落，可能会被其他群落取代。灌木层植物主要有巴东荚蒾、糙叶五加、长叶溲疏和红花蔷薇等，高度1～3m，总盖度小于10%。层间植物有五味子、川赤爬等。草本层植物主要是菊科、虎耳草科、毛茛科、伞形科和马兜铃科的一些植物，如鬼灯擎、大花金挖耳、土细辛等，总盖度为10%～25%。

该群落的主要群丛有：

鳞皮云杉(*Picea retroflexa*)-巴东荚蒾(*Viburnum henryi*)-鬼灯擎(*Rodgersia aesculifolia*)+齿叶橐吾(*Ligularia dentata*)；

鳞皮云杉(*Picea retroflexa*)+糙皮桦(*Betula utilis*)-长叶溲疏(*Deutzia longifolia*)+红花蔷薇(*Rosa moyesii*)-川甘翠雀花(*Delphinium souliei*)+大花金挖耳(*Carpesium macrocephalum*)。

(18)粗枝云杉林(Form. *Picea asperata*)

粗枝云杉林在保护区内分布广泛，海拔2600～3100m的区域均有其群落，并成疏林或块状分布。代表样地位于下坪地沟海拔2850m(N 33°13′44″，E 104°7′30″)的山坡中下部。群落外貌深绿色，林冠整齐，成层现象明显。乔木层郁闭度为0.6～0.8，树高为20m左右，胸径30～45cm，最大可65cm。以粗枝云杉为优势种，郁闭度为0.5～0.6；另外还有鳞皮云杉、黄果冷杉、三桠乌药、糙皮桦等乔木与之伴生，郁闭度为0.2～0.3。灌木层在不同的地域组成、结构差异显著。灌木层盖度一般在40%～60%，种类组成以五加、青榨槭、花楸、茶藨子和多种柳为主，有时夹杂一些栒子、忍冬、绣线菊和小檗等。层间植物有革叶猕猴桃、狗枣猕猴桃、菝葜和藤山柳等。林下草本层植物种类丰富，总盖度可达60%，常见的有珠芽蓼、苔草、嵩草、粗齿冷水花、直梗高山唐松草、银莲花、碎米荠、多种蕨类等。

10)落叶松林

以落叶松属(*Larix*)植物为建群种组成的寒温性针叶林，在保护区内仅有四川红杉1种，它常在海拔2300～3000m的阳坡和半阳坡、沟尾，以及云杉林、冷杉林林缘零星小块出现。

(19)四川红杉林(Form. *Larix mastersiana*)

四川红杉林在保护区内的油坊沟海拔为2800m～3400m的局部山坡上分布，上限为小叶类杜鹃灌丛、高山柳类灌丛或高山草甸；下限为华山松、冷杉，与红杉林平行的山凹中，偶尔出现红桦、糙皮桦或椴树类阔叶林树种。群落外貌翠绿色，结构简单，透光度一般，郁闭度为0.4～0.6。乔木层以红杉为优势种，郁闭度为0.55，其中平均高度为15m、平均胸径为26cm的红杉占10%，其余红杉的平均高度、胸径分别为12m和

13cm。另外，还有冷杉、紫果云杉或华山松等针叶树种伴生，其盖度为2%～10%，平均高度约为13m。灌木层总盖度达20%，平均高1.3m，主要有高山绣线菊、黄背栎、陇塞忍冬、西南花楸、散生栒子、峨眉蔷薇、糙皮桦、紫丁杜鹃、狭果茶藨等植物。草木层植物丰富度一般，主要是羊茅、乳白香青、圆穗蓼、风毛菊、苔藓、蕨类等，总盖度约为15%。

红杉林主要有以下群丛：

四川红杉-高山绣线菊(*Spiraea alpina*)+陇塞忍冬(*Lonicera tangutica*)+西南花楸(*Sorbus hemsleyi*)；

四川红杉+紫果云杉(*Picea purpurea*)-散生栒子(*Cotoneaster divaricatus*)。

11)圆柏林

(20)方枝柏林(Form. *Sabina saltuaria*)

方枝柏林在保护区分布于海拔3400～3600m的山坡阳坡上，上限接各类灌丛，下缘接冷杉林或云杉林。群落外貌灰绿色，林木稀疏，乔木树种单一，结构简单。代表样地位于保护区西南部海拔3450m(N 33°13′53″，E 104°9′50″)的山坡上部。方枝柏平均高为10m左右，平均胸径为30cm左右，通常在树体上挂有松萝，林中渗入云杉和冷杉与其伴生，常呈灌丛状分布。灌木层以黄毛杜鹃为主，平均高达3m，盖度占总灌丛的50%以上，而蔷薇、柳灌丛占20%左右；另外也有少量的忍冬、花楸、绣线菊及小檗类植物等。草本层植物种类丰富，可占盖度的60%左右，除了禾草和莎草外，也有较多的鼠尾草、风毛菊、毛茛、草莓、鹿蹄草、蓼、苔藓等。

三、灌丛

灌丛是以无明显的地上主干、植株高度一般在5m以下、多为簇生枝的灌木为优势所组成，且群落盖度为30%～40%以上的植物群落。在保护区内分布十分普遍，广布于海拔1350～4400m的山坡。由于灌丛植被所跨海拔幅度大，生境类型多样，以及人为活动的影响不同，组成群落的灌木种类和灌丛类型也较多。分布于海拔2400m以下的灌丛多系次生类型，它们主要为原常绿阔叶林、常绿与落叶阔叶混交林、针阔叶混交林等森林植被破坏后，由原乔木树种的幼树、萌生枝和原群落下的灌木所构成次生植被类型，极不稳定。海拔2400～3600m森林线以内的灌丛群落，除部分生态适应幅度广的高山栎(*Quercus*)，以及适应温凉气候特点的常绿杜鹃(*Rhododendron*)所组成的较稳定的群落外，占主要优势的是原亚高山针叶林破坏后，由林下或林缘灌木发展而来的稳定性较差的次生灌丛。海拔3600m以上的灌丛植被，主要由具有适应高寒气候条件的生态生物学特性植物组成，群落也相对稳定。

6. 落叶阔叶灌丛

落叶阔叶灌丛是常绿阔叶林、常绿与落叶阔叶混交林以及针阔叶混交林分布范围内次生的、不稳定的植被类型，主要分布于保护区海拔2400m的山坡。由于水热条件较好，人口密集，人类生产活动历史悠久、开垦力度大，森林受到干扰破坏的频度极大，除条件较好的地段多被开垦为农耕地外，部分迹地便成为多种灌木的新的繁衍地，形成次生灌丛。虽然山地次生灌丛分布极为普遍，类型也较复杂多样，但在保护区这种较佳的环境中，灌丛群落也多是零星小块出现。

保护区的落叶阔叶灌丛包括温性落叶阔叶灌丛和高寒落叶阔叶灌丛2个群系组。

12)温性落叶阔叶灌丛

(21)河柳灌丛(Form. *Salix* spp.)

该类灌丛在油坊沟、芝麻沟、燕子垭沟等河谷流域低海拔中皆有分布，除了在局部浅滩中成片状分布外，多呈散生分布，以多种河柳为主，其平均高度在2.5m左右，盖度通常可达60%以上。灌木层中除了常见的多种柳树外，通常还包括高丛珍珠梅、鲜黄小檗、毛萼忍冬、醉鱼草、川滇花楸、金露梅、水麻、桦叶荚蒾、细枝栒子等灌木，数量较少，只在特定地段和生境中部分杂生于柳灌丛中。草本植物数量较多的主要是糙野青茅、掌叶橐吾和圆穗蓼，常见还有鹅观草、唐松草、花锚、紫花碎米荠、马先蒿、茜草、柳叶菜和鬼灯擎等，以及蕨类植物如铁线蕨、毛蕨、冷蕨等；另外，在浅滩上还有部分水生植物，主要是问荆、杉叶藻、水苦荬和多种灯芯草类等。

由于在河谷两边通常是各种树木林，在该类灌丛中常常可见少量的阔叶树木夹杂其间，如槭树、桦木、花楸等。

(22)高山柳灌丛(Form. *Salix* spp.)

高山柳类灌丛在保护区内主要分布于燕子垭沟中部右侧、油坊沟右侧海拔2800～3600m的山坳空隙处和开阔山坡上，坡度一般小于30°。种类组成差异也较大，海拔较低处以高度在2m左右的拟五蕊柳、川鄂柳为主，随海拔的升高，灌木组成则以高度在1m左右的红皮柳、紫枝柳和垫柳为主。群落外貌呈翠绿色。

灌木层中，高山柳的盖度为40%～80%，有时可见小面积的纯高山柳灌丛。杂生的其他灌木主要有悬钩子、栒子、忍冬、荚蒾、绣线菊类，另外，海拔较低处有时还夹杂一些阔叶乔木幼苗，如桦木、槭树、栎、蕉子等，高海拔处则可见多种杜鹃类。

草本植物，随灌木层郁闭度和海拔不同而异。低海拔中草本植物主要是菊科的掌叶橐吾和金挖耳占优势，同时，常见的还有鼠尾草、花锚、卷耳、落新妇、莛子藨、鹿药、鹅观草和苔草等20多种草本植物。海拔较高处，草本植物则以莎草科的苔草为主，盖度在40%以上，其他的草本植物主要有蓼科的蓼属、菊科的蒿属和毛茛科的部分植物，草本植物种类相对较少。

(23)刺悬钩子灌丛(Form. *Rubus pungens*)

刺悬钩子灌丛分布在海拔2800m以上的山坡上，代表样地位于保护区燕子垭沟的N 33°19′34″、E 104°4′54″，山体上部为复合坡，坡向西南，坡度为26°。群落以刺悬钩子占优势，盖度可达15%；次为喜阴悬钩子，盖度为3%，平均高度为1.2m。常见的灌木还有红花蔷薇(盖度7%)、柳(盖度5%)以及少量的陇塞忍冬和高丛珍珠梅等。该灌丛的草本种类非常丰富，主要以禾本科的早熟禾、鹅观草类占优势，另外还有许多如菊科的火绒草、沙蒿、大蓟、金挖耳等，龙胆科的花锚、獐牙菜、茜草、鼠尾草、蓝布裙、牧地香豌豆、沙参等。

(24)红花蔷薇灌丛(Form. *Rosa moyesii*)

红花蔷薇灌丛在保护区主要分布于海拔2700～3200m的亚高山灌丛中，代表样地位于山的脊部(N 33°15′18″，E 104°6′0″)，坡形为凸坡，坡向东，坡度为21°～30°。群落外貌呈灰绿色，并随着季节的不同差异较大。灌丛的灌木层中，以蔷薇科的红花蔷薇为优势种，盖度高达 30%以上，高度为 2.5m 左右。常见的还有拟五蕊柳等高山柳类、蔬花槭、糙皮桦、华山松幼苗，以及细枝绣线菊、锥花小檗、金露梅等分布，盖度共为 27%；另外还有少量的红毛五加、匍匐栒子等分布。该群落中草本植物非常丰富，总盖度达到 60%左右，平均高度在 0.5～0.9m。该层的优势种主要是菊科的沙蒿、大蓟和唇形科的牛至，总盖度达到 40%左右，在群落中分布比较均匀。草本层中还有禾本科、龙胆科、唇形科、蔷薇科和百合科等科属的其他植物。

13)高寒落叶阔叶灌丛

(25)金露梅、高山绣线菊灌丛(Form. *Dasiphora fruticosa* & *Spiraea alpina*)

金露梅、高山绣线菊灌丛主要见于保护区内海拔 4000m～4600m 的高山、高原地带，多呈零星块状分布。群落外貌呈绿色或深绿色，矮小且呈团状，丛高常在 70cm 以下，高山绣线菊的枝条常高于灌丛，盖度在 40%以下。灌木层中以金露梅、高山绣线菊灌丛为优势种，有时还夹杂一些细枝绣线菊、窄叶鲜卑花、银露梅和多种锦鸡儿、高山柳等。草本层植物较多，盖度可达 90%以上，主要种类有四川嵩草、高山嵩草、羊茅、细叶早熟禾、草地早熟禾、细长早熟禾和各种马先蒿、蓼、报春、菊等。

7. 常绿革叶灌丛

常绿革叶灌丛是山地垂直带中，生长于森林线以上，建群层片为灌木的植被类型。分布于保护区内海拔 3200～4000(4200)m 高山地带的溪沟尾部，山体阴坡、半阴坡，以及部分坡度较大的半阳坡及阳坡。局部地段因多种自然因素及组成灌木的生态学特性等的影响，某些类型可延伸至亚高山针叶林带内，形成与亚高山针叶林交错分布的现象，如紫丁杜鹃(*Rhododendron violaceum*)等灌丛，常常是跨亚高山针叶林带和高山灌丛草甸带的植被类型。高山灌丛群落所处的高山地带，地势高亢、寒冷多风，多霜冻，因而多数灌木都具有叶片角质化、增厚、被毛或具鳞片，密集成丛状乃至垫状等生态、形态特征，或以冬季落叶来适应酷寒自然环境。并与其他群落类型一起构成了一个明显的、垂直幅度宽厚的高山灌丛草甸带，是具有垂直地带性的、比较稳定的植被类型。

(26)紫丁杜鹃、亮杜鹃灌丛(Form. *Rhododendron violaceum* & *Rhododendron vernicosum*)

紫丁杜鹃和光亮杜鹃为共建种的灌丛，分布在保护区内的海拔 4300m 的山坡上。该群落在 6 月份开始开花，外貌呈现灰黄蓝色，丛冠整齐。两种杜鹃总盖度为 50%，平均高为 1.2m；其间夹杂一些绣线菊、刚毛忍冬等植物，总盖度为 8%。草本层植物种类丰富，主要包括刺参、狼毒、圆穗蓼、珠芽蓼、毛独花报春等和毛莨、禾草、莎草、委陵菜类植物。

(27)青海杜鹃灌丛(Form. *Rhododendron przewalskii*)

该群落在燕子垭沟尾海拔 3200～3600m 的山坡中上部分布较多，该群落灌木层的组成随海拔不同有所差异，通常在低海拔中，青海杜鹃和拟五蕊柳混交，随海拔的升高，则与紫丁杜鹃和红皮山柳的混交灌丛较多。群落外貌呈深绿色，林冠整齐，群落的高度在 0.9m 左右。灌丛中，青海杜鹃为优势种，总盖度通常高达 35%以上，局部有时可以分布盖度达 70%以上的纯青海杜鹃灌丛。在海拔较低灌丛中，拟五蕊柳常为次优势种，盖度可达 10%以上；有时混入部分红毛杜鹃和湖北花楸，其平均高度可达 2m 左右。草本层植物以喜阴的苔草、冷蕨和紫花碎米荠为主，盖度约为 30%；有时在空隙处可见较多的高山韭、风毛菊、珠芽蓼和岩须等。海拔较高处，以红皮山柳为次优势种，高度在1m左右，总盖度约占20%；另外，通常还杂生有高山绣线菊、紫丁杜鹃、金露梅和陕甘花楸等，平均高度达1.2m。草本层植物以珠芽蓼和岩须为主，总盖度在50%左右，分布不均匀；常见的草本植物还有苔草、碎米荠、翠雀花、火绒草、马先蒿和风毛菊等。

(28)黄毛杜鹃灌丛(Form. *Rhododendron rufum*)

该灌丛主要分布于海拔3300～3700m的高山坡地及浑圆形山顶的林线上部，其上部为流石滩植被，下部与亚高山针叶林相连，常与高山草甸镶嵌分布。由于这高海拔的气候寒冷、多风、霜冻严重，高大林木已不能生长。这里的灌木具有耐干寒的特点，叶硬、厚和地上部分常呈垫状等，其生态特征随着海拔的上升表现愈加明显。

该群落代表样地位于燕子垭沟中部右侧3600m左右。群落以黄毛杜鹃为优势种，总盖度在40%左右，平均高度约为1.2m。此外，常见的灌木还有亮叶杜鹃、光亮杜鹃、岩须、甘肃瑞香、高山绣线菊和小丛红景天等。灌丛下草本植物稀疏，总盖度在30%左右，常见草本包括高山嵩草、乳白香青、珠芽蓼、马先蒿、红花绿绒蒿、全缘绿绒蒿、狼毒、糙野青茅、早熟禾等。

(29)窄叶鲜卑花灌丛(Form. *Sibiraea angustata*)

在保护区内，窄叶鲜卑花灌丛主要分布于海拔3400m以上的阴坡和宽谷地带，生长地区土壤深厚、湿润。群落外貌呈红绿色，丛冠较整齐，丛内结构简单密集。以窄叶鲜卑花为灌木层的优势种，盖度在50%左右，最大可达70%，高0.7～1.2m。其灌丛中常夹杂一些绣线菊、忍冬、锦鸡儿和多种柳类灌木。草本植物种类多，盖度在50%以上，主要植物种类组成为羊茅、细柄茅、垂穗披碱草、草地早熟禾、草玉梅等。

8. 常绿针叶灌丛

14)高山常绿针叶灌丛

(30)香柏灌丛(Form. *Sabina squamata* var. *wilsonii*)

香柏是保护区高海拔分布的针叶树种之一，主要分布于油坊沟和下坪地海拔3200m以上的山脊部位。香柏的平均树高均在1m左右，胸径为5～8cm，总盖度达到60%以上，其所在灌木层的绝对优势地位决定其为该群落的建群种，也属于地带性植被，群落外貌呈浓绿色，树冠呈坎塔形。此外，还有高山绣线菊和紫丁杜鹃等伴生，总盖度约为20%；另有少量的窄叶鲜卑花，盖度为1%左右。香柏林下草本层种类丰富，但总盖度只占15%左右，多属耐旱植物；以红景天、圆穗蓼为优势种，常见的还有矮生嵩草、多茎委陵菜、迭裂银莲花、披针叶黄华、龙胆、毛茛、报春、百合类等。

四、草甸

草甸是以多年生中生草本植物为主的植物群落。草甸的形成和分布的决定因素是水分条件，在山地特别是高山，由于气候的垂直变化，山地气流上升到一定高度，遇到垂直递降出现的低温，使大气中所含的水气形成云雾，或凝结成雨雪下降，从而形成不同的湿度带和相应的植被带。山地草甸垂直带就是这样在大气降水的影响下形成的，它是在适中的水分条件下形成的比较稳定的植物群落，是区域地景的植物群落。而不同于在平原地区，由地下潜水的影响发育起来草甸，也不会出现连续的成带现象，因而被称为

“非地带性”或“隐域性”的植被类型。

由于保护区处于高山峡谷地带，区内的草甸植被虽然集中连片分布，组成草甸的建群种和优势种，也与青藏高原及其东缘的川西北地区草甸相似，如在高原及川西北地区草甸占据重要地位的珠芽蓼(*Polygonum viviparum*)、圆穗蓼(*P. sphaeroschyum*)，在保护区草甸中仍能形成建群成分，风毛菊属(*Saussurea*)、龙胆属(*Gentiana*)、报春花属(*Primula*)等属植物在保护区草甸类型中集聚和繁衍。但是，保护区的草甸中已没有大面积覆盖川西北高原宽谷、阶地和高原丘陵的极为壮观的嵩草(*Kobresia*)、披碱草(*Elymus*)、鹅冠草(*Roegneeria*)等草甸类型，莎草科和禾本科植物在草甸中的优势度也较逊色。保护区的草甸多了一些森林下或林缘的植物种类，少了一些高原及川西北地区草甸中常见的成分。保护区的草甸植被，已有别于草甸植物长期经历和适应地势高、气温低、多风和强烈日照辐射作用下形成的具有高原生物生态学特征的草甸植被。

保护区的草甸可划分为典型草甸和高寒草甸两大类型。

9. 典型草甸

典型草甸是指在垂直分布范围与亚高山针叶林分布相应的草甸植被类型，在保护区内主要分布于海拔 2000～3400m 的地势稍开阔、排水良好的半阳坡和阳坡之林缘，林间空地、小沟尾以及山前洪积扇等地段。亚高山草甸的植物种类组成较丰富，以中生性杂类草和部分疏丛性禾草组成群落的优势层片。草群一般较密茂，并因杂类草优势明显，林下及林缘草本植物混生较多，花色、花期又相异，群落常呈五彩缤纷的华丽外貌，且富季相变化。

根据建群植物的类别，保护区典型草甸可分为丛生禾草草甸和杂类草草甸 2 个群系组。

15)丛生禾草草甸

丛生禾草草甸是以中生多年生禾本科植物为建群种的植物群落，在保护区主要是鹅观草为建群种所组成的草甸。

(31)鹅观草草甸(Form. *Roegneria kamoji*)

鹅观草草甸在保护区的分布面积相对较小，主要分布于海拔 2000m 左右的弃荒地或次生裸地上，如太平村、燕子垭口附近均有分布。该草甸中，鹅观草的种类主要是垂穗鹅观草，它的盖度通常达 35%以上，高度为 0.7m 左右；次优势种还有大火草、牛尾蒿和大蓟等，它们的总盖度为 25%～35%。

16)杂类草草甸

(32)大火草、乳白香青草甸(Form. *Anemone tomentosa* +*Anaphalis lacteaa*)

保护区海拔 3200～3400m 的山坡上分布有大火草、乳白香青为优势种的亚高山草甸，面积不大，其下缘主要是松树林或针阔混交林。大火草的平均高度为 0.6～0.9m，盖度 30%以上，而乳白香青的高度和盖度分别是 0.6m 和 25%，草甸外貌呈灰白色。组成该群落的植物种类较多，约有 50 多种，除了卷叶黄精、坚杆火绒草和沙参占盖度 15%外，还有欧夏枯草、条叶银莲花、鹅绒委陵菜、羊茅、矮生嵩草、圆穗蓼、珠芽蓼、美丽风毛菊、东俄洛橐吾等以及马先蒿、龙胆、报春、鸢尾类植物。草丛低矮，群落分层不明显。

(33)柳兰草甸(Form. *Chamdenerion angustifolium*)

柳叶菜科的柳兰草甸是保护区比较独特的亚高山草甸类型，分布面积很小，主要分布于燕子垭沟海拔2000～2500m的沿途比较阴湿、土壤松软的区域或公路沿线。一般认为柳兰群落属次生裸地的先锋群落，该群落中柳兰的总盖度可达55%以上，有时几乎为单一柳兰草甸，平均高度在0.8m左右。开花季节，群落外貌呈现一片紫红色，也具有较高的旅游价值。

与柳兰混生的其他杂草类主要是菊科的香青、紫菀、鼠尾草以及禾本科、莎草科、毛茛科、百合科等科属的草本植物。它们通常是通过周围的群落侵入柳兰草甸中，从而加速柳兰草甸的演替进程。

10. 高寒草甸

高寒草甸在保护区内主要分布于海拔3400m以上地段，在垂直分布上位于高山流石滩植被带与亚高山针叶林带之间。在部分山坡凹槽地段，高山草甸可伸入高山流石滩植被带，与流石滩植被交错出现，山岭、山脊地带又常下延至亚高山针叶林带内，与亚高山草甸紧密相接。保护区中，高山草甸多出现在排水良好的山坡阳坡、半阴坡、丘顶及山脊地带，土壤为高山草甸土。

组成高寒草甸的植物种类较典型草甸简单，优势种较单一，且草群低矮，多无明显分层。草群中，不少种类都具有密丛、植株矮小、呈莲座状和垫状等适应高寒气候条件的形态特征。

根据草甸植物类群的差异，可将高寒草甸分为高山禾草高寒草甸、蒿草高寒草甸。

17)禾草高寒草甸

(34)草地早熟禾草甸(Form. *Poa pratensis*)

草地早熟禾草甸在保护区内分布在海拔约3500m以上的较高山顶上，土壤为草甸土，且多砾石，表层草根紧密盘结，通气与透水性差。群落特点表现为草群低矮，分层不明显，总盖度为70%左右，以地面芽密丛性的草地早熟禾为优势种，高20cm，盖度为30%～50%。其次为四川嵩草，盖度为10%左右。

此外还杂生有多种禾草，并以旱中生和中旱生为主，如川滇剪股颖、细叶早熟禾、细柄茅、穗三毛、披剪草等。杂类草层片发达，种类较多，有30多种，主要包括圆穗蓼、珠芽蓼、淡黄香青、长叶火绒草、美丽风毛菊、高原毛茛、毛茛状金莲花、藏橐吾、川甘蒲公英、丽江紫菀、黄花棘豆、黄华等。

18)蒿草高寒草甸

(35)高山嵩草草甸(Form. *Kobresis pygmaea*)

高山嵩草草甸分布在保护区油坊沟、燕子垭海拔3600m以上的宽谷、阶地、山坡上，但面积不大，并在下限与森林连接或呈犬牙交错。群落特征是草层低矮密集，分层明显，种类组成较为简单，约为35种，总盖度为50%～80%，以高山嵩草占绝对优势，其可以占到40%～60%；其次为四川嵩草、矮生嵩草等。另外，常见的杂生草本植物主要有苔草、禾草、毛茛、风毛菊、橐吾、香青类等植物及圆穗蓼、珠芽蓼、藓状景天等，总盖度在15%左右。

五、高山稀疏植被

11. 高山流石滩稀疏植被

高山流石滩稀疏植被为现代积雪线以下的季节融冻区适应冰雪严寒自然环境条件的寒旱生、寒冷中生耐旱的多年生植物组成的植被类型。该植被类型的植物低矮而极度稀疏，仅在土壤发育稍好地段形成盖度稍大的小群聚，其结构也极简单。植物种类贫乏，主要以菊科风毛菊属、景天科景天属、虎耳草科虎耳草属、石竹科蚤缀属、报春花科点地梅属等最为常见。这些植物都具表面角质层增厚、栅状组织发达、植株低矮、多被绒毛、根系发达、成丛或成垫状等特殊生态、生物学特性以适应严酷的自然环境条件。

保护区内，该植被类型仅零星、片断地分布于海拔 4200m 以上的山顶、山脊地段，极个别海拔 4000m 左右的山顶也有出现。

19)风毛菊、红景天稀疏植被

(36)风毛菊、红景天植被(Form. *Saussurea* spp. & *Rhodiola* spp.)

保护区海拔 4200m 以上的部分高山顶上常分布有局部的高山流石滩植被。组成该类型的植物以主根型为主，不少地下部分远远超过其地上部分，甚至可达 10 倍左右。其次，丛生、垫状、鳞茎等类型均有一定数量，植株高 3～10cm，最高也不过 30cm。在流石滩内常见的植物有鼠麴风毛菊、长叶风毛菊、水母雪莲花、红景天、垫状点地梅、线叶丛菔、红茎虎耳草、甘肃蚤缀等；在流石滩下部边缘还有高山草甸成分，如高山嵩草、羊茅、川滇槖吾、垫状女娄菜，以及苔草属、葱属等；在缓坡、洼地，雪茶、地衣等常形成小群聚，在海拔高处也可见黄地衣的分布。

8.2　植被的空间分布

影响植被分布的自然条件因素多种多样，但最重要的是气候条件，热量和水分及二者间的不同组合。在地球上，气候条件是随南北纬向与东西经向，以及由低至高的海拔变化而有规律性地变化，植被也沿着这三个方向呈有规律地带状分布。纬度和经度变化构成植被分布的水平地带性，而海拔变化则构成垂直地带性。此外，人为活动的塑造作用对植被类群空间分布的影响也很大。

8.2.1　植被水平分布的规律性

根据白河地区植被分布的特点，可以将其划分为 3 个植被的水平分布片区。

8.2.1.1　东北片区

该片区包括白河河谷、燕子垭沟、芝麻沟、太平村、下坪地沟等海拔1240～2800m的区域，植被以常绿、落叶阔叶混交林及次生的落叶阔叶混交林为主。其中，卵叶钓樟、野核桃林主要分布于太平村附近、菜马地等海拔 1400～2000m 的山麓坡地；卵叶钓樟、槭树林主要分布于下坪地沟、油坊沟等海拔 1800～2000m 的山坡下部；鹅耳枥、辽东栎林主要分布于太平村附近、下坪地沟等海拔 2100m 以下区域；白桦林呈斑块状分布于海拔 2500～2800m 的山凹中或其边缘的阴坡上；虎榛子林主要分布于燕子垭沟海拔 2000～2300m 的区域；槭树林主要分布于下坪地沟水分条件较好的山洼中、太平村附近海拔 2000～2700m 区域；沙棘林主要分布于燕子垭沟和太平村的河谷两旁的山坡上，海拔为 2300～2600m。

该区域还分布有山地常绿针叶林。其中，油松林主要分布于海拔相对较低(2200～2600m)的干燥山坡上，特别是太平村附近的两条沟中均有成片分布。高山松林在保护区的分布比较分散，在下坪地的几条支沟中都有分布，在海拔 2300～2600m 分布成群。

8.2.1.2 东南片区

该片区包括太平村以东中田山一线、下坪地沟、上坪地沟、油坊沟、青岩沟等区域海拔 2000～3800m 区域，植被以针叶林为主，包括山地针阔叶混交林、亚高山针叶林两种类型。其中铁杉针阔叶混交林在海拔 2000～2550m 的局部地区有分布，尤其在下坪地沟、油坊沟附近分布较多；岷江冷杉、麦吊云杉针阔混交林主要分布于下坪地沟、上坪地沟海拔 2200～2700m 的局部地区。巴山冷杉林广泛分布于下坪地沟、油坊沟海拔 2700～3600m 区域；黄果冷杉林集中分布于中田山附近海拔 2800m 左右的山体中下部均匀坡上；青杆主要分布于油坊沟海拔 2500～3300m 一带区域；鳞皮云杉主要分布于下坪地沟、油坊沟海拔 2400m 左右的山体下部；粗枝云杉林主要分布于下坪地沟海拔2600～3100m 区域，并成疏林或块状分布。方枝柏林主要分布于下坪地沟、青岩沟等海拔 3400～3600m 的山坡阳坡上；红杉林零星分布于油坊沟海拔 2800～3400m 的局部山坡上。

该区域还包括部分亚高山灌丛和草甸。其中高山柳类灌丛主要分布于油坊沟右侧海拔 2800～3600m 区域；红花蔷薇灌丛主要分布于海拔 2700～3200m 区域；鹅观草草甸主要分布于太平村附近海拔 2000m 左右的弃荒地或次生裸地上；大火草、乳白香青草甸主要分布于下坪地沟、上坪地沟、油坊沟等海拔 3200～3400m 的山坡上。

8.2.1.3 西部片区

该区域包括上坪地沟、青岩沟和燕子垭沟等沟尾海拔 3200m 以上区域。该区域植被以高山灌丛和草甸为主，在较高区域分布有高山流石滩稀疏植被。其中，紫丁杜鹃和光亮杜鹃灌丛分布于海拔 4300m 左右的山坡上；青海杜鹃灌丛主要分布于燕子垭沟海拔 3200～3600m 的山坡中上部；黄毛杜鹃灌丛主要分布于燕子垭沟等海拔 3300～3700m 高山坡地及浑圆形山顶的林线上部；窄叶鲜卑花灌丛主要分布海拔 3400m 以上的阴坡和宽谷地带。香柏灌丛主要分布于油坊沟和下坪地沟海拔范围在 3200m 以上的山脊部位；金露梅、高山绣线菊灌丛主要见于保护区内海拔 4000～4600m 的高山、高原地带，多呈零星块状分布。草地早熟禾草甸主要分布于海拔 3500m 以上区域；高山嵩草草甸主要分布于油坊沟、燕子垭沟等海拔 3600m 以上的宽谷、阶地、山坡上。风毛菊、红景天高山流石滩稀疏植被主要分布于上坪地沟、青岩沟、燕子垭沟等沟尾海拔 4200m 以上的部分高山顶上。

8.2.2 植被垂直分布的规律性

白河自然保护区植被垂直分布如下所述(图 8.2)。

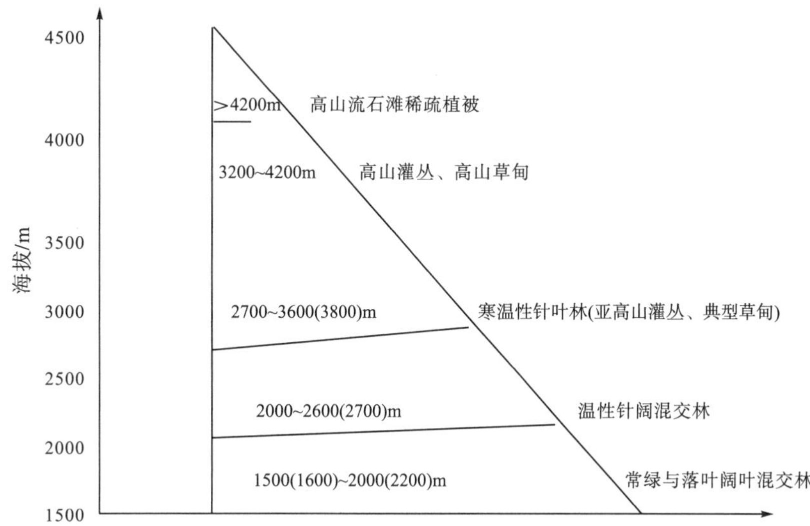

图 8.2　白河自然保护区植被垂直分布图

海拔 1500(1600)～2000(2200)m 为常绿与落叶阔叶混交林带，为该自然保护区的基带植被，代表类型是以卵叶钓樟等常绿阔叶树种和野核桃、槭树、水青树、连香树、圆叶木兰等落叶树种组成的常绿与落叶阔叶混交林。该类型外貌富季节变化，尤其是秋季和初冬时节，景观十分艳丽。常绿与落叶阔叶混交林带不仅是保护区阔叶树种最丰富的植被带，拥有国家保护植物也较多。该植被带中，一些局部地段还出现由上述落叶阔叶树占优势的小块状落叶阔叶林、油松人工林。

海拔 2000～2600(2700)m 是温性针阔叶混交林带，以针叶树种铁杉、麦吊云杉、岷江冷杉，阔叶树种红桦、糙皮桦、五裂槭、青榨槭等组成的针、阔叶混交林为代表类型。处于该植被带上部的各种植物群中常有冷杉、麦吊云杉、四川红杉等针叶树种散生，植被带下部的群落又常渗入蛮青冈、苞石栎等常绿阔叶树种。此外，局部地段也出现以桦、槭等为优势的落叶阔叶林，零星小块的刺叶栎林、华山松林以及秀丽莓、喜阴悬钩子，华西箭竹等组成的次生灌丛和竹丛。

海拔 2700～3600(3800)m 为寒温性针叶林带，以巴山冷杉和黄果冷杉组成的冷杉林，以及粗枝云杉、鳞皮云杉和青杆等组成的云杉林为代表类型。该植被带同时出现以红桦、糙皮桦、山杨等为优势的落叶阔叶林；同时也有红杉、方枝柏等针叶林，高山柳、刺悬钩子、红花蔷薇等组成的亚高山落叶灌丛，鹅观草、大火草、乳白香青、柳兰等组成的亚高山草甸等多种原生和次生植被类型。

海拔 3200～4200m 为高山灌丛与高山草甸带，高山灌丛主要分布在阴坡和半阴坡、溪沟边等地段，植被为以青海杜鹃、黄毛杜鹃、窄叶鲜卑花、香柏、金露梅、高山绣线菊等组成的针叶、常绿阔叶、落叶阔叶等多种类型；高山草甸多见于阳坡及半阳坡平缓的山脊山体顶部等地段，由草地早熟禾、高山蒿草等组成禾草、嵩草草甸。

海拔 4200m 以上区域为高山流石滩稀疏植被带，植被主要以适应高寒大风、强烈辐射的多种风毛菊、红景天等植物组成；在洼地和岩隙有多种雪茶等地衣类植物形成的小群聚。

第9章 昆　虫

保护区地处四川省阿坝藏族羌族自治州九寨沟县境内，为四川盆地向青藏高原过渡的岷山山系北段高山峡谷区，这里植被保存完好，昆虫资源非常丰富。中国昆虫分类事业起步较晚，早期中国昆虫分类工作几乎全部由国外学者完成，1949年后才取得长足进展，但由于起步晚且经济发展落后，分类专家队伍依旧相对弱小，昆虫资源本底不清。横断山区是近100年来最受学术界关注的研究昆虫物种形成与分化、适应与进化的热点地区之一。1981～1984年，中国科学院青藏高原综合科学考察队昆虫组连续4年进入横断山区进行最大规模的一次昆虫考察，共收集昆虫标本17万多份，考察结果发表在1992年出版的《横断山区昆虫》(第一、二册)中，书中共记录西藏昆虫19目230科1971属4826种，其中新属24个，新种850个。白河自然保护区地处横断山区的东北边缘。中国科学院青藏高原综合科学考察队昆虫组于1983年进入南坪县(今九寨沟县)，对九寨沟自然保护区进行了考察，但未进入白河自然保护区。除了中国科学院青藏高原综合科学考察队的工作，很多国内外学者均先后进入横断山区采集昆虫标本，但都未见进入白河自然保护区的明确记载。四川省林业科学研究院等四家单位2004年的综合考察是对白河自然保护区昆虫最大规模的调查，在其考察报告中共记载昆虫10目75科202属256种。

9.1 昆虫多样性与区系

2013年8月，西华师范大学考察队昆虫组对保护区的昆虫进行调查，共采集四千余份标本。采集地点包括油坊沟(海拔2000～3200m)、下坪地沟(海拔2100～3100m)、上坪地沟(海拔2300～3200m)、青岩沟(海拔2500～3400m)、燕子垭沟(海拔1500～2800m)、太平村(海拔1300～1800m)等地。

结合文献资料对考察结果进行鉴定，本次考察整理出保护区昆虫共14目105科424属587种(亚种)(附录6)。保护区山高谷深，地貌复杂，植被带完整，生态环境复杂多样，孕育了非常丰富的昆虫资源。因此，在加大对其生态环境和昆虫资源的多样性保护力度的基础上进行合理的开发与利用，必将能够带来良好的生态效益、经济效益和社会效益。保护区内昆虫在各目中，科、属及种的数量分布如表9.1所示。

表9.1 白河自然保护区各目昆虫科、属及种的数量统计

目	科	属	种	目	科	属	种
鳞翅目(Lepidoptera)	26	182	229	蚤目(Siphonaptera)	2	5	5
半翅目(Hemiptera)	25	67	100	蜻蜓目(Odonata)	1	1	2
鞘翅目(Coleoptera)	18	75	92	脉翅目(Neuroptera)	1	2	2
直翅目(Orthoptera)	9	11	17	等翅目(Isoptera)	1	1	1

续表

目	科	属	种	目	科	属	种
双翅目(Diptera)	8	45	64	蜚蠊目(Blattoidea)	1	1	1
膜翅目(Hymenoptera)	7	26	64	襀翅目(Plecoptera)	1	1	1
毛翅目(Trichoptera)	4	6	8	啮虫目(Psocoptera)	1	1	1

保护区海拔高差大，地形地貌复杂。南北走向的山系为古北区系成分的南进创造了条件，低海拔的纵向河谷又有利于东洋区系成分向北突伸。南进北突的结果导致了该区域形成古北界与东洋界两大区系的交叉重叠。同时，巨大的高差使得该区域昆虫区系成分更加复杂，低海拔地区属于东洋区系，高海拔地区则以古北区系和高山区系成分为主，中间应该还有一个古北、东洋区系的过渡地带。就整体而言，主要由东洋种、古北种、广布种和地区特有种 4 种成分组成。区系特征是以东洋区系成分为主体；以高山种、特有种、原始古老种类极其丰富为主要特征的独特昆虫区系。

9.2 昆虫在保护区内的空间分布

随着海拔的变化，水热、辐射、风速、气压、土壤以及植被类型等生态因子均会明显发生变化。昆虫是生态系统中一个有机组成部分，现有的分布状态是其亿万年来对环境长期适应的结果。昆虫的垂直分带现象与自然地理分带情况密切相关，而自然地理分带情况的最好反映就是植被的带状分布，因此我们根据植被类型的差异来分析山地昆虫的垂直分布。

9.2.1 常绿落叶阔叶混交林带

该植被带环境复杂多变，食物充足，水热条件良好，是保护区昆虫数量最为丰富的地带。代表性昆虫有双痣圆龟蝽(*Coptosoma biguttula*)、苜蓿盲蝽(*Adelphocoris lineaolatus*)、四川泉花蝇(*Pegohylemyia sichuanensis*)、铜绿鬃胸食蚜蝇(*Ferdinandea cuprea*)、蜂茸毛寄蝇(*Servillia ursinoidea*)、墨伪花金龟(*Pseudodiceros nigrocyaneus*)、绿罗花金龟(*Rhomborrhina unicolor*)、戴狭锹甲(*Prismognathus davidus*)、银莲花瓢虫(*Epilachna convexa*)、黑盾角胫叶甲(*Gonioctena fulva*)、四川隶萤叶甲(*Liroetis sichuanensis*)、光背锯叶甲(*Clytra laeviuscula*)、齿角伪叶甲(*Cerogria odontocera*)、核桃长足象(*Alcidodes juglans*)、异丽喜马石蛾(*Himalopsycha anomala*)、花楸烟卷蛾(*Capua vulgana*)、桦叶小卷蛾(*Epinotia ramella*)、黄二星舟蛾(*Rabtala cristata*)、淡网弥尺蛾(*Arichanna divisaria*)、叉线青尺蛾(*Tanaoctenia dehaliaria*)、水晶尺蛾(*Centronaxa montanaria*)、焦点滨尺蛾(*Exangerona prattiaria*)、枯叶尺蛾(*Gandaritis flavata*)、双线新青尺蛾(*Neohipparchus vallata*)、窄条华苔蛾(*Agylla angustifascia*)、优美苔蛾(*Miltochrista striata*)、斜带污灯蛾(*Spilarctia rubitincta*)、姬白污灯蛾(*S. rhodophila*)、同首夜蛾(*Craniophora similima*)、白薯天蛾(*Hersa convolvuli*)、秀蛱蝶(*Pseudergolis wedah*)、素饰蛱蝶

(*Stibochiona nicea*)、缕蛱蝶(*Ltinga cotinit*)、中环蛱蝶(*Neptis hylas*)、荨麻蛱蝶(*Aglais urticae*)、银纹尾蚬蝶(*Dodona eugenes*)、银线工灰蝶(*Gonerilia thespis*)、豆灰蝶(*Plebejus argus*)、中华小家蚁(*Monomorium chinense*)、那氏平结蚁(*Prenolepis naorojii*)、东方蜚蠊(*Blatta orientalis*)、七星瓢虫(*Coccinella septempunctata*)、六斑月瓢虫(*Menochilus sexmaculatus*)、黑缘红瓢虫(*Chilocorus rubidus*)、眼斑食植瓢虫(*Epilachna ocellatae maculata*)、黄斑短突花金龟(*Glyeyphana fulvistemma*)、小青花金龟(*Oxycetonia jucunda*)、蓝胸圆肩叶甲(*Humba cyanicollis*)、长斑褐纹卷蛾(*Phalonidia melanothica*)、南方长翅卷蛾(*Acleris divisana*)、龙眼裳卷蛾(*Cerace stipatana*)、云丛卷蛾(*Gnorismoneura steromorphy*)、眉丛卷蛾(*G. violascens*)、褐盗尺蛾(*Docirava brunnearia*)、沼尺蛾(*Acasis viretata*)、双角尺蛾(*Carige cruciplaga*)、黄异翅尺蛾(*Heterophleps fusca*)、弥斑幅尺蛾(*Photoscotosia isosticta*)、溪幅尺蛾(*P. rivularia*)、云南松洄纹尺蛾(*Chartographa fabiolaria*)、黄桔叶尺蛾(*Gandaritis flavomacularia*)、啄黑点尺蛾(*Xenortholitha dicaea*)、灰涤尺蛾(*Dysstroma cinereata*)、直纹白尺蛾(*Asthena tchratchrria*)、竖平祝娥(*Lecithocera erecta*)、黑线钩蛾(*Nordstroemia nigra*)、豹大蚕蛾(*Loepa oberthuri*)、老豹蛱蝶(*Argyronome laodice*)、云南橘蝽(*Dalpada oculata*)、大臭蝽(*Eurostus validus*)、红花丽蝽(*Hoplistodera fpulchra*)、黑益蝽(*Picromerus griseus*)、金绿宽盾蝽(*Poecilocoris lewisi*)、峨嵋蝽(*Priassus spiniger*)、棱蝽(*Rhynchocoris humeralis*)、瘤缘蝽(*Acanthocoris scaber*)、小点同缘蝽(*Homoeocerus marginellus*)、平肩棘缘蝽(*Cletus tenuis*)、黄伊缘蝽(*Aschyntelus chinensis*)、南普猎蝽(*Oncocephalus philippinus*)、环斑猎蝽(*Sphedanolestes impressicollis*)、豆突眼长蝽(*Chauliops fallax*)、侏地土蝽(*Geotomus pygmaeus*)、拟褐飞虱(*Nilaparvata bakeri*)、透翅结角蝉(*Antialcidas hyalopterus*)、宽斑无齿角蝉(*Nondenticentrus latustigmosus*)、枯黄彩带蜂(*Nomia megasoma*)、熟彩带蜂(*N. maturans*)、拟刺背淡脉隧蜂(*Lasioglossam* (*Lasioglossum*) *pseudomontanum*)、山大齿猛蚁(*Odontomachus monticola*)、黄足短猛蚁(*Brachyponera luteipes*)、四川凸额蝗(*Traulia orientalis szetschuanensis*)、拟裸蝗(*Conophymacris* sp.)、微翅小蹦蝗(*Pedopodisma microptera*)、山盗蝗(*Oxya agavisa*)、峨嵋腹露蝗(*Fruhstorferiola omei*)、四川华绿螽(*Sinochlora szechwanensis*)、陈氏掩耳螽(*Elimaea cheni*)、艳眼斑花螳(*Crebroter urbanus*)、中华大刀螳(*Tenodera aridifolia sinensis*)、东方蜚蠊(*Blatta orientalis*)、斑蠊(*Neostylopyga rhombifolia*)、长尾黄蟌(*Cerigrion fallax*)、紫闪溪蟌(*Caliphaea consimilis*)、细腹绿综蟌(*Megalestes micans*)等。

9.2.2 针叶、阔叶混交林带

该植被带昆虫种类丰富，种数仅次于常绿落叶阔叶混交林带。

代表性昆虫有中华螽斯(*Tettigonia chinensis*)、短额负蝗(*Atractomorpha sinensis*)、二叉小花蝽(*Orius bifilarus*)、二星蝽(*Eysarcoris guttiger*)、二带中脊沫蝉(*Mesoptyelus bifasciatus*)、陕西沙小叶蝉(*Shaddai shaanxiensis*)、弯茎沙棘喀木虱

(*Cacopsylla prona*)、拟蜂暗食蚜蝇(*Cheilosia bombiformis*)、多突亚麻蝇(*Parasarcophaga polystylata*)、九寨沟蚓蝇(*Onesia jiuzhaigouensis*)、刺扰伊蚊(*Aedes vexans*)、拟态库蚊(*Culex mimeticus*)、中华星步甲(*Calosoma chinense*)、粪堆蜉金龟(*Aphoelius fumetrius*)、大栗鳃金龟(*Melolotha hipocastanea*)、三纹裸瓢虫(*Calvia championorum*)、七星瓢虫(*Coccinella septempunctata*)、龟纹瓢虫(*Propylaea japonica*)、褐色梗天牛(*Arhopalus rusticus*)、蜀驼花天牛(*Pidonia indigna*)、蓝负泥虫(*Lema coninipennis*)、绿豆象(*Callosobruchus chinensis*)、蒿金叶甲(*Chrysolina aurichalcea*)、双斑潜叶跳甲(*Argopistes biplagiatus*)、甘薯台龟甲(*Taiwania circumdata*)、黑胸伪叶甲(*Lagria nigricollis*)、泥红槽缝叩甲(*Agrypnus argillacens*)、中华豆芫菁(*Epicauta chinensis*)、短胸长足象(*Alcidodes trifidus*)、格氏角石蛾(*Stenopsyche grahami*)、黄翅草螟(*Crambus humidellus*)、栎掌舟蛾(*Phalera assimilis*)、娴尺蛾(*Auaxa cesadarea*)、竹黄毛虫(*Philudoria laeta*)、梨剑纹夜蛾(*Acronicta rumicis*)、小云斑黛眼蝶(*Lethe jalaurida*)、格刻柄金小蜂(*Stictomischus groschkei*)、隐斑瓢虫(*Harmonia yedoensis*)、细网巧瓢虫(*Oenopia sexareata*)、奇变瓢虫(*Aiolocaria hexaspilota*)、黄室盘瓢虫(*Pania luteopustulata*)、连斑食植瓢虫(*Epilachna hauseri*)、长管食植瓢虫(*E. longissima*)、瓜茄瓢虫(*E. admirabilis*)、斧斑广盾瓢虫(*Platynaspis angulimaculata*)、黑跗长丽金龟(*Adoretosoma atritarse*)、斧须发丽金龟(*Phyllopertha suturata*)、墨绿彩丽金龟(*Mimela spelendens*)、皮纹球叶甲(*Nodina tibialis*)、隆基角胸叶甲(*Basilepta Leechi*)、圆角胸叶甲(*Basilepta ruficolle*)、雅安锯龟甲[*Basiprionota* (*s. str.*) *gressitti*]、毛圆眼花天牛(*Lemula pilifera*)、沟胸金古花天牛(*Kanekoa lirata*)、脊负泥虫(*Lilioceris subcostata*)、黑缝负泥虫(*Oulema atrosuturalis*)、腿管伪叶甲(*Donaciolagria femoralis*)、毛束象(*Desmidophorus hebes*)、戴狭锹甲(*Prismognathus davidus*)、八字地老虎(*Xestia c-nigrum*)、冥灰夜蛾(*Polia mortua*)、盈潢尺蛾(*Xanthorhoe saturata*)、眼点小纹尺蛾(*Microlygris multistriata*)、拉维尺蛾(*Venusia laria*)、小双瞳眼蝶(*Callerebia oberthuri*)、圆翅大眼蝶(*Ninguta schrenckii*)等。

9.2.3 亚高山针叶林带

在亚高山针叶林带采集到的昆虫标本数量相对较少。由于其较高的郁闭度，林下其他植被稀疏，光照条件不好，所以昆虫数量明显少于前两个植被带。

代表性昆虫有白边雏蝗(*Chorthippus albomarginatus*)、黑翅雏蝗(*Chorthippus aethalinus*)、宽隔雏蝗(*C. amplintersitus*)、泛希姬蝽(*Himacerus apterus*)、斑须蝽(*Dolycoris baccarum*)、横纹菜蝽(*Eurydema gebleri*)、浩蝽(*Okeanos quelpartensis*)、板同蝽(*Platacantha armifer*)、小狭盲蝽(*Stenodema parvulum*)、黄星夜沫蝉(*Yezophora flavomaculata*)、黄色柳喀木虱(*Cacopsylla flavisalicis*)、喜马拉雅管食蚜蝇(*Eristalis himalayensis*)、拟对岛亚麻蝇(*Parasarcophaga kanoi*)、日本腐蝇(*Muscina japonica*)、赵氏茸毛寄蝇(*Servillia chaoi*)、凶猛温寄蝇(*Winthemia cruentata*)、二星瓢虫(*Adalia bipunctata*)、隐斑瓢虫(*Harmonia yedoensis*)、双斑长跗

萤叶甲(*Monolepta hieroglypyhica*)、双毛黄丝跳甲(*Hespera Havodorsata*)、杉针黄叶甲(*Xanthonia collaris*)、葡萄叶甲(*Bromius obscurus*)、松丽叩甲(*Campsosternus auratus*)、淡绿丽纹象(*Myllocerinus vossi*)、黄褐球刺蛾(*Scopelodes testacea*)、白脉青尺蛾(*Hipparchus albovenaria*)、锡金雪苔蛾(*Cyana sikkimensis*)、伊狭翅夜蛾(*Hermonassa ellenae*)、秦岭绢粉蝶(*Aporia tsinglingica*)、多斑艳眼蝶(*Callerebia polyphemus*)、十五斑崎齿瓢虫(*Afidentula quinquedecemguttata*)、墨绿彩丽金龟(*Mimela spelendens*)、中华彩丽金龟(*M. chinensis*)、陷缝异丽金龟(*Anomala rufiventris*)、中华星步甲(*Calosoma chinense*)、肖毛婪步甲(*Harpalus jureceki*)、黄斑青步甲(*Chlaenius micans*)、灿丽步甲(*Callida splendidula*)、五斑狭胸步甲(*Stenlophus quinquepustulatus*)、毛青步甲(*Chlaeoius pallipes*)、褐黄环斑金龟(*Paratrichius castanus*)、短毛斑金龟(*Lasiotrichius succinctus*)、蒿金叶甲(*Chrysolina aurichalcea*)、李叶甲(*Cleoporus variabilis*)、素带台龟甲(*Taiwania* (*s. str.*) *postarcuata*)、美黄卷蛾(*Archips sayonae*)、川广翅小卷蛾(*Hedya gratiana*)、松实小卷蛾(*Retinia cristata*)、黑兜蝽(*Aspongopus nigriventris*)、纹须同缘蝽(*Homoeocerus striicornis*)等。

9.2.4 高山灌丛草甸带

该植被带生境简单，温度相对较低，食物资源相对匮乏，所以昆虫种类不多。

该植被带采集到的昆虫主要为双翅目、鞘翅目及鳞翅目一些种类。代表性种类有东方雏蝗(*Chorthippus intermedius*)、斑翅肩花蝽(*Tetraphleps galchanoides*)、欧姬缘蝽(*Corizus hyoscyami*)、黄胫无齿角蝉(*Nondenticentrus flavipes*)、月斑食蚜蝇(*Metasyrphus luniger*)、迴毛扁足食蚜蝇(*Platycheirus albimanus*)、斜斑鼓额食蚜蝇(*Scaeva pyrastri*)、青海丽蝇(*Calliphora chinghaiensis*)、红头丽蝇(*C. Vicina*)、反吐丽蝇(*C. vomitoria*)、尸兰蝇(*Cynomya mortuorum*)、斑腿透翅寄蝇(*Hyalurgus sima*)、环形驼背寄蝇(*Phyllomtia annularis*)、中华按蚊(*Anopheles sinensis*)、日铜罗花金龟(*Rhomborrhina japonica*)、矛斑突角瓢虫(*Asemiaelalia spiculimaculata*)、梵文菌瓢虫(*Halyzia sanscrita*)、黑缘幅尺蛾(*Photoscorosia tonchignearia*)、三班银弄蝶(*Carterocephalus argyrostigma*)、环额翠绿叶蜂(*Tenthredo grahami*)、稀毛高突叶蜂(*Tenthredo parcepilosa*)、奇异熊蜂(*Bombus mirus*)、日铜罗花金龟(*Rhomborrhina japonica*)、杨叶甲(*Chrysomela populi*)、红胸丽甲(*Callispa ruficollis*)、九江卷蛾(*Argyrotaenia Liratana*)、苹褐卷蛾(*Pandemic heparana*)、油松球果小卷蛾(*Gravitarmata margarotana*)、归光尺蛾(*Triphosa rantaizanensis*)、宽缘幅尺蛾(*Photoscotosia albomacularia*)、叉涅尺蛾(*Hydriomena furcata*)、淡网尺蛾(*Laciniodes denigrata*)、中华豆斑钩蛾(*Auzata chinensis*)、六条白钩娥(*Ditrigona legnichrysa*)、新瘤耳角蝉(*Maurya neonodosa*)、竹梢凸唇斑蚜(*Takecallis taiwanus*)、娇驼跷蝽(*Gampsocoris pulchellus*)、波姬蝽(*Nabis* (*Milu*) *potanini*)、玉龙肩花蝽(*Tetraphleps yulongensis*)、黄胸木蜂(*Xylocopa appendiculata*)、孟氏棘蝇(*Phaonia mengi*)等。

9.2.5 高山流石滩稀疏植被带

高山流石滩稀疏植被带分布的昆虫较少，主要为一些飞行能力较强的膜翅目和双翅目的种类，偶见鳞翅目种类。

第 10 章　鱼　　类

白河自然保护区属于嘉陵江支流白龙江上游的白水江水系，区内各支沟、溪流呈树枝状分布。白水江流经保护区北部边界长约 18km。此外，较大的支沟有太平沟、燕子垭沟及二道桥沟等，各支流汇入太平沟后再注入白水江。

10.1　鱼类多样性与区系

鱼类调查主要通过肩背式电鱼机(800W，24V)(经九寨沟县环境保护和林业局批准)进行。根据保护区内河流地形地貌特点，调查组设置三条采样线路，随机捕捞。采集时间为 7:00～15:00，沿水流逆流而行，同时对保护区周边渔民进行访问。

三条样线如下：①燕子垭沟段，通过电捕鱼发现鱼类 3 种{齐口裂腹鱼[*Schizothorax* (*Schizothorax.*) *prenanti* Tchang]、嘉陵裸裂尻鱼(*Schizopygopsis kialingensis* Tsao et Tun)、粗壮高原鳅(*Triplophysa robusta* Kessler)}；②芝麻沟沟口、小河坝、芝麻沟、蔡马地，共采集到鱼类 2 种[嘉陵裸裂尻鱼和贝氏高原鳅(*Trilophysa bleekeri* Sauvage et Dabry)]；③白水河段，采集到鱼类 1 种(贝氏高原鳅)。

综上所述，参照《四川白河自然保护区综合科学考察报告》(2004 年 2 月)，结合本次野外调查，调查组共采集和访问到的鱼类有 6 种，隶属于 4 属 3 科 2 目，主要属于青藏高原类群(附录 7)。

10.2　濒危或特有鱼类

在保护区的 6 种鱼类中，属省级保护水生动物 2 种、长江上游特有种类 4 种。据野外调查和当地渔民介绍，鱼类资源分布不均匀，大多数地方鱼类资源匮乏，只有少数地区(如白河段)鱼类资源较丰富。

1. 齐口裂腹鱼

齐口裂腹鱼隶属于鲤形目(Cypriniformes)鲤科(Cyprinidae)裂腹鱼属(*Schizothorax*)，当地称为“白鱼”，在雅安称为“雅鱼”，是长江上游特有名贵鱼类(图 10.1)。

2. 嘉陵裸裂尻鱼

嘉陵裸裂尻鱼隶属于鲤形目(Cypriniformes)鲤科(Cyprinidae)裸裂尻鱼属(*Schizopygopsis*)，当地称为“金片子”“小白鱼”，是长江上游特有名贵鱼类，也是嘉陵江特有物种，为四川省和甘肃省省级重点保护野生动物，为此次调查的采集物种(图

10.2)。由于过度捕捞和生境破坏，该鱼数量已经很少。

图 10.1　白河自然保护区内采集的齐口裂腹鱼

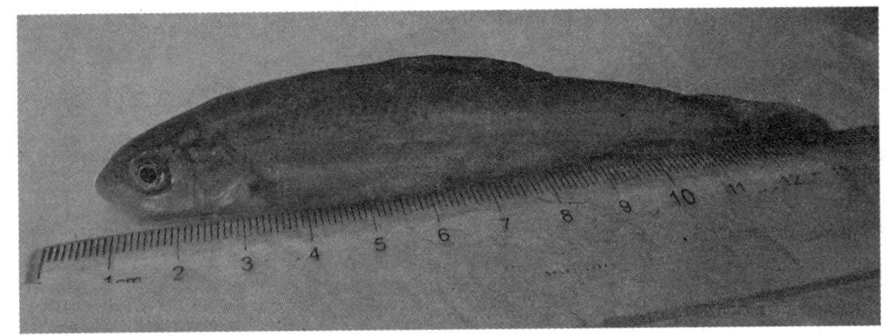

图 10.2　白河自然保护区内采集的嘉陵裸裂尻鱼

3. 粗壮高原鳅

粗壮高原鳅隶属于鲤形目(Cypriniformes)鳅科(Cobitidae)高原鳅属(*Triplophysa*)，俗名“狗鱼子”，小型鱼类，生活于江河砂砾底质、多水草的浅滩流水处，数量较多，分布于保护区燕子垭沟，为此次调查的采集物种(图 10.3)。

图 10.3　白河自然保护区内采集的粗壮高原鳅

4. 贝氏高原鳅

贝氏高原鳅隶属于鲤形目(Cypriniformes)鳅科(Cobitidae)高原鳅属(*Triplophysa*)，小型鱼类，生活于开阔河流和山溪石滩浅水处，主食着生藻类，数量较多，分布于保护区白水河段，为此次调查的采集物种(图 10.4)。

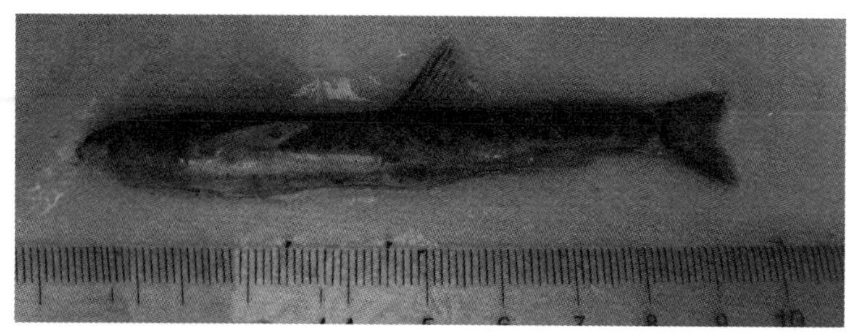

图 10.4 白河自然保护区内采集的贝氏高原鳅

5. 青石爬鮡

青石爬鮡隶属于鲇形目(Siluriformes)鮡科(Sisoridae)石爬鮡属(*Euchiloglanis*)，据访问在保护区的边缘地带有分布，当地称为“石爬子”。青石爬鮡为长江上游特有鱼类，数量十分稀少，处于极危的生存状况，也是四川省级重点保护野生动物。

6. 黄石爬鮡

黄石爬鮡隶属于鲇形目(Siluriformes)鮡科(Sisoridae)石爬鮡属(*Euchiloglanis*)，据访问在保护区的边缘地带有分布，当地称为“石爬子”。黄石爬鮡为长江上游特有鱼类，数量十分稀少，处于极危的生存状况。

第 11 章　两　栖　类

两栖动物是最原始的陆生脊椎动物，既有适应陆地生活的性状，又有从鱼类祖先继承下来的适应水生生活的性状。多数两栖动物需要在水中产卵，发育过程中有变态，幼体(蝌蚪)接近于鱼类，而成体可以在陆地生活，少数两栖动物进行胎生或卵胎生，不需要产卵，有些从卵中孵化出来几乎就已经完成了变态，还有些终生保持幼体的形态。两栖动物最早出现于古生代的泥盆纪晚期，最早的两栖动物牙齿有迷路，被称为迷齿类，在石炭纪还出现了牙齿没有迷路的壳椎类，这两类两栖动物在石炭纪和二叠纪非常繁盛，这个时代也被称为两栖动物时代。

两栖动物包括 3 个目，体形不同，其防御、扩散、迁移的能力弱，对环境的依赖性强，但平原、丘陵、高山和高原等各种生境中都有它们的踪迹，分布区域最高海拔可达 5000m 左右。它们大多昼伏夜出，白天多隐蔽，黄昏至黎明时活动频繁，酷热或严寒时以夏蛰或冬眠方式度过。中国现有两栖类动物 302 种。

1980 年以前，国内外对两栖动物的分类研究较多，在这个阶段，研究者通过形态、肤色和牙齿来研究物种分类。1980～2000 年，国内外的科研工作者主要对两栖动物不同物种的生活史特征进行研究，其中较为热点的问题就是后代数量和质量的权衡研究。近年来，研究者开始利用分子生物学手段研究物种分类和物种种群的分子地理进化，如对中国林蛙复合体的研究显示，青藏高原抬升以及造成的气候环境变化导致的生态位差异是促进物种分化的重要因素。此外，两栖动物的性选择和配偶选择一直也是研究的热点问题。通过对两栖动物的性选择进行研究，可以为两栖动物生物多样性保护和物种繁育提供依据和帮助。

11.1　两栖类多样性与区系

根据本次野外调查并结合白河第一次综合科学考察结果，保护区两栖动物共记录有 2 目 5 科 10 属 16 种(附录 8)。区系成分以东洋界物种占优势，共 13 种，占两栖类调查总种数的 81.3%；古北界物种 1 种，占两栖类调查总种数的 6.3%；广布种 2 种，占两栖类调查总种数的 12.5%。东洋界包括西藏山溪鲵(*Batrachuperus tibetanus*)、山溪鲵(*Batrachuperus pinchonii*)、岷山蟾蜍(*Bufo minshanicu*)、华西蟾蜍(*Bufo andrewsi*)、胸腺猫眼蟾(*Scutiger glandulatus*)、西藏齿突蟾(*Scutiger boulengeri*)、平武齿突蟾(*Scutiger pingwuensis*)、川北齿蟾(*Oreolalax chuanbeiensis*)、小角蟾(*Megophrys minor*)、四川湍蛙(*Amolops mantzorum*)、棘皮湍蛙(*Amolops granulosus*)、隆肛蛙(*Feirana quadranu*)、高原林蛙(*Rana kukunoris*)及大鲵(*Andrias davidianus*)等。东洋界物种主要以喜马拉雅—横断山区型为主，共计 10 种，占东洋界物种总数的 76.9%；其次是南中国型，包括 2 种，占东洋界物种总数的 15.4%。古北界仅倭蛙(*Nanorana pleskei*)1 种。广布种有大鲵(*Andrias davidianus*)和中国林蛙(*Rana chensinensis*)。

11.2 珍稀濒危或特有两栖类

11.2.1 珍稀濒危种类

保护区内有珍稀濒危种类大鲵 1 种。

大鲵，俗称娃娃鱼，中国特有种，为国家Ⅱ级重点保护水生野生动物。除新疆、西藏、内蒙古、吉林、台湾未见报道外，其余省区均有分布，主要生活于山区水流较为平缓的河流、大型流溪的岩洞或深潭中。成鲵多营单栖生活，幼体喜集群于石滩内。由于人为捕杀、水质污染等原因，目前野生大鲵的种群数量已急剧减少。据资料记载，大鲵在白河自然保护区内有分布，数量十分稀少。

11.2.2 特有种类

保护区内有特有种类共 12 种，均为中国特有种，且被列入为国家保护的有益、有重要经济及有科研价值的“三有”物种。各物种的介绍和在保护区的分布如下。

1. 山溪鲵(*Batrachuperus pinchonii*)

山溪鲵，俗名羌活鱼、白龙、杉木鱼，小鲵科，中国特有物种，分布于四川、贵州、云南等地，常见于高山山溪及湖泊石块或树根下以及苔藓中或融雪泉水碎石下。山溪鲵生存的海拔为 1700～4000m，属于“三有”物种，访问表明该区数量较丰富。

2. 西藏山溪鲵(*Batrachuperus tibetanus*)

西藏山溪鲵，俗名娃娃鱼、羌活鱼、山辣子、杉木鱼，小鲵科，中国特有物种，分布于四川东南部、西藏东部、甘肃南部。西藏山溪鲵生存的海拔为 1500～4300m，成鲵以水栖生活为主，白天多隐于溪内石块下或倒木下。繁殖期为 5～7 月，成鲵主要以虾类为食。本次调查数量稀少，没采集到样本，访问表明区内数量较丰富。

3. 大鲵(*Andrias davidianus*)

相关介绍见 11.2.1。

4. 西藏齿突蟾(*Scutiger boulengeri*)

西藏齿突蟾，锄足蟾科，中国特有物种，分布于四川、西藏、甘肃、青海等地，多生活于小溪的源头处或大中型溪流缓流处岸边石下或石块间隙内，其生存的海拔为2900～5100m，属于“三有”物种。本次调查未采集到样本，访问表明区内有分布，但数量少。

5. 胸腺猫眼蟾(*Scutiger glandulatus*)

胸腺猫眼蟾，锄足蟾科，中国特有物种。体肥硕，头宽稍大，吻宽圆，吻鳞钝，无鼓膜，上颌与犁骨无犁。体背布满平疣，腹面光滑，栖于海拔 2800～4100m 的高原河谷的泉水源头处。

6. 平武齿突蟾(*Scutiger pingwuensis*)

平武齿突蟾，锄足蟾科，中国特有物种，分布于四川等地，常栖息于高山流水中，属于“三有”物种。据资料记载，平武齿突蟾在保护区内有分布，数量较少。

7. 川北齿蟾(*Oreolalax chuanbeiensis*)

川北齿蟾，锄足蟾科，中国特有物种，仅见于四川平武等地，栖息在海拔 2000～2200m 的溪流及其附近地区，以昆虫为食，对林业有益。川北齿蟾为易危(vulnerable species，VU) D2，是“三有”物种。据资料记载，川北齿蟾在保护区内有分布，数量稀少。

8. 小角蟾(*Megophrys minor*)

小角蟾，角蟾科，中国特有物种，多居于海拔 1000m 的山溪旁小渗流的石块和附近的草丛中，分布于湖北、湖南、安徽、江西、广东、广西、四川、贵州、云南、陕西、甘肃等地，属于“三有”物种。据资料记载，小角蟾在保护区内有分布，数量稀少。

9. 岷山蟾蜍(*Bufo minshanicu*)

岷山蟾蜍，蟾蜍科，中国特有物种，分布于四川、甘肃、青海等地。岷山蟾蜍一般生活于海拔 1700～3700m 阴湿的草丛中、土洞里以及砖石下，属于“三有”物种。本次调查在燕子垭沟海拔 2500m 处采集到 5 只个体。岷山蟾蜍在保护区数量相对较多(图 11.1)。

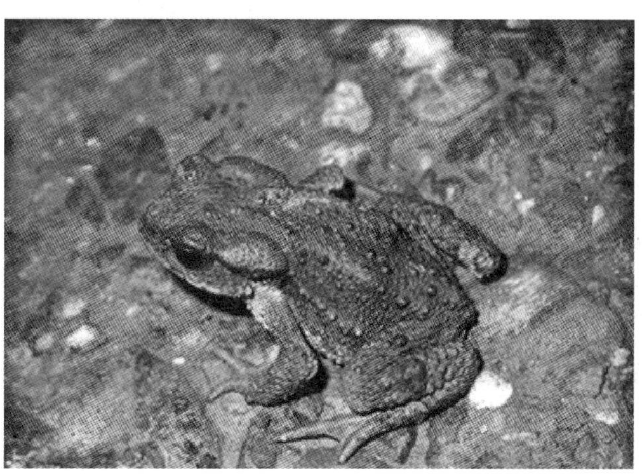

图 11.1　在白河自然保护区采集到的岷山蟾蜍

10. 高原林蛙(*Rana kukunoris*)

高原林蛙，蛙科林蛙属，中国特有物种。该蛙主要生活于高原地区的水域及其附近的湿润环境中，以湖泊、水塘、水坑和沼泽等静水水域及其附近的草地、农田、灌丛和林缘为主要栖息地，河流、溪流和泉水沟等流溪的缓流处较常见，主要分布于青藏高原地区，海拔为2000～4400m。本次调查在青岩沟海拔1800m处发现7只。高原林蛙在保护区数量较多，相对密度为0.07只/m^2(图11.2)。

图11.2 在白河自然保护区采集到的高原林蛙

11. 棘皮湍蛙(*Amolops granulosus*)

棘皮湍蛙，蛙科湍蛙属，中国特有物种。河流、溪流和泉水沟等流溪的缓流处为其主要栖息地，本次调查在青岩沟海拔1800m处发现1只个体。棘皮湍蛙在保护区数量稀少(图11.3)。

图11.3 在白河自然保护区采集到的棘皮湍蛙

12. 四川湍蛙(*Amolops mantzorum*)

四川湍蛙，蛙科湍蛙属，中国特有物种，生活于海拔1000～3800m植被较为丰茂的湍流中，属于“三有”物种。该物种在区内数量丰富，由于电站建设，现在数量已明显减少。本次调查在青岩沟海拔1800m处仅发现2只个体(图11.4)。

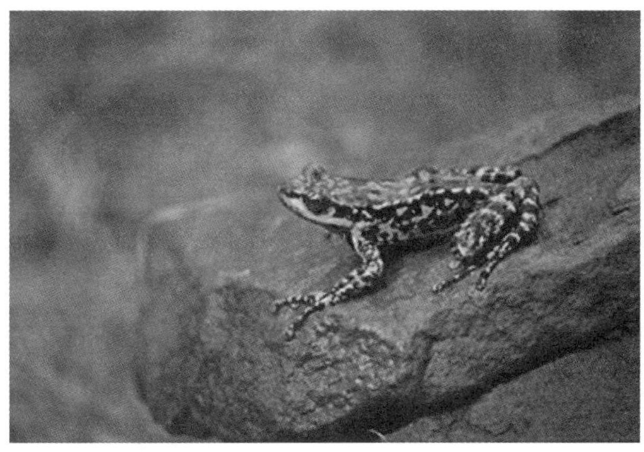

图 11.4　在白河自然保护区采集到的四川湍蛙

11.2.3　其他“三有”物种

保护区分布的其他“三有”物种还包括华西蟾蜍、中国林蛙、隆肛蛙和倭蛙 4 种。

1. 华西蟾蜍(*Bufo andrewsi*)

华西蟾蜍，蟾蜍科，主要分布于四川、云南等横断山区，穴居在泥土中，或栖于石下及草间；黄昏爬出捕食，属于“三有”物种。华西蟾蜍数量丰富，其相对密度为 0.2 只/m^2，本次调查在青山沟 1700m 处采集到大量样本(图 11.5)。

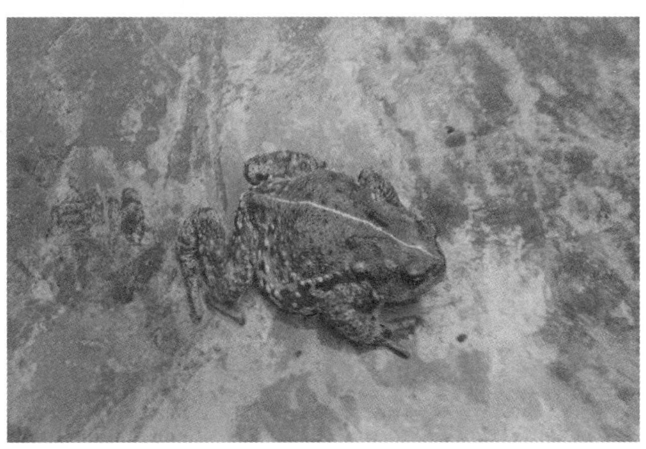

图 11.5　在白河自然保护区采集到的华西蟾蜍

2. 中国林蛙(*Rana chensinensis*)

中国林蛙，蛙科，栖息在阴湿的山坡树丛中，离水体较远，9 月底至次年 3 月营水栖生活。在严寒的冬季，它们成群地聚集在河水深处的大石块下冬眠，属于“三有”物种。据资料记载，中国林蛙在保护区内有分布，数量较少。

3. 倭蛙(*Nanorana pleskei*)

倭蛙，蛙科倭蛙属，中国特有物种，分布于四川、甘肃、青海等地，常栖息于高原沼泽地带的水坑、水塘、水沟、小溪及其附近。倭蛙活动较为缓慢，白天多隐藏于草丛中，分布海拔为3000～4500m区域，属于“三有”物种。据资料记载，倭蛙在保护区内有分布，数量较少。

4. 隆肛蛙(*Feirana quadranu*)

隆肛蛙，蛙科蛙属，成体栖息于河流、水沟和积水坑中，也见于河边山林中，白天多伏于较大石块下或池边洞中，极少外出活动，傍晚和黎明为其活动高峰期。隆肛蛙分布于秦岭山区海拔1000m以上的河流和水坑，属于“三有”物种。据资料记载，隆肛蛙在保护区内有分布，数量较少。

11.3 两栖类在保护区内的空间分布

在保护区分布的两栖类中，属于农林有益两栖类的有西藏山溪鲵、山溪鲵、四川湍蛙、隆肛蛙、岷山蟾蜍、华西蟾蜍和小角蟾等；属经济两栖类的有岷山蟾蜍、华西蟾蜍和山溪鲵。

从相对数量来看，高原林蛙和华西蟾蜍为优势种；倭蛙、平武齿突蟾、西藏山溪鲵、中华大蟾蜍岷山亚种、川北齿蟾、四川湍蛙、棘皮湍蛙、中国林蛙和山溪鲵为常见种。稀有种包括隆肛蛙、西藏齿突蟾、胸腺猫眼蟾、小角蟾和大鲵。

从栖息环境和生活习性来看，两栖类可划分为3种生态类型。①树栖型：虽然在陆地上活动，但经常在树上或灌丛中取食或求偶繁殖。保护区内无树栖型物种分布，本次调查未见树栖型物种。②陆栖型：仅中华大蟾蜍岷山亚种和中华大蟾蜍华西亚种2种。③水栖型：除华西蟾蜍和岷山蟾蜍外，本区的其他14种两栖类均属于此类型。其中，有活动于林间草丛的，如中国林蛙等；有活动于溪流中的，如倭蛙、隆肛蛙和山溪鲵等；有活动于湍流中的，如四川湍蛙和棘皮湍蛙。

保护区内察见物种的垂直分布如表11.1所示。

表11.1 白河自然保护区察见两栖动物空间分布

种名	生活环境					垂直分布/m
	常绿阔叶林	常绿落叶阔叶林	针阔混交林	亚高山针叶林	高山灌丛草甸	
华西蟾蜍(*Bufo andrewsi*)		◆	◆	◆		1390～2600
岷山蟾蜍(*Bufo minshanicu*)			◆	◆	◆	2000～3200
高原林蛙(*Rana kukunoris*)				◆	◆	2400～3400
四川湍蛙(*Amolops mantzorum*)	◆	◆				1400～2100
棘皮湍蛙(*Amolops granulosus*)	◆	◆				1500～1900

第12章 爬 行 类

爬行动物不同于两栖动物，其皮肤干燥且表面覆盖着保护性的鳞片或坚硬的外壳，使它们能离水登陆，在干燥的陆地上生活。在恐龙时代，爬行动物曾主宰着地球，对动物的进化产生了重大影响。目前，世界上的爬行动物共有6000多种，主要分龟鳖目、鳄目和有鳞目3目。中国已知的爬行动物有4目25科120属384种。大多数爬行动物生活在温暖的地方，因为它们需要太阳和地热来取暖。很多爬行动物栖居在陆地上，但是海龟、海蛇、水蛇和鳄鱼等都生活在水里。

1980年以前，国内外对爬行动物的分类研究开展很多，研究者通过形态和肤色来研究物种分类，其中主要是对蜥蜴类、蛇类和龟鳖类的研究。近20年来，科研工作者主要对爬行动物不同物种的生活史特征进行研究，其中较为热点的问题就是后代数量和质量的权衡研究。同时，部分学者对蜥蜴类的性选择进行了广泛研究，并得出大量的性选择理论假设。近几年来，研究者开始利用分子生物学手段研究物种分类和物种种群的分子地理进化。通过对爬行动物的生活史特征及性选择研究，可以为爬行动物生物多样性的保护和物种的繁育提供依据和帮助。第一次综合科学考察对白河自然保护区的爬行动物进行过调查，为本次调查提供了部分参考资料。

12.1 爬行类物种多样性与区系

在地理位置上，白河自然保护区靠近古北界的青藏区、华北区和东洋界的华中区，向西通过高山与青藏高原相连，向北与黄土高原相连，向东与秦岭山脉相接，同周围区系存在一定地理联系。同时，保护区内地型起伏很大，山区小气候复杂多样，为不同生态环境需求的物种提供了生存环境。结合野外调查及历史文献资料，调查组共记录爬行类1目2亚目4科13种(附录9)。区系成分以东洋界物种占优势，共10种，占总种数的76.9%，包括草绿攀蜥(*Japalura flaviceps*)、四川攀蜥(*Japalura szechwanensis*)、康定滑蜥(*Scincella potanini*)、菜花原矛头蝮(*Protobothrops jerdonii*)、山烙铁头(*Ovophis monticola*)、高原蝮(*Gloydius strauchii*)、翠青蛇(*Cyclophiops major*)、王锦蛇(*Elaphe carinata*)、双斑锦蛇(*Elaphe bimaculata*)和紫灰锦蛇(*Elaphe porphyracea*)等。其中，以西南区的成分最多，东洋型物种为3种，占东洋界的30.0%；南中国型物种为3种，占30.0%；广布种为2种，包括乌梢蛇(*Zaocys dhumnades*)和铜蜓蜥(*Sphenomorphus indicus*)，占区内爬行类总种数的15.4%。古北界物种仅白条锦蛇(*Elaphe dione*)，占总种数的7.7%。

12.2 濒危或特有爬行类

保护区内无国家重点保护爬行动物，但所有动物均被列入国家“三有”物种名录。保护区内共有草绿攀蜥、四川攀蜥、康定滑蜥和高原蝮4种中国特有爬行类。

1. 草绿攀蜥(*Japalura flaviceps*)

草绿攀蜥，鬣蜥科，中国特有物种，昼行性，栖息于海拔较高的树林内，习性与一般攀蜥相同，分布于中国山西、湖北、四川、西藏、甘肃、陕西与云南。本次调查在燕子垭沟海拔1830m处和青岩沟海拔1860m处各采集到1只个体。草绿攀蜥在保护区数量较多(图12.1)。

图12.1 草绿攀蜥

2. 四川攀蜥(*Japalura szechwanensis*)

四川攀蜥，鬣蜥科，中国特有物种，栖息于海拔较高的树林内，主要分布在四川等地。本次调查在燕子垭沟海拔1570m处和1510m处各采集到1只个体，四川攀蜥在保护区有一定数量的分布(图12.2)。

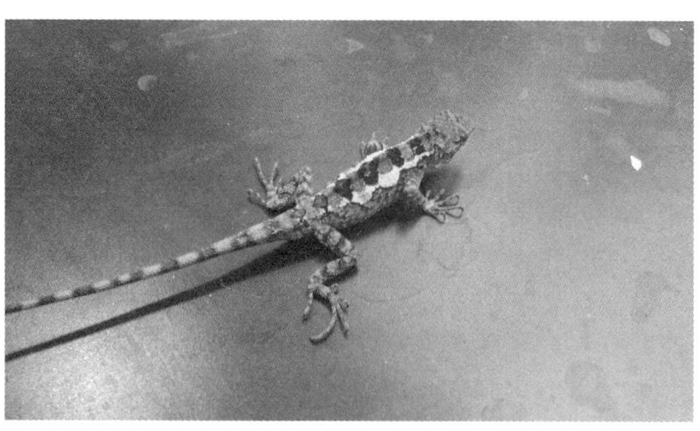

图12.2 四川攀蜥

3. 康定滑蜥(*Scincella potanini*)

康定滑蜥俗名四脚蛇，主要栖息于房屋的墙壁缝隙内，其分布海拔通常较高，常发现于森林下溪旁杂草间及山坡碎石块下、或有稀疏灌丛杂草较浅的潮湿地、浸水沼泽地、朽木下石堆以及灌木丛下泥缝间松土里。本次调查访问到该物种少见于路边灌丛中，为该区的稀有物种。

4. 高原蝮(*Gloydius strauchii*)

高原蝮，蝰科蝮蛇亚科，生活于高山高原地区，多出没于梯田边的杂草乱石堆、山坡、路边、溪流旁，以啮齿类、蜥蜴及蛙类等为食物，属于“三有”物种。本次调查未见到，仅第一次综合科学考察资料记载有分布。

其他“三有”物种的介绍如下。

5. 铜蜓蜥(*Sphenomorphus indicus*)

铜蜓蜥，石龙子科，主要生活于海拔 2000m 以下的低海拔地区、平原及山地阴湿草丛中以及荒石堆或有裂缝的石壁处。本次调查在燕子垭沟海拔 2000m 处捕获 1 只。铜蜓蜥在保护区数量较少(图 12.3)。

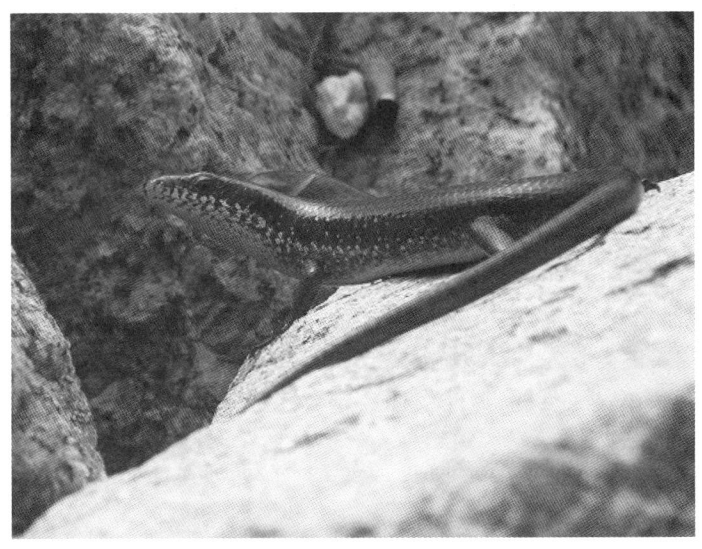

图 12.3　铜蜓蜥

6. 菜花原矛头蝮(*Protobothrops jerdonii*)

菜花原矛头蝮，蝰科，生活在海拔 1350～3160m 的山区或者高原，常见于农耕地、路边草丛乱石堆或灌木丛下，也见于溪沟附近草丛或枯树枝上。本次调查在燕子垭沟海拔 1510m 处发现 2 条。菜花原矛头蝮在保护区数量较丰富(图 12.4)。

图 12.4 菜花原矛头蝮

7. 山烙铁头(*Ovophis monticola*)

山烙铁头，蝰科，常见于农耕地、路边草丛乱石堆或灌木丛下，也见于溪沟附近草丛或枯树枝上，主要分布在尼泊尔、锡金和中国东北部的南部、台湾、香港和甘肃等地。本次调查未见到，仅保护区第一次综合报告资料记载有分布。

8. 翠青蛇(*Cyclophiops major*)

翠青蛇，游蛇科，常栖息于中低海拔山区、丘陵和平地，常于草木茂盛或荫蔽潮湿的环境中活动，昼夜活动，但白天较常出现。翠青蛇分布于我国南方中低海拔地区靠近山区的地方，本次调查未见到，访问调查表明有分布，数量较多。

9. 乌梢蛇(*Zaocys dhumnades*)

乌梢蛇，俗称乌蛇、乌风蛇，游蛇科，生活在丘陵地带，狭食性蛇类，以蛙类(主食)、蜥蜴、鱼类、鼠类等为食。该蛇广泛分布于中国，国外未见报道。由于栖息地被破坏及人类大量捕杀，乌梢蛇目前野外生存数量大减，应予保护。本次调查未见到，访问调查表明有分布。

10. 王锦蛇(*Elaphe carinata*)

王锦蛇，游蛇科，体大凶猛，遇到同类相互缠杀，广泛分布于中国大陆，国外分布于越南。王锦蛇生活于平原、丘陵和山地，属于“三有”物种。本次调查未见到，访问调查有分布。

11. 白条锦蛇(*Elaphe dione*)

白条锦蛇，游蛇科，生活于平原、丘陵、山区、草原，栖于田野、坟堆、林区、河边及近旁，广泛分布于我国。本次调查未见到，仅保护区第一次综合报告资料记载有分布。

12. 双斑锦蛇(*Elaphe bimaculata*)

双斑锦蛇，游蛇科锦蛇属，常见于平原或丘陵旷野及村边、草丛、坟堆等地，广泛分布于中国大陆。本次调查未见到，四川省第一次陆生动物调查资料记载有分布。

13. 紫灰锦蛇(*Elaphe porphyracea*)

紫灰锦蛇，游蛇科锦蛇属，生活于山区的溪边、田边、路边及草丛中，以小型哺乳类动物为食，广泛分布于中国大陆，国外也有分布。本次调查未见到，仅保护区第一次综合报告资料记载有分布。

12.3　爬行类在保护区内的空间分布

从资源利用型来看，保护区爬行类中的有益物种包括翠青蛇、乌梢蛇、双斑锦蛇、紫灰锦蛇和王锦蛇等，具有经济价值的物种为王锦蛇，但由于适宜生存环境较少、人类过度利用等因素影响，野外数量已经很少，应加强野外保护。

从资源数量来看，优势种有菜花原矛头蝮、草绿攀蜥和翠青蛇等 3 种；常见种有乌梢蛇、双斑锦蛇、王锦蛇等 8 种；稀有种有紫灰锦蛇、康定滑蜥 2 种。本次调查爬行动物物种的空间分布如表 12.1 所示。

表 12.1　白河自然保护区察见爬行动物空间分布

种名	生活环境					垂直分布/m
	常绿阔叶林	常阔混交林	针阔混交林	亚高山针叶林	高山灌丛草甸	
铜蜓蜥(*Sphenomorphus indicus*)	◆	◆	◆			1190～2400
草绿攀蜥(*Japalura flaviceps*)	◆	◆				1500～2200
四川攀蜥(*Japalura szechwanensis*)	◆	◆				1600～2450
菜花原矛头蝮(*Protobothrops jerdonii*)	◆	◆				1460～2100

从生态类型来看，保护区内爬行类包括树栖型和陆栖型两种。①树栖型：该类型的种类常在树上活动和觅食，如草绿攀蜥和四川攀蜥。②陆栖型：除了树栖型的 2 种以外，本区其余 11 种均属于此种类型。它们常活动于山区、河谷的杂草、灌丛及住宅周围向阳、温暖的环境中。

虽然保护区爬行动物的时空分布不太明显，但不同物种的海拔分布也有差异，如高原蝮主要分布于 2500m 以上的高山高原地区；王锦蛇主要分布于 300～2300m 区域；四川攀蜥和草绿攀蜥在保护区内主要分布于海拔 1500～1800m 区域。本次调查发现爬行动物的物种数和相对数量均较小，因此需要加强保护区内爬行动物的保护。

第 13 章　鸟　　类

史东仇于 1977 年、1978 年在白河自然保护区进行珍稀动物生态学研究，对鸡形目的雉鹑(*Tetraophasis obscurus*)和绿尾虹雉(*Lophophorus lhuysii*)的羽毛数进行了数量统计研究。1978 年 7 月～1979 年 1 月和 1979 年 3～11 月，史东仇等分别参加了由重庆师范学院（现重庆师范大学）、重庆动物园、四川省南坪县林业局和陕西省动物研究所共同组成的联合调查组，在保护区范围内进行了较系统的鸟类调查，共查得鸟类 133 种，隶属于 12 目 31 科，还发现了当时 8 种四川的新纪录种。史东仇等 1977 年、1978 年在保护区对血雉(*Ithaginis cruentus*)的食物组成及其季节性变化、摄食强度及摄食量、嗉囊和胃中砾石的含量做了较为科学系统的研究。高立波等(2007)对黑颈鹤(*Grus nigricollis*)的迁徙路线进行了卫星跟踪研究。冉江洪等(2004)在 2002～2003 年也对白河自然保护区的鸟类进行了部分分析。除此之外，保护区内还开展了第一次综合科学考察，调查的对象包括鸟类、兽类等多个类群。

保护区建立以后，系统的生态监测工作随之展开。目前，保护区开展的科学研究扎实推进，特别是对保护区内川金丝猴等的研究。保护区加强了与科研院所、国际组织的合作，有计划地培养专业人才，为保护管理提供决策依据。区内谷坡陡峻，下部坡度多为 30°～45°，多见悬岩陡壁，中上部坡较缓，谷底狭窄，呈“V”形。保护区气候属于暖温带半湿润气候，其海拔差异大，地形坡面多为阴坡，是影响区内气候的主要因素。气候垂直分布规律较明显，其主要特点是高山湿润寒冷、河谷干燥温凉，冬季漫长，春秋多雨、无夏，干、雨季分明，昼夜温差大。气温随海拔的增加而降低，在一定高度以下，降水量随海拔升高而增加。其复杂的环境条件孕育了丰富的鸟类多样性。

13.1　鸟类多样性与区系

结合本次调查和已有资料，采用郑光美(2011)的分类系统，本次考察统计出保护区的鸟类有 14 目 45 科 163 种(附录 10)，如表 13.1 所示，分别占四川省鸟类目(21)科(80)种(683)的 66.67%、56.25%和 23.87%，具有较高的多样性。其中，非雀形目鸟类 51 种，占 31.29%；雀形目鸟类 112 种，占 68.71%，以雀形目鸟类占优势。从物种的居留类型上看，在 163 种鸟类中，留鸟有 106 种，占 65.03%；夏候鸟 44 种，占 26.99%；冬候鸟 6 种，占 3.68%；旅鸟 7 种，占 4.29%。保护区鸟类以留鸟和夏候鸟为主，表明保护区的鸟类以本地繁殖的鸟类为主体。

保护区在动物地理区划上属东洋界西南区。从区系来看，古北界种类有 60 种，占总数的 36.81%；东洋界种类 75 种，占总数的 46.01%；广布种 28 种，占总数的 17.18%。保护区共有繁殖鸟类 150 种、占总种数的 92.02%，非繁殖鸟类 13 种、占 7.98%。在 150 种繁殖鸟类中，完全或主要分布于古北界的有 51 种，占繁殖鸟类总数的 34.00%；

完全或主要分布于东洋界的有 73 种，占繁殖鸟类总数的 48.67%；广布种即广泛分布于古北、东洋两界的或分布区较狭窄不易明显划分其界限的种，共 26 种，占繁殖鸟类总数的 17.33%，可见东洋界种类占优势。该保护区在地理位置上靠近古北界和东洋界的分界线，南北物种混杂明显，古北界和东洋界物种的比例差异不大，是东洋界和古北界物种的交汇和过渡区域。

表 13.1　白河自然保护区鸟类目、科、种数及其占比

编号	目	科数/科	种数/科	种数占总种数的百分比/%
1	鹈形目(Pelecaniformes)	1	1	0.61
2	鹳形目(Ciconiiformes)	1	1	0.61
3	雁形目(Anseriformes)	1	2	1.23
4	隼形目(Falconiformes)	2	9	5.52
5	鸡形目(Galliformes)	2	9	5.52
6	鸻形目(Charadriiformes)	2	4	2.45
7	鸽形目(Columbiformes)	1	4	2.45
8	鹃形目(Cuculiformes)	1	5	3.07
9	鸮形目(Strigiformes)	1	5	3.07
10	雨燕目(Apodidae)	1	2	1.23
11	佛法僧目(Coraciiformes)	1	3	1.84
12	戴胜目(Upupiformes)	1	1	0.61
13	鴷形目(Piciformes)	1	5	3.07
14	雀形目(Passeriformes)	29	112	68.71
	合计	45	163	100

从分布型(张荣祖，1999)上看，保护区所有鸟类的分布型为：全北型 13 种，古北型 27 种，东北型 12 种，东北—华北型 1 种，高地型 5 种，中亚型 3 种，东洋型 30 种，喜马拉雅—横断山区型 27 种，南中国型 15 种，季风型 2 种，不易归类的有 28 种(图 13.1)。在中国鸟类所有 13 种分布型中，该区鸟类的分布型就有 10 种，还有部分是不易归类的类型，说明该区鸟类组成区系复杂，南北鸟类混杂明显，是南北鸟类的交汇和过渡地带。在所有分布型中，东洋型的种类最多(30 种)，占总数的 18.40%；其次是古北型和喜马拉雅—横断山区型(各 27 种)，分别占总数的 16.56%；分布最少的是东北-华北型(1 种)；其次是季风型(2 种)和中亚型(3 种)。保护区鸟类分布型的组成总体上符合西南区的典型特征。西南区动物区系的代表成分为属于喜马拉雅—横断山脉分布型的种类，南北地方类型和高地型成分亦渗入本区，但以南方类型尤其是东洋型成分为主，更具南方鸟类特色。同时，在所有的分布型中，喜马拉雅—横断山脉型所占的比例也较小，这说明保护区已处于西南区的边缘，即将向古北界过渡。

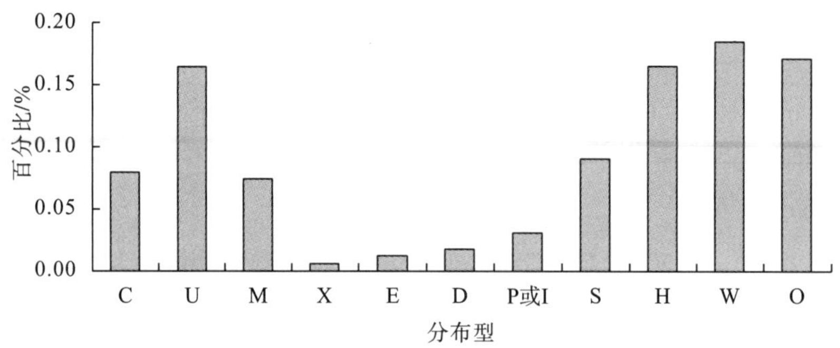

图 13.1　白河自然保护区鸟类分布型构成状况(张荣祖，2011)

U. 古北型；C. 全北型；M. 东北型；X. 东北—华北型；E. 季风型；P 或 I. 高地型；H. 喜马拉雅—横断山区型；S. 南中国型；W. 东洋型；D. 中亚型；O. 不易归类的类型

13.2　濒危或特有鸟类

13.2.1　国家重点保护鸟类

保护区内有国家Ⅰ、Ⅱ级保护鸟类 22 种，占四川省国家级保护鸟类总数的 22.47%。Ⅰ级保护鸟类有绿尾虹雉(*Lophophorus lhuysii* Geoffroy Saint-Hilaire)、红喉雉鹑(*Tetraophasis obscurus*)、斑尾榛鸡(*Bonasa sewerzowi* Przewalski)、金雕(*Aquila chyysaeto* Linnaeus)4 种，占保护区鸟类总数的 2.45%，占四川省国家Ⅰ级保护鸟类总数的 23.53%；Ⅱ级保护鸟类有黑鸢(*Milvus migrans* Boddaert)、雀鹰(*Accipiter nisus* Linnaeus)、普通鵟(*Buteo buteo* Linnaeus)、短趾雕(*Circettus gallicus*)、草原雕(*Aquilia rapax*)、燕隼(*Falco subbuteo* Linnaeus)、灰背隼(*Falco columbarius*)、黄爪隼(*Falco naumanni*)、血雉(*Ithaginis cruentus* Hardwicke)、蓝马鸡(*Crossoptilon auritum*)、红腹角雉(*Tragopan temminckii* Gray)、勺鸡(*Pucrasia macrolopha* Lesson)、红腹锦鸡(*Chrysolophus pictus* Linnaeus)、红角鸮(*Otus sunia* Hodgson)、灰林鸮(*Strix aluco* Linnaeus)、四川林鸮(*Strix davidi* Psllas)、纵纹腹小鸮(*Athene noctua* Scopoli)、鬼鸮(*Aegolits funereus*)等 18 种，占保护区鸟类总数的 11.04%，占四川省国家Ⅱ级保护鸟类总数的 24.32%(表 13.2)。

表 13.2　白河保护区国际、国家保护的鸟类名录

编号	动物名称	保护级别	中国红皮书	IUCN	CITES
1	红喉雉鹑	Ⅰ		稀有(R)	Ⅰ
2	金雕	Ⅰ	易危(V)		Ⅰ
3	斑尾榛鸡	Ⅰ	易危(V)		
4	绿尾虹雉	Ⅰ	濒危(E)	濒危(EV)	Ⅰ
5	黑鸢	Ⅱ	易危(V)		Ⅱ
6	短趾雕	Ⅱ			
7	草原雕	Ⅱ		低危(LC)	

续表

编号	动物名称	保护级别	中国红皮书	IUCN	CITES
8	雀鹰	Ⅱ			Ⅱ
9	普通鵟	Ⅱ			Ⅱ
10	灰背隼	Ⅱ		低危(LC)	
11	黄爪隼	Ⅱ		低危(LC)	
12	燕隼	Ⅱ			Ⅱ
13	蓝马鸡	Ⅱ		低危(LC)	
14	血雉	Ⅱ	易危(V)		Ⅱ
15	红腹角雉	Ⅱ	易危(V)		
16	勺鸡	Ⅱ			
17	红腹锦鸡	Ⅱ	易危(V)		
18	红角鸮	Ⅱ			Ⅱ
19	灰林鸮	Ⅱ			Ⅱ
20	四川林鸮	Ⅱ	稀有(R)		Ⅱ
21	纵纹腹小鸮	Ⅱ			Ⅱ
22	鬼鸮	Ⅱ	稀有(R)	濒危(EV)	

13.2.1.1 国家Ⅰ级重点保护鸟类

红喉雉鹑：为中国特有鸟类，全球性近危，喜活动于海拔 3350～4600m 的松林、杉林或针阔混交林及杜鹃灌丛中的多岩地区，属国家Ⅰ级保护动物。胸灰色具黑色细纹，有猩红色眼周裸皮。雌、雄两性相似。上体大都褐色，翅具白色和淡棕色端斑；颏至前颈及尾下覆羽红栗色；胸、腹褐灰，胸羽还具黑色纵纹，腹羽则杂以淡黄和棕色。该鸟结小群活动于近林线的高山草甸、碎石滩和杜鹃灌丛。红喉雉鹑对高山的自然条件有很强的适应性，喜欢在小溪边饮水，主要以植物为食，食物随季节变化而不同：4～5 月主要食物是植物的根块，8～9 月的食物中有大量贝母，9 月以后吃浆果、果实、种子等。红喉雉鹑营造两种类型的巢，除了地面巢外，还在树上营巢，这在鸡类中还是独一无二的。树上巢比地面巢复杂，由树枝和枯草堆积而成，形状像杯子，巢中还铺垫着苔藓，离地面高度约有 1.9m，其营造两种巢的原因至今还不清楚。红喉雉鹑主要分布于青藏高原东部至中国中部，即西藏东南部及东部、青海南部、四川西南部及云南西北部，被列入 CITES 附录Ⅰ。

金雕：国家Ⅰ级重点保护动物，中国红皮书列为易危(V)，大型猛禽。金雕全长为 76～102cm，展达 2.3m，体重为 2～5kg，腰为栗褐色。未长成时，金雕头部及颈部羽毛呈黄棕色；除初级飞羽最外侧的三枚外，所有飞羽的基部均缀有白色斑块；尾羽灰白色，先端黑褐，长成后，翅和尾部羽毛均不带白色；头顶羽毛加深，呈现金褐色；嘴黑褐色，基部沾蓝；趾、爪黄色。金雕分布于中国多数山区及喜马拉雅山脉高海拔处，栖息于高山草原、荒漠、河谷和森林地带，冬季亦常到山地丘陵和山脚平原地带活动，其分布最高海拔可到 4000m 以上，分布较广。金雕以大中型鸟类和兽类为食，冬季偶见，但数量稀少。据访问和资料记载，金雕在保护区有分布，被列入 CITES 附录Ⅰ。

斑尾榛鸡：国家Ⅰ级重点保护动物，中国红皮书列为易危(V)。斑尾榛鸡为形小而满布褐色横斑的松鸡，又称羊角鸡，为中国特有种，只产于中国甘肃、青海、四川等地。班尾榛鸡主要以柳、榛的鳞芽、叶和云杉种子以及其他植物的花、花序、叶、嫩枝梢为食。分布区狭窄，加上人类和天敌的破坏，数量日少，已处于濒危状态。经调查，该鸟在保护区海拔 2500～3500m 的针阔叶混交林、冷杉林或杜鹃灌丛中分布，常混于苔藓植物中，夏季栖息于海拔 3400m 以上的山地林缘与灌丛间，但到冬季也下移到针叶林或混交林和灌丛中，以芽、叶、种子、籽实为食，在保护区内常 3～5 只结成小群，每平方公里分布约 0.9～1.2 只，总数约 40 只。

绿尾虹雉：国家Ⅰ级重点保护动物，中国红皮书列为濒危(E)。绿尾虹雉为体大具紫色金属样光泽的雉类，又称贝母鸡，中国特有种，分布于四川西部海拔 3000～4900m 的山区，并偶见于云南西北部、西藏东部、青海东南部及甘肃南部。绿尾虹雉栖息于海拔 3300m 以上的亚高山草甸和灌丛，春夏季见于阴坡和阳坡，冬季则见于阳坡的岩石上或山坳中，严冬下迁到混交林。它们 3～5 只成一小群，夏季在高山草甸的密度为每平方公里 1～1.32 只，在保护区约有 30 只。绿尾虹雉主要以植物根、茎、叶、花为食，也掏食贝母，故称贝母鸡，还兼食昆虫，分布于高山、灌丛、草甸。世界自然保护联盟将其列为濒危，该鸟也被列入 CITES 附录Ⅰ。

13.2.1.2 国家Ⅱ级重点保护鸟类

黑鸢(*Milvus migrans*)：国家Ⅱ级重点保护动物，中国红皮书列为易危(V)，为中等体型(55cm)的褐色猛禽。浅叉型尾为本种识别特征，飞行时初级飞羽基部浅色斑与近黑色的翼尖成对照。黑鸢主要栖息于开阔草地、荒原和低山，也出现于海拔 2000m 以上高山森林和林缘地带，白天活动，常单独高空飞翔。黑鸢主要以小鸟、鼠类、蛇、蛙、鱼、野兔、蜥蜴和昆虫为食，也食动物尸体。资料记载黑鸢在本区有分布，但据访问数量稀少，被列入 CITES 附录Ⅱ。

雀鹰：国家Ⅱ级重点保护动物，为中等体型而翼短的猛禽，又称鹞子，繁殖于古北界；候鸟迁至非洲、印度、东南亚。雀鹰喜林缘或开阔林区，主要捕食小鸟和鼠类等，保护区内栖息于针叶林、混交林和阔叶林等山地森林和林缘地带，冬季主要栖息于低山，尤喜欢在林缘、河谷、采伐迹地和耕地附近的小块丛林地带活动。雀鹰为日出性，常单独活动，以雀形目小鸟、鼠类、昆虫为食。雀鹰过去在保护区境内有分布，据访问本区有分布，现已很稀少，被列入 CITES 附录Ⅱ。

普通鵟：国家Ⅱ级重点保护动物。普通鵟为体型略大的红褐色鵟，繁殖于古北界及喜马拉雅山脉；北方鸟至北非、印度及东南亚越冬，为该地区的冬候鸟，喜栖息于山地森林及林缘地带，从低山阔叶林到高山海拔 3000m 以上的针叶林均有分布。该鸟以鼠类为食，也食蛙、蛇、免、小鸟和大型昆虫等动物性食物。普通鵟过去在境内常见，现在已不常见。据访问，本区有分布，但数量稀少，CITES 将其列入附录Ⅱ。

短趾雕：国家Ⅱ级重点保护动物。体长约 65cm，繁殖于新疆西北部天山，可能在中国中北区也有繁殖。短趾雕为罕见候鸟，分布于西藏东南部，记录分散于中国北方各地。身体沉重，上体灰褐，下体白而具深色纵纹，喉及胸单一褐色，腹部具不明显的横斑，尾具不明显的宽阔横斑。亚成鸟较成鸟色更浅。飞行时覆羽及飞羽上长而宽的纵纹极具特色。虹膜黄色、嘴黑色、蜡膜灰色、脚偏绿。短趾雕冬季通常无声，偶作哀怨的“咪咪”叫声，栖于森林边缘及次生灌丛。盘旋及滑翔时两翼平直，常停在空中振羽似巨大的红隼。食物主要为蛇类，其次为蜥蜴类、蛙类以及小型鸟类，偶亦捕食小型啮齿动物如野兔、野鼠等，也吃腐肉。

草原雕：国家Ⅱ级重点保护动物，属于大型猛禽，体长和体重分别为71～82cm，2015～2900g。体形比金雕、白肩雕略小，也是大型猛禽，是一种全深褐色雕类。草原雕容貌凶狠，尾型平。由于年龄以及个体之间的差异，体色变化较大，从淡灰褐色、褐色、棕褐色、土褐色到暗褐色都有。成鸟与其他全深色的雕易混淆，两翼具深色后缘。主要栖息于开阔平原、草地、荒漠和低山丘陵地带的荒原草地。2012年，草原雕列入IUCN濒危物种红色名录低危(LC)。

燕隼：国家Ⅱ级重点保护动物。燕隼为体小黑白色隼，俗称为青条子、蚂蚱鹰、青尖等，为小型猛禽，广泛分布于非洲、古北界、喜马拉雅山脉、中国及缅甸。燕隼喜栖息于有稀疏树木生长的开阔平原、旷野、耕地、海岸、疏林和林缘地带。在保护区栖息于海拔2000m以下低山的阔叶林、林缘和开阔地。该鸟飞行迅速，空中捕食昆虫及鸟类，数量稀少，被列入CITES附录Ⅱ。

血雉：国家Ⅱ级重点保护动物，中国红皮书列为稀有(R)。血雉为体小的雉类，别名血鸡、松花鸡，分布于喜马拉雅山脉，中国中部及西藏高原，为地方性常见鸟。血雉栖息于海拔2000～4500m的混交林、针叶林和杜鹃灌木间。它们不善于飞行，靠逃窜逃避。食物为绿色植物及其种子，动物性食物包括甲虫及虫卵、软体动物等。血雉在保护区境内有分布，并且有一定的种群数量，被列入CITES附录Ⅱ。

红腹角雉：国家Ⅱ级重点保护动物，中国红皮书列为易危(V)。红腹角雉为体大而尾短的雉类，别名娃娃鸡、寿鸡，分布于喜马拉雅山脉东部、缅甸北部和(越南的)东京西北至中国中部。红腹角雉栖息于海拔1000～3500m的常绿与落叶阔叶和针阔叶混交林，在林下行走觅食，以蕨、草本及木本植物的叶芽、花、果实及种子为主食，兼食昆虫及小型动物。红腹角雉在保护区境内有分布，种群密度基本稳定，受威胁程度相对较低，数量较多。

勺鸡：国家Ⅱ级重点保护动物。勺鸡体大而尾相对短，分布于喜马拉雅山脉至中国中部及东部。栖息于海拔1000～4000m的阔叶林、针阔叶混交林和针叶林中，尤喜欢湿润、林下植被发达、地势起伏不平又多岩石的混交林地带，有时也出现于林缘灌丛和山脚灌丛地带。常成对或成群活动，主要以植物嫩芽、嫩叶、花、果实、种子等植物性食物为食，也吃少量昆虫、蜘蛛、蜗牛等动物性食物。勺鸡在保护区境内有分布，数量较多。

红腹锦鸡：国家Ⅱ级重点保护动物，中国红皮书列为易危(V)，中国中部特有种。红腹锦鸡为体型小但修长的雉类，又被称为采鸡、金鸡、锦鸡，分布在青海东南部、甘肃南部、四川、陕西南部、湖北西部、贵州、广西北部及湖南西部，栖息于海拔1400～2500m的阔叶林、针阔叶混交林和林缘疏林灌丛地带，也出现于岩石陡坡的矮树丛和竹丛地带，冬季也常到林缘、荒地活动和觅食。红腹锦鸡单独或成对活动，冬季常成群。红腹锦鸡主要以野豌豆等植物的叶、芽、花、果实、种子为食，也吃一些农作物、甲虫等昆虫。该种由于羽毛艳丽，具有很高的观赏价值，常被人捕捉或猎杀做成标本，或作为山珍食品，虽在保护区有一定数量，但在保护区边缘低山数量已急剧减少，世界濒危鸟类名录已将其列入接近受危级。

灰林鸮：国家Ⅱ级重点保护动物。灰林鸮为中等体型的偏褐色鸮，分布于古北界的西部、中东、喜马拉雅山脉、中国、朝鲜，栖息于海拔2500m以下的山地阔叶林和混交林中，尤喜欢河岸和沟谷的森林地带，也出现于林缘疏林和灌丛等地。灰林鸮常单独或成对活动。灰林鸮具夜行性，白天躲在茂密的森林中，主要以啮齿类动物为食，也吃昆虫、蛙、小鸟和小型兽类。灰林鸮在保护区境内低山有分布，数量稀少，被列入CITES附录Ⅱ。

四川林鸮：国家Ⅱ级重点保护动物，中国红皮书列为稀有(R)，为中国中部特有种。四川林鸮为体大的灰褐色鸮鸟，是稀有留鸟。四川林鸮分布于青海东南部和四川北部、中部及西部，喜栖息于海拔2700～4200m的开阔针叶林及亚高山混交林。四川林鸮在保护区境内有分布，数量稀少，被列入CITES附录Ⅱ。

蓝马鸡：我国特有种，国家Ⅱ级重点保护动物，是高山寒冷地区的鸟类，只产在中国，终年留居于青海东北部和东部、甘肃西北部祁连山一带及南部、宁夏贺兰山及四川北部。蓝马鸡似藏马鸡，但通体蓝灰色，头侧绯红色，耳羽簇白色，并明显地突出于颈部。中央尾羽特长而上翘，羽支披散下垂似马尾，外侧尾羽基部白色。蓝马鸡分布于海拔2600～4000m区域，终年在针阔叶混交林带活动，夏季升至高山灌丛草甸带活动，主要分布于保护区的针阔混交林和针叶林带。

鬼鸮：国家Ⅱ级重点保护动物，分布于中国黑龙江哈尔滨、帽儿山、大兴安岭等地，甘肃西北部的天堂寺，新疆天山、伊犁、尤尔都斯盆地，四川南坪，为留鸟，几乎在中国全境越冬。体长约为24cm，上体为朱古力褐色，头顶具小型白斑，背、腰为纯褐色；翎领完整，由暗褐色羽毛和细小白斑形成；下体亦朱古力褐色，杂有一些白色羽毛，但不形成横斑。该种是在白河保护区内发现的四川省新记录(1984)，现仅记录于保护区，见于秋、冬季。2009年，鬼鸮被列入IUCN鸟类红色名录，濒危(EV)。

13.2.2 四川省重点保护鸟类

保护区内属于四川省重点保护的鸟类有普通鸬鹚(*Phalacrocorax carbo* Linnaeus)、鹰鹃(*Cuculus sparverioides* Vigors)、白喉针尾雨燕(*Hirundapus caudacutus* Latham)3种，占保护区鸟类总数的1.8%，占四川省重点保护鸟类的7.5%，现分述如下。

普通鸬鹚：大型水鸟，分布于北美洲东部沿海、欧洲、俄罗斯南部、西伯利亚南部、非洲西北部及南部、中东、亚洲中部、印度、中国、东南亚、澳大利亚、新西兰等地，栖息于河流、湖泊、池塘、水库、河口及其沼泽地带。境内有分布，为冬候鸟。国家林业局将其列入“三有”陆生野生动物名录。

鹰鹃：四川省重点保护动物，国家林业局将其列入“三有”陆生野生动物名录。鹰鹃为略显体大的灰褐色鹰样杜鹃，是分布于喜马拉雅山脉、中国、菲律宾、婆罗洲及苏门答腊的留鸟。指名亚种为中国西藏南部、华中、华东、东南及西南和海南岛的不常见夏季繁殖鸟。鹰鹃的大部分食物为农林害虫，对该鸟的保护具有重要的生态价值。本次调查察见实体，为本地区的夏候鸟，但数量稀少。

白喉针尾雨燕：四川省重点保护动物，国家林业局将其列入“三有”陆生野生动物名录。白喉针尾雨燕为体大的偏黑色雨燕，繁殖于亚洲北部、中国、喜马拉雅山脉；冬季南迁至澳大利亚及新西兰。该种在中国分布于东北、西藏、四川、云南、台湾等地。调查发现该种在保护区境内有分布，多栖息于海拔 1800～2000m 的岩壁，以飞虫为食。

13.2.3　特有鸟类

保护区内特有鸟类包括斑尾榛鸡(*B. sewerzowi*)、绿尾虹雉(*L. lhuysii*)、红腹锦鸡(*C. pictus*)、蓝马鸡(*Crossoptilon auritum*)、四川林鸮(*S. davidi*)、斑背噪鹛(*G. lunulatus* Verreaux)、橙翅噪鹛(*G. elliotii* Verreaux)、三趾鸦雀(*Paradaxornis paradoxus* Verreaux)、白眶鸦雀(*P. conspicillatus* David)、银脸长尾山雀(*Aegithalos fuliginosus* Verreaux)以及黄腹山雀(*Parus venustulus* Swinhce)11 种，分别占我国和四川特有鸟类种数的 14.47%和 29.73%，现分述如下(前已述种类除外)。

斑背噪鹛：国家林业局将其列入“三有”陆生野生动物名录，中国特有种。斑背噪鹛为体型略小的暖褐色鸣禽，分布于甘肃、陕西、四川、云南等地，群栖于阔叶林及针叶林和林下竹丛。

橙翅噪鹛：国家林业局将其列入“三有”陆生野生动物名录，中国特有种。橙翅噪鹛为中等体型，在该地区为留鸟，分布于中国中部至西藏东南部及印度东北部。橙翅噪鹛栖息于海拔 3800m 以下的地区，终年在阔叶林带至暗针叶林带，夏季可升至高山灌丛。该鸟数量较多，为常见种。

三趾鸦雀：国家林业局将其列入“三有”陆生野生动物名录，中国特有种。三趾鸦雀为小型鸣禽，分布于陕西南部太白山及秦岭、四川岷山及邛崃山、甘肃。三趾鸦雀结小群栖于海拔 2500～3600m 的阔叶林及针叶林中的竹林密丛，喜栖息于卫茅、山楂、小檗、棣棠花、蔷薇、五角枫以及花溪箭竹等树丛或灌木丛。

白眶鸦雀：国家林业局将其列入“三有”陆生野生动物名录，中国特有种。白眶鸦雀为小型鸣禽，分布范围为西自青海、东至陕西、南抵四川和湖北等地。白眶鸦雀性活泼，结小群栖息在较高的山地竹林及灌丛中，数量稀少。

银脸长尾山雀：国家林业局将其列入“三有”陆生野生动物名录，中国特有种。银脸长尾山雀为小型鸣禽，分布于甘肃、陕西、四川、湖北等地。银脸长尾山雀栖息于海拔 2600m 以下的落叶阔叶林及多荆棘的栎林，留鸟，数量稀少。

黄腹山雀：国家林业局将其列入“三有”陆生野生动物名录，中国特有种。黄腹山雀为体小而尾短的山雀类，在该地区为留鸟，分布于华南、东南、华中及华东部，北可至北京。黄腹山雀的分布夏季高可至海拔 3000m，冬季较低，喜结群栖于的落叶混交林林区。

13.3　鸟类在保护区内的分布特点

根据其生境特点及鸟类生活习性，保护区主要分为以下五类活动生境。

活动于河流水域、漫滩及其附近灌丛的河谷区水域鸟类，主要包括涉禽类，如鹳形目、鸻形目的种类；游禽类，如雁形目的种类；以及佛法僧目、雀形目中鹡鸰科、河乌科及鹟科的部分鸟类。水域鸟类主要分布于保护区的几条河流及其沟系。在河谷区鸟类群落中，常见种类有绿头鸭(*Anas platyrhynchos*)、白鹡鸰(*Motacilla alba*)、灰鹡鸰(*Motacilla cinerea*)、红尾水鸲(*Rhyacornis fuliginosus*)等。

栖息于常绿、落叶阔叶林的鸟类，主要分布于海拔 1700～2100m 的各类森林、林缘及灌丛。栖息地代表植被类型是细叶青杠、蛮青杠、苞石栎等常绿阔叶树种和亮叶桦、多种槭树、椴树、多种稠李、漆树、枫杨以及珙桐、水青树、领春木、连香树、圆叶木兰等落叶树种组成的常绿落叶阔叶混交林。在鸟类群落中，常见种类有红腹角雉、勺鸡、松鸦(*Garrulus glandarius*)等鸟类。

中山针阔混交林带鸟类主要分布于海拔 2000～2500m 的各类森林、林缘及灌丛。栖息地代表植被类型是针叶树种云南铁杉、铁杉，阔叶树种为红桦、糙皮桦、五裂槭、扇叶槭、青榨槭等组成的针、阔叶混交林。在鸟类群落中，常见种类有红腹角雉、勺鸡、大斑啄木鸟(*Picoides major*)、松鸦(*Garrulus glandarius*)、白领凤鹛(*Yuhina diademata*)等。

高山针叶林带鸟类主要分布于海拔 2500～3500m 的各类森林、林缘及灌丛。栖息地代表植被类型是冷杉和岷江冷杉组成的冷杉林，以及麦吊云杉林等针叶林组成的针叶林。在鸟类群落中，优势种类有红腹角雉、血雉、啄木鸟类、星鸦(*Nucifraga caryocatactes*)、黄腹柳莺(*Phylloscopus affinis*)、银脸长尾山雀(*Aegithalos fuliginosus*)及红腹山雀(*Parus venustulus*)等。

栖息于高山灌丛草甸的鸟类主要包括猛禽类的隼形目和鸮形目、陆禽类的鸡形目和鸽形目、鸣禽类的部分雀形目。高山灌丛草甸鸟类主要分布于海拔 3500～4400m 的各类灌丛和草甸，高山灌丛是以香柏、紫丁杜鹃、青海杜鹃、金露梅、绣线菊等组成的针叶、常绿阔叶、落叶阔叶等多种类型；高山草甸则由羊茅、圆穗蓼、珠芽蓼、淡黄香青、长叶火绒草、矮生嵩草等组成的禾草、杂类草草甸、嵩草草甸。在鸟类群落中，常见种类有绿尾虹雉、褐头雀鹛(*Alcippe cinereiceps*)、朱雀类等。

第 14 章　兽　　类

14.1　兽类区系组成

根据野外调查及查阅相关文献资料，白河自然保护区内共记录 65 种兽类，隶属 7 目 24 科(表 14.1)，占四川省兽类总种数的 32%。兽类各类群中，以鼠科(Muridae)最多，达 10 种，占总种数的 15.2%；其次为鼬科(Mustelidae)、鼩鼱科(Soricidae)、猫科(Felidae)。保护区地理位置十分特殊，处于古北界和东洋界的分界线上，属于东洋界、西南区、西南山地亚区。保护区中分布有 65 种兽类(附录 11)。其中，古北界有 26 个种，东洋界有 37 个种，不易归类的广布种有 3 种，分别占 40.0%、56.9%和 4.6%。可见，古北界成分和东洋界成分都很丰富，而以东洋界种类略占优势。

表 14.1　白河自然保护区兽类目别组成

	啮齿目	食肉目	偶蹄目	食虫目	翼手目	灵长目	兔形目
种数/种	22	18	9	7	2	2	5
百分比/%	33.8	27.7	13.8	10.8	3.1	3.1	7.7

根据现存动物种的分布区相对集中并与一定的自然地理区域相联系的事实，我国大陆的陆生脊椎动物种被归纳为 9 个主要分布型，有时为了研究需要，根据动物主要分布于某一地区而进一步划分为更多的类型，从哺乳动物来看，最多划分为 16 个分布型。保护区有 10 个分布型，占全国所有分布型的 62.5%，充分说明保护区兽类区系组成的复杂性。按“16 型”分类系统，保护区兽类属于全北型的有 3 种，分别是狼(*Canis lupus*)、赤狐(*Vulpes vulpes*)、猞猁(*Lynx lynx*)；属于古北型的有 10 种，分别是普通鼩鼱(*Soriculus araneus*)、亚洲宽耳蝠(*Barbstella leucomelas*)、水獭(*Lutra lutra*)、黄鼬(*Mustela sibirica*)、野猪(*Sus scrofa*)、狍(*Capreolus capreolus*)、褐家鼠(*Rattus noryegicus*)、巢鼠(*Micromys minutus*)、花鼠(*Tamias sibiricus*)、中华蹶鼠(*Sicista concolor*)；属于东北—华北型的有 1 种，是大林姬鼠(*Apodemus peninsulae*)；属于中亚型的有 1 种，是兔狲(*Otocolobus manul*)；属于高地型的有 9 种，分别是马熊(*Ursus arctos pruinosus*)、高山麝(*Moschus sifanicus*)、岩羊(*Pseudois nayaur*)、松田鼠(*Pitymys irene*)、喜马拉雅旱獭(*Marmota himalayana*)、四川林跳鼠(*Eozapus setchuanus*)、狭颅鼠兔(*Ochotona Thomasi*)、间颅鼠兔(*O. cansus*)和灰尾兔(*Lepus oiostolus*)。上述 5 个分布型都属于北方兽类。南方种类有 4 种分布型，其中季风型有 2 种，分别是黑熊(*Selenarctos thibetanus*)和川西斑羚(*Naemorhedus goral*)；南中国型有 8 种，分别是长吻鼹(*Talpa longirostris*)、四川短尾鼩(*Anourosorex squamipes*)、鼬獾(*Melogale moschata*)、黄腹鼬(*Mustela kathiah*)、林麝(*Moschus berezovskii*)、毛冠鹿

(*Elaphodus cephalophus*)、高山姬鼠(*A. chevrieri*)和龙姬鼠(*A. draco*)；东洋型有16种，分别是金管鼻蝠(*Murina aurata*)、猕猴(*Macaca mulatta*)、豺(*Cuon alpinus*)、猪獾(*Arctonyx collaris*)、黄喉貂(*M. flavigula*)、果子狸(*Paguma larvata*)、豹猫(*Prionailurus bengalensis*)、金猫(*Catopuma temmincki*)、中华鬣羚(*Capricornis milneedwardsii*)、黄胸鼠(*Rattus flavipectus*)、社鼠(*Nivienter confucianus*)、小泡巨鼠(*Leopoldamys edwardsi*)、隐纹花鼠(*Tamiops swinhoei*)、豪猪(*Hystrix hodgsoni*)、红白鼯鼠(*Petaurista alborufus*)和中华竹鼠(*Rhizomys sinensis*)；喜马拉雅—横断山分布型11种，分别是川西长尾鼩(*Chodsigoa hypsibia*)、大长尾鼩(*Soriculus salenskii*)、印度长尾鼩(*C. leucops*)、川金丝猴(*Rhinopithecus roxellana*)、大熊猫(*Ailuropoda melanoleuca*)、扭角羚(*Budorcas taxicolor*)、大耳姬鼠(*A. latronum*)、川西白腹鼠(*Niviventer excelsior*)、甘肃绒鼠(*Eothenomys eva*)、复齿鼯鼠(*Trogopterus xanthipes*)、藏鼠兔(*O. thibetana*)。由此看来，保护区的兽类以东洋型为主，占26.23%，其次是喜马拉雅—横断山分布型，占18.0%；在北方种类中，高地型占14.75%，古北型占16.39%。

这一特点与保护区所处的地理位置及南北动物的演化有关。该保护区处于横断山系的东北段、岷山山系北坡。喜马拉雅—横段山分布型动物多是因为保护区属横断山的一部分；东洋型种类丰富主要是因为横断山系的山脉主要呈南北走向。在地质演化史上，该区没有发生大面积冰盖，生境变化没有北方剧烈，在第四纪中国大陆动物区系演化形成过程中，喜暖湿动物始终可以沿温暖的河谷到达该地区；高地型动物丰富主要与保护区植被垂直分异明显、高海拔地段气候寒冷适于耐寒动物生活有关；古北型动物丰富主要因为保护区处于“两界”分界线上，“两界”之间没有不可逾越的天然屏障。

14.2 兽类组成特点

14.2.1 分布广

保护区内的许多兽类分布很广，不仅在保护区，在其周围地区也有分布，主要表现在很多北方种类上，如刺猬(*Erinaceus amurensis*)、普通鼩鼱、狼、赤狐、马熊、水獭、黄鼬、兔狲、野猪、狍、大林姬鼠、褐家鼠、巢鼠等。有的种类的分布中心横贯欧亚大陆温带至寒温带，其南缘伸入我国，典型代表是刺猬和普通鼩鼱；而狼和赤狐主要分布于欧亚大陆北部，属于全北型，除我国台湾和海南之外广泛分布；马熊是青藏高原和横断山系的广布种，在保护区内有分布；水獭的分布区分为南方和北方两个区域，在北方横贯欧亚北部湿润地区，在南部延伸至东南亚热带、亚热带；黄鼬主要分布于北方，横贯西伯利亚，向南伸入我国季风区直至台湾，向西到达喜马拉雅山南麓；兔狲是典型的荒漠食肉动物，主要分布于蒙新区西部、柴达木、青藏高原的干旱环境，在保护区出现是分布区南扩及保护区本身有很多高海拔高山灌丛草甸生境的缘故；野猪从起源来看是典型北方兽类，但现在的分布区除青藏高原腹心地带、内蒙古、华北—黄淮平原较少外，在全国广泛分布；狍是欧亚大陆北部中温带至寒温带非密林地带的代表物种，在保护区出现是沿季风区南侵的结果；褐家鼠是典型的北方起源种类，现在的分布范围包括古北界、东洋界、新北界的部分地方，在我国广泛分布，南达海南和台湾；巢鼠是欧亚北部森林草原和草原的代表种，在我国沿东部季风区一直南伸至海南；大林姬鼠是典型的东北—华北种类，现在的分布区向西南到达横段山系，向北达蒙古、西伯利亚，向东达日本和朝鲜。由此可见，这些北方种类的分布区很广，总的趋势是分布区向南扩展的结果。另外有很多南方种类也是如此，如猕猴、黑熊、豹猫、金猫、川西斑羚等种类，其分布区大大北侵，有些种类到达了中温带北缘，如川西斑羚，在此不一一叙述。总之，保护区兽类的组成成分南北混杂的特点十分突出。

14.2.2 断裂分布

保护区的兽类有很多种类是属于断裂分布的，显示了保护区作为地质演化史上陆生脊椎动物避难所的作用。刺猬、普通鼩鼱、川金丝猴、水獭、大熊猫、四川林跳鼠、中华蹶鼠等都是间断分布的。刺猬是古北界成分，主要适应温带针阔叶混交林和阔叶林地带，分布区分为两片，为欧洲与东亚，被中亚干旱地区和针叶林地带分隔。在动物地理学中，刺猬一向被认为是在第四纪冰期中向南退缩，在冰后期未能恢复原来连续分布区的案例。刺猬在我国分布在季风区中北部，中温带是其分布北限，南限主要位于亚热带中部。普通鼩鼱的主要分布区横贯欧亚大陆温带至寒温带，其南缘伸入我国东北和新疆山地，而在横断山区及其附近又再度出现，形成一个间断分布区。川金丝猴的现代分布，主要限于北亚热带，西起横断山北部，在白水江地区进入甘南地区，东连秦岭南北坡，湖北神农架是它分布的东限。水獭一向被视为广布种，但实际上，它的分布区分北方与南方两大部分，北方横贯欧亚北部湿润地区，南部包括东亚热带。两者之间的中亚及西南亚干旱地区、青藏高原腹心的高寒区及华北半干旱与半湿润大部分地区，均没有水獭的分布。四川林跳鼠主要分布于横断山北段及其附近山地，最北至祁连山，最南至秦岭及六盘山地，是山地森林与草地的鼠类。它的同科动物，北美的林跳鼠与我国的间隔很远。这些种类都是间断分布的，其在保护区被发现说明了保护区的动物避难所地位。

14.2.3 渗透性

前文从动物区系组成角度阐述了保护区兽类成分的复杂性，其主要表现在古北界、东洋界动物都很丰富，各种分布型的兽类在区内共存。这些都是南北动物相互渗透的有力证据。从自然地理环境角度来看，我国三大自然地理区——季风区(湿润)、干旱区和高寒区在保护区一带交汇。保护区低海拔河谷地带是季风影响区、高海拔地段是高寒区，另外保护区紧靠若尔盖，受北部干旱气候影响也较大。因此，保护区内动物区系还呈现出三大自然地理区代表动物共存的现象。季风型动物是耐湿动物的典型代表；东洋型动物也都是喜温湿的动物；中亚型动物是西北干旱区耐旱动物的代表，在保护区也有分布；耐寒动物的代表则是高地型动物，在保护区内十分繁盛。因此，保护区兽类区系的渗透性还表现在三大自然区的代表种在保护区内共存。

14.2.4 残遗性

上述间断分布的动物都是残遗性的典型例证。这些动物呈间断分布，说明其栖息地在地质演化史上经历了重大事件而一度断裂为几片，且在后来的演化过程中没有重新连接起来。大熊猫的栖息地在更新世中期非常广泛，南达缅甸和越南、北达北京周口店、西到山西平陆，在中国20余省份都有分布，现在仅分布在岷江、嘉陵江、涪江的河源地带的高山峡谷中，是兽类残遗分布的典型例证；四川林跳鼠和北美同科动物也是大跨度间断分布的；川金丝猴三个亚种的分布区也是不连续的。这些动物都是保护区及其周边区域中的残遗分布兽类，充分显示了保护区及其周边区域作为很多动物避难所的特殊地位。残遗性的另一个重要特点表现在保护区有分布的动物大多数是大熊猫-剑齿象动物群的成员，如各种鼩鼱、牛科的大多数成员及很多食肉动物，因此白河自然保护区具有重要的保护价值。

14.3 兽类分布特点

14.3.1 水平分布

保护区面积较小，主要由青岩沟、下坪地、油坊沟、燕子垭及太平村附近的几条小沟组成。总体来看，兽类种类较多、种群数量较大的地方是南部青岩沟、下坪地、油坊沟和太平村附近的几条小沟。主要保护对象川金丝猴、大熊猫就分布于此；偶蹄类动物在上述几个地方很多，如扭角羚、中华鬣羚、川西斑羚、野猪等动物的粪便和活动痕迹在这些地方很易发现，尤以青岩沟最多；几种食肉动物，如黄喉貂、猪獾、果子狸、豹猫、金猫、黑熊及鼠类的红白鼯鼠、复齿鼯鼠、四川林跳鼠等也都主要分布于该区。岩羊主要分布于油坊沟与九寨沟交界的山梁；中华鬣羚在马家山最为集中；林麝在青岩沟、黑池(油房沟尾)最多；高山麝在青岩沟尾的山顶有分布；马熊在黑池有一定数量；黑熊主要在下坪地以南的山脊和青岩沟较丰富；金猫在青岩沟南部的山脊(当地称大岩房)被发现踪迹；豹(*Panthera pardus*)在青岩沟和油坊沟交汇处(当地称两河口)被发现过；赤狐在太平村东南的山脊(当地称王家山)被多次发现。在保护区很少发现豺和狼的踪迹，据说十几年前很多。保护区北部燕子垭沟的下段是干旱河谷的一部分，上段植被较好、兽类较多，下段偶蹄类兽类很少，仅发现黄鼬、豹猫等少数几种。

14.3.2 垂直分布

从海拔来看，在上坪地、下坪地、油坊沟等生境保存很好的区域，动物的分布并没有严格的海拔区分。但在高海拔的高山灌丛和高山裸岩区域由于植被和气候条件的显著差异，动物的群落结构明显不同。一般来讲，松田鼠主要分布在高山灌丛中；岩羊主要栖息于高山裸岩和流石滩；兔狲、猞猁主要在高山草甸和灌丛；高山麝、马熊、狍、灰尾兔等主要分布于高海拔地带。在燕子垭区域的低海拔地段人为活动频繁、耕作强度大、生境较差，动物种类少，只分布有几种鼠类，如社鼠、大耳姬鼠、高山姬鼠和几种食肉动物，这在前面已经述及。燕子垭沟的源头地带生境较好，其河谷地带和高海拔地段动物分布与上坪地、下坪地、油坊沟等地较一致，但没有大熊猫，川金丝猴也较少活动。

14.3.3　生态分布

保护区生态环境保存较好，生境多样性很高，有成片的落叶阔叶林、针阔混交林、针叶林、高山草甸、高山灌丛、流石滩、水域、裸岩等生境，还有小面积的干旱河谷地带。这些生境中，前三个生境类型动物较丰富，尤其是大熊猫、川金丝猴、猕猴、扭角羚、中华鬣羚、川西斑羚、野猪、毛冠鹿、黑熊、豹、豺、猪獾、鼬獾、果子狸、黄喉貂、豹猫、金猫等动物和多种鼠类等都主要分布于这三种生境中。在高山草甸、高山灌丛、干旱河谷地带分布的动物在前面已经叙述；在洞穴中有两种翼手类动物栖息，但为季节性，一般在 7 月底至 8 月初两种翼手类到达上坪地的一个洞穴中，10 月初向南迁飞；在水域生境中只有水獭栖息。在一些次生草甸上，野猪、猪獾、草兔等种类很多，很容易见到其活动痕迹。

14.4　珍稀濒危兽类

保护区分布的 65 种兽类中，有 18 种属于国家重点保护动物，占 27.7%。其中，有 6 种为国家Ⅰ级保护动物，分别是大熊猫、川金丝猴、扭角羚、豹、林麝、高山麝；12 种为国家Ⅱ级重点保护动物，包括猕猴、豺、黑熊、马熊、水獭、黄喉貂、金猫、兔狲、猞猁、岩羊、中华鬣羚、川西斑羚。

川金丝猴：我国特有兽类。体长为 0.52～0.78m，尾长为 0.57～0.8m，雄猴重 15～17kg，雌猴重 6.5～10kg。它的嘴唇厚而突出，鼻孔向上仰，成兽嘴角上方有很大的瘤状突起，幼兽不明显，面孔天蓝，犹似一只展翅欲飞的蓝色蝴蝶。川金丝猴头圆、耳短，尾较体稍长，四肢粗壮，后肢比前肢长。手掌与脚掌均为青黑色，指和趾甲为黑褐色。保护区内川金丝猴栖息于海拔 1800～3500m 一带针阔叶混交林和针叶林中。川金丝猴树栖，有时也下到地上。白天成群活动，夜间 3～5 只结成小群蹲在高大树上睡眠。川金丝猴随季节而垂直迁移，夏季在海拔 3000m 左右针叶林中，冬季下移到海拔 1800m 的阔叶林中。它们在树上或地面采食、嬉戏，在树上休息，以幼芽、嫩枝、叶、花序、树皮、果实、种子、竹笋、竹叶等为食。繁殖无季节性，发情高峰期多在 8～10 月，孕期为 193～203 天，第二年 3～5 月产仔，胎产 1 仔。川金丝猴被 IUCN 列为渐危种，被列入 CITES 附录Ⅰ。保护区内分布有川金丝猴约 1600 只，主要分布于下坪地、上坪地、油坊沟、青岩沟、大岩房、燕子垭沟等区域。

大熊猫：国家Ⅰ级重点保护动物，我国特产兽类。保护区的大熊猫属大熊猫岷山种群，75%以上分布于保护区的核心区域，主要在油坊沟、青岩沟、上坪地等区域的东北坡或西坡，靠近河流水源的地方，分布于海拔 2150～3120m 地段。大熊猫分布区域竹子盖度多在 75%以上，喜食华西箭竹等竹类的竹笋、叶。据全国第三次大熊猫调查，保护区内有大熊猫8只，基本上呈“岛屿状”分布。20世纪90年代初在保护区基本上没有发现大熊猫的活动痕迹，据保护区监测调查发现，1999年大熊猫重新回到保护区。保护区还位于岷山大熊猫A种群分布区的北界附近，北与岷山大熊猫C种群分布区毗邻，西与保护岷山大熊猫A种群的四川九寨沟自然保护区和四川勿角自然保护区相连，还处于四川贡杠岭自然保护区和四川王朗自然保护区之间，是岷山北段大熊猫等生物多样性保护网络的重要组成部分，对保障岷山北段大熊猫边缘种群的长期续存以及促进岷山大熊猫A、C种群之间的基因交流具有重要意义。近年来，保护区于20世纪80年代开花的大熊猫主食竹得到了基本恢复，成为2005年后岷山北段其他区域竹类开花后大熊猫的迁移之处和避难所。

豹：国家Ⅰ级重点保护动物，体形似虎，但明显较小，头小尾长，四肢短健。毛被黄色，满布黑色环斑。前足5趾，后足4趾，爪灰白色，能伸缩。豹生活于森林、灌丛、湿地、荒漠等多种生境里，但我国豹主要生活在山地林区，其巢穴多筑于浓密树丛、灌丛或岩洞中。豹营独居生活，常夜间活动，白天在树上或岩洞中休息，主要捕食有蹄类动物，在南方也捕食猴、兔、鼠类、鸟类和鱼类。豹于冬季和春季发情交配，孕期100d左右，4～5月产仔，每胎产2～4仔。幼兽2、3岁后性成熟，寿命约为20年。豹在保护区有分布，曾经在油坊沟口发现脚印。

扭角羚：国家Ⅰ级重点保护动物，又名“羚牛”。成兽体重300～600kg，全长2m左右。体型庞大粗重，四肢粗笨，肩高大于臀高，尾短，约为10～15cm。体为淡棕褐－灰褐，吻、背及臀有黑色斑驳，背中具灰黑色脊纹，鼻部大而裸露，喉具长毛，额具由上而后转向外的扭形角。四川羚牛出没于四川盆地向青藏高原过渡的海拔1500～4000m高山、亚高山森林、灌丛或草甸，有季节性迁移现象，但其主要栖息地是在海拔2000～3400m的针阔混交林或针叶林。豹多营群栖，集群数量变化很大，少则3～5头，一般为10～45头，在冬季常聚合成60～130头大的聚集群。春季主要在河谷以青草嫩枝叶等为食，夏秋逐渐上移以枝叶和高山草甸的籽实、草料为食，冬季主要以箭竹等高山竹类为食。羚牛和大多数偶蹄类一样，具有舔食盐碱以获得微量元素的习性。通常4岁性成熟，繁殖期在6～8月，孕期为8～9月，于次年3～5月产仔，一般产1仔，偶见2仔。在保护区分布广，痕迹见于2400～3100m海拔地带，在油坊沟、青岩沟，大岩房、燕子垭等地分布集中。

林麝：濒危(E)，国家Ⅰ级重点保护动物。体重7～9kg，成体毛色全身暗褐色，没有斑点，臀部毛色更深，颈下纹明显，耳背端毛色褐色，尾短，隐于毛丛中，不外裸露。林麝主要栖于针阔混交林，也适于在针叶林和郁闭度较差的阔叶林的生境中生活。栖息海拔可达2000～3800m，但低海拔环境也能生存，有较为稳定的家域，活动路线和排粪地点也相对固定，主要在晨昏活动，性孤独，除发情季节外，无论同性或异性都不在一起活动。采食种类繁多的灌木嫩叶。1.5岁性成熟，在四川，林麝于11～12月发情，最迟可延至1月。雌麝发情周期为15～25d，孕期176～183d，多数在6月产仔，每胎1～3仔，多为2仔。在海拔2450～2650m区域发现了许多粪便，尤其青岩沟的林麝粪便很多。

高山麝：国家Ⅰ级重点保护动物。体型较大，体重9～15kg，背毛棕褐色或淡黄褐色；前额、前顶及面颊褐色，略沾青灰色，颈纹黄白色，纹的轮廓不明显；头骨狭长，吻长大于颅全长之半，及泪、轭骨间缝长超过12mm。在四川西部，马麝栖于海拔3000～

4000m 的高山草甸，山地裸岩、冷杉林缘灌丛、杜鹃灌丛、靠山脊的灌丛或草丛等地。经访问，高山麝在保护区内有分布，主要分布在高山草甸。

猕猴：易危(V)，国家Ⅱ级重点保护动物。猕猴个体稍小，颜面瘦削，头顶没有向四周辐射的旋毛，额略突，肩毛较短，尾较长，约为体长之半，通常多灰黄色，不同地区和个体间体色往往有差异，有颊囊。四肢均具 5 指(趾)，有扁平的指甲。臀胝发达，肉红色。猕猴从低丘到 3000～4000m 高海拔、僻静有食的各种环境都有栖息，喜欢生活在石山的林灌地带，特别是那些岩石嶙峋、悬崖峭壁又夹杂着溪河沟谷、攀藤绿树的广阔地段。猕猴集群生活，猴群大小因栖息地环境优劣而有别。猕猴采食野果，贪婪嗜争，边采边丢，故对野果的利用率较低。一般于 11～12 月发情，次年 3～6 月产仔，孕期 160d 左右。雌猴 2.5～3 岁性成熟，雄猴 4～5 岁性成熟，但最早于 6～7 岁参与交配。在饲养条件下寿命长达 30 岁。在燕子垭沟有分布。

黑熊：易危(V)，国家Ⅱ级重点保护动物。毛被漆黑色，胸部具有白色或黄白色月牙形斑纹，头宽而圆，吻鼻部棕褐色或赭色，下颏白色；颈的两侧具丛状长毛，胸部毛短，一般短于 4cm；前足腕垫发达，与掌垫相连；前后足皆 5 趾，爪强而弯曲，不能伸缩。黑熊为林栖动物，主要栖息于阔叶林和针阔混交林中。杂食性，但以植物性食物为主，也吃鱼、蛙、鸟卵及小型兽类。黑熊发情交配在 6～8 月，孕期约 6.5～7 个月，约 12 月至次年 1～2 月产仔，每胎产 2 仔，也有 1 或 3 仔。寿命一般为 30 年。黑熊在保护区分布广，森林范围内都可发现其踪迹。

马熊：国家Ⅱ级重点保护野生动物。马熊也是食肉目熊科哺乳动物。身躯粗壮强健，体长约 2m，体重最大者接近 400kg。全身的毛比黑熊长，更能耐寒。毛色以棕褐色为主，故也称棕熊或褐熊。老年熊呈银灰色，幼年为棕黑色，颈部有一白色领环；胸毛长达 10cm。脚掌裸露，具厚实的足垫，但前足腕垫不如黑熊的宽大，与掌垫分开；胸前有一个比黑熊更大的白色月牙形斑，一直向背延伸到肩部；四肢通常是黑色，也有淡色的；爪的颜色随四肢色而变化，但多为淡色；它的两耳和四肢一般呈黑褐色。它们的栖息地比黑熊高，一般是在中高山的深山老林，而且多在针阔混交林或针叶林，甚至可栖息到山地荒漠草原，高山或高原灌丛草甸的阴坡。马熊没有固定的栖息场所，常单独活动，在保护区内曾经发现其活动痕迹。

金猫：国家Ⅱ级保护动物，为一种大型野猫，体重约 10kg，体长约 0.8m，尾长略大于头躯长的 1/2～2/3，尾均为二色，尾背似体色，尾腹浅白。金猫栖息于海拔 3000m 以下山地针叶林、针阔混交林和阔叶林及林缘较开阔的灌丛，常独居生活，夜行性，善于爬树，但多在地面活动，有领域性，活动范围为 2～4km。金猫主要以啮齿类和食虫类为食，也捕食地栖的鸟类、蜥蜴，据访问在保护区有分布。

兔狲：国家Ⅱ级保护动物。体长为 0.45～0.65 m，体重为 2.3～4.5kg，身体粗壮而短，耳短而宽，呈钝圆形，两耳距离较远，尾毛蓬松，显得格外肥胖。兔狲夜行性，但晨昏活动频繁，以旱獭、野禽及鼠类为食，视觉、听觉较为敏锐，栖息于海拔 3000～3800m 的裸露岩石区。兔狲发情交配多在 2 月，4～5 月产仔，胎产 3 或 4 仔。CITES 将其列入附录Ⅱ。仅资料记载其在保护区有分布，本次调查未发现。

猞猁：国家Ⅱ级重点保护动物。体长为 0.8～1.3m，体重为 18～38kg，栖息于海拔 3100m 以上的森林灌丛地带及山岩上，喜欢独居，擅于攀爬及游泳，耐饥性强，可在一处静卧几日，不畏严寒，喜欢捕杀狍子等大中型兽类。猞猁晨昏活动频繁，独栖，栖息于高山密林、灌丛草甸、荒漠，以野禽、松鼠、鼠兔和高原兔等为食，亦捕食小麂、藏原羚、鹿等大中型动物。1~2月发情，孕期为63~74d，胎产1~5仔。CITES将其列入附录Ⅱ。仅资料记载其在保护区有分布，本次调查未发现。

中华鬣羚：易危(V)，国家Ⅱ级重点保护动物。体型中等，体长为140cm。耳郭发达，耳长为16~17cm，眶下腺大而明显。雌雄均具角，横切面呈圆形，两角几平行并呈弧形向后延伸，角尖斜向下方。头后、颈背具长的鬣毛。中华鬣羚上体褐灰、灰白或黑色，腋下和鼠蹊部呈锈黄色或棕白色，四肢腿部外侧为黑灰锈色或栗棕色，尾色与上体色调相同。在青藏高原山区，中华鬣羚多栖于海拔2000~3000m的亚热带阔叶林及暖温带针阔混交林，夏季可活动在3700m的温带阴暗针叶林中，平时常在林间大树旁或巨岩下隐蔽和休息，以草类、树叶、菌类和松萝为食。中华鬣羚9月下旬至10月交配，次年5~6月产仔，每胎产1仔。在保护区有一定种群数量，见于海拔2500~2700m地带。

川西斑羚：易危(V)，国家Ⅱ级重点保护动物。体型较小，平均体长为100cm左右，肩高约510cm。颌下无须，具足腺，无鼠蹊腺。雌雄两性均具角，角长为128~150mm，横切面呈圆形，二角由头部向后上方斜向伸展，角尖略微下弯。上体棕褐或灰褐色；喉斑白色或棕白色；整个下体色调基本上与上体相似，但略淡而稍灰；鼠蹊部污白、棕白色；尾黑色。川西斑羚为典型的林栖兽类，栖息生境多样，从亚热带至北温带地区均有分布，可见于山地针叶林、山地针阔叶混交林和山地常绿阔叶林，常在密林间的陡峭崖坡出没，并在崖石旁、岩洞或丛竹间的小道上隐蔽。一般数只或十多只一起活动，其活动范围多不超过林线上限。冬季交配，次年夏季产仔，每胎产1仔，偶产2仔。川西斑羚在保护区内海拔2300~2800m地带有一定数量的分布。

岩羊：国家Ⅱ级重点保护动物。雄性体长为1~1.3m，雌性约1m；雄兽肩高为70~89cm，雌兽为70~75cm；雄兽尾长为14~19cm，雌兽为13~14cm。雄兽体重为50~74.5kg，雌兽为44.5~50kg。头形狭长，颌下无须，两性均具角。雄羊角粗大，大者长达60cm。两角基部很靠近，仅距一狭缝隙。角自头顶往上，然后向外弯曲，稍扭而角尖微向上方，两角尖间距大者可达68cm。角基粗壮，横切面呈棱形、圆形或三角形，表面光滑，唯内侧微现横嵴，角尖光滑。雌角细小而短，角形较直，微向后弯，角长约15cm，角尖距仅约11cm。冬毛深厚，毛基部为灰色，上段青灰，吻为白色。面颊灰白带黑色毛尖，耳内侧白色。从头至躯身背部为青灰色稍带棕，而部分毛尖还带黑色。尾背部为暗灰，至尾尖逐渐转为黑色。喉、胸黑褐色，向后延伸至前肢的前缘转为黑色条纹，直达蹄部，在体侧至后肢前缘达蹄，也有一条黑纹。前肢间腋下、腹部和两腿间鼠蹊部以及尾的腹侧为白色，四肢的内侧也是白色。雌羊面颊黑色较浅，喉和胸部黑褐色较狭。岩羊是典型的高寒动物，喜群居，常组成40~50只群体。清晨和黄昏觅食，以各种青草、灌丛枝叶为食。冬末春初发情，雄羊间有剧烈格斗。孕期约为5个月，每胎多产1仔，偶产2仔。栖息于高原、丘原和高山裸岩与山谷间的草地，无一定的居所。岩羊在保护区有一定的种群数量，见于海拔2800~3200m的草地和草甸。

黄喉貂：国家Ⅱ级重点保护动物。体形大小如小狐，是貂属中最大的种类。体长一般为50~70cm，尾长为40~50cm，体重为2~3kg。头部略呈三角形，耳短而圆，体躯细长，尾呈圆柱形，四肢短小，从喉部到前胸具有明显的黄橙色喉斑。黄喉貂栖息于山地、丘陵和河谷的各种林型的森林内，低至河谷林灌，高至海拔 3000m 的针叶林。它们的适应性很强，对栖息环境并无严格选择，常居住在树洞和石穴内。在保护区见于海拔 2300～3000m 的森林内。

水獭：国家Ⅱ级重点保护动物。水獭是半水栖的中型鼬科动物，体长为 50～80cm，尾长为 30～50cm，体重为 3～6kg。它们常活动于鱼类较多的江河、湖泊、水库等水域，尤其在水流缓慢、水草较少的河流和两岸林木繁茂、流水透明度较大的山溪活动频繁。水獭穴居，除哺乳雌獭定居外，一般都无固定的洞穴。洞穴多选择在河岸的岩石缝中或树根下，利用其他的旧洞稍加整理而成。洞口有多个，出入的洞口常在水面以下。洞道深浅不一，长的可达 20～30m，据访问其在保护区有分布。

14.5 中国特产兽类

白河自然保护区分布的 65 种兽类中，有 23 种是我国特有或主要分布在我国的兽类，约占 35.4%。其中：13 种是我国特有，包括长吻鼹、川西长尾鼩、川金丝猴、大熊猫、林麝、大耳姬鼠、高山姬鼠、甘肃绒鼠、岩松鼠(*Sciurotamias davidianus*)、复齿鼯鼠、狭颅鼠兔、四川林跳鼠、川西白腹鼠。而川西长尾鼩、大熊猫、川金丝猴、四川林跳鼠、川西白腹鼠是横断山系特有种，有很高的保护价值；10 种主要分布于我国的兽类是毛冠鹿、岩羊、中华鬣羚、扭角羚、大林姬鼠、松田鼠、喜马拉雅旱獭、中华蹶鼠、间颅鼠兔和灰尾兔。现将保护区内我国特有的兽类(前已述及的种类除外)分述如下。

川西长尾鼩：鼩鼱科，体长为 73～99mm，尾长为 60～80mm，栖息于海拔 1500～2100m 的灌丛，主要以蚯蚓、昆虫等为食，亦食植物种子。保护区内川西长尾鼩数量稀少，野外调查期间曾捕获实体。

长吻鼹：鼹科，栖息于海拔 2600m 以下的山地林缘草地和山地灌丛；营地下生活，以昆虫和蠕虫为食。

复齿鼯鼠：鼯鼠科，体长为 200～300mm，尾长为 260～270mm。复齿鼯鼠栖息于海拔 2200～3100m 的亚高山针叶林、针阔叶混交林及常绿阔叶林。仅访问到区内该种有分布，数量稀少。

川西白腹鼠：鼠科，中大型鼠类，头体长为 127～175mm，尾长为 190～213mm。腹面纯白色，尾尖端具 1/5～1/3 的白色区，栖息于海拔 2200～2900m 的林缘、灌丛。

四川林跳鼠：跳鼠科，小型跳鼠。体背为明亮的锈棕色，体背中央有一宽约 8mm 的纵走棕褐色区。腹面纯白。四足纯白色，后足长 26mm，适于跳跃，栖息于海拔 2200～3400m 的森林及林缘草地，为稀有种。

岩松鼠：松鼠科，地栖性松鼠，体长为 190～250mm，尾长为 125～200mm。其栖息于海拔 2600m 以下林下灌丛、竹林的石隙，以浆果、坚果和种子为食，为保护区内常见种。

松田鼠：仓鼠科，体长 80～108mm，尾长 22～40mm。其栖息于海拔 3000～4000m 的高山草地和灌丛。

灰尾兔：栖息于海拔 3000m 以上的高寒草原、灌丛中，穴居，以棘豆、苔草等高山植物为食。本次调查仅访问到灰尾兔在保护区有分布，但数量稀少。

大耳姬鼠：鼠科，中型鼠类。体长 92～107mm，耳较大，平均为 19.5mm。其栖息于海拔 2200～3500m 的林缘、灌丛。

高山姬鼠：鼠科，栖息于海拔 1000～2800m 的山地，特别是盆缘山地林缘、灌丛，以种子为食。高山姬鼠在保护区分布较多，如城外、正沟等地的高山柳灌丛、落叶阔叶林中。高山姬鼠为钩端螺旋体的寄主，可传播钩体病。

大林姬鼠：体形细长，约为 70～120mm，与黑线姬鼠相仿，尾长几乎与体等长，尾季节性稀疏，尾鳞裸露，尾环清晰。耳较大，向前拉可达眼部。前后足各有 6 个足垫。4 月份即可开始进行繁殖，6 月份为盛期。每胎产仔 4～9 只，一般每年可繁殖 2 或 3 代。种群数量的波动非常明显，一般 4～6 月份为数量上升期，7～9 月份为数量高峰持续期，10 月份又开始下降。大林姬鼠主要栖息于针阔混交林和阔叶疏林、杨桦林及农田中，一般做巢于地面枯枝落叶层下，冬季可以活动于雪被下，主要以夜晚活动为主。

甘肃绒鼠：棕褐色小型鼠类。体形粗壮，体重为 25g 左右，体长为 90mm。尾较长，其长度约为 50mm，占体长之 55%以上。甘肃绒鼠为地下生活型，眼小，耳圆形。体背自吻端至尾基部毛色棕褐；耳淡棕色；体腹面灰褐沾黄，毛基深灰而尖端沙黄；尾呈明显双色，尾上面黑、下面灰白色；足背灰白，体色因年龄、生境和季节不同有很大变化，从黑褐到棕红。其栖息于海拔 2500m 的潮湿森林草甸草原，夜间活动。穴居，洞道简单。甘肃绒鼠以植物绿色部分为食，亦啃食树皮。

狭颅鼠兔：体型中等，较藏鼠兔小，体长为 140mm 左右；耳长为 16mm 左右，后足长约 24mm。夏毛背部毛色呈暗黄褐色；体侧毛淡黄沾污；喉淡棕色；腹毛污白黄色，毛基灰黑色；腹及胸部中央有一条深黄色纵纹；冬毛背部为鼠灰色。其栖息于海拔 4000m 的高山草甸草原、灌丛及亚高山针叶林带林缘草地，洞道复杂，洞群密集，以草为食，不冬眠。

间颅鼠兔：体型比藏鼠兔小，体长为 135mm 左右，耳较小、长约 20mm。前足五指，爪粗长，后足四趾，爪细长。其栖息于海拔 2200～4000m 的高山草甸灌丛、山地针阔叶混交林带的林缘草地，穴居于树根、草丛农田田埂及乱石堆中。

中华蹶鼠：我国特有种，仅分布于青海、甘肃、四川、云南和陕西极少数地区。其栖息于海拔 3000～4000m 的针阔叶混交的草丛中，多夜间活动，善攀援。中华蹶鼠以植物的茎、叶、嫩芽和种子等为食，亦吃昆虫。每年繁殖 1 胎，产 3～6 仔。

喜马拉雅旱獭：一种大型地栖型啮齿动物。身体长大而肥壮，体长为 50～60cm，尾长为 10～12cm，体重为 3.5～9kg。头部短而阔，粗壮结实，略呈方形。它的上唇开裂，上门齿微向前方突出。颈部又粗又短，耳朵短小，仅存皮褶。乳头有 5 对。尾短而稍扁平。四肢短而粗壮，前足 4 趾，趾端具发达的爪，适于掘土筑巢，后足有 5 趾。其栖息于海拔 2500～5200m 的高山草甸草原、高山草原山地的阳坡、山助、斜坡、阶地、谷地、山麓平原等环境。

第 15 章　白河自然保护区的川金丝猴

15.1　川金丝猴的系统地位

川金丝猴(*Rhinopithecus roxellana*)，又名金仰鼻猴、金绒猴；俗称线子、长尾子、线绒、马绒；古籍中，战国时屈原《九歌·山鬼》称狖，战国末期《尔雅》和西汉司马相如《上林赋》称蜼，唐《本草学字》、宋《盖都方物记》和《埤雅》等称狨(全国强等，2002)。

法国传教士 David 于 1869 年在四川宝兴获得 6 只川金丝猴的标本。根据这些猴子标本的特征，1870 年动物学家 Milne-Edwards 用 11 世纪十字军司令翘鼻金发的夫人洛克安娜(Roxellana)的名字来为它命名。由此，这种猴子正式命名为 *Rhinopithecus roxellana*，有人译为洛克安娜猴。

川金丝猴体形比猕猴大，雄猴体长 52～78cm，尾长 59～80cm；雌猴体长 50～52cm，尾长 48～58cm。一般体重为 8～19kg。川金丝猴嘴唇厚而突出，鼻孔向上仰，成兽嘴角上方有很大的瘤状突起，幼兽不明显。面孔天蓝，犹似一只展翅欲飞的蓝色蝴蝶。头圆、耳短、尾较体稍长，四肢粗壮，后肢比前肢长。手掌与脚掌均为深褐色，指和趾甲为黑褐色。雄猴两颊、额部及头顶四周为棕红色，眉脊处有稀疏的黑色眉毛，长约 3cm。两耳丛毛为乳黄色。头顶有黑褐色的冠状直立向上约 4cm 深的长毛。枕部及颈背部为黑色。背部的绒毛为褐色，长约 5cm，并披有细密金色的长毛，最长可达 42cm，稀疏地分布到肘关节，从背部直至尾的上部均有，但愈往下愈短。颈侧棕红色。颏部和喉部为红黄色，胸腹部为黄色。四肢外侧为灰褐色，前肢内侧为乳黄色，后肢内侧及脚背为红色。臀部和大腿的上部为黄白色。尾毛黑褐色，尾尖白色。雌猴毛色较雄体浅淡。头顶冠状毛较少，长度也短。两颊、颈侧、颏部及喉部的毛色浅于雄猴，呈棕黄色。背部绒毛及尾毛为灰褐色。初生幼猴重约 500g，全身毛色各异，脸蛋浅蓝色，头部乳黄色，背部及四肢外侧为灰褐色，胸腹部及四肢内侧为乳黄色，尾毛灰褐色。1 岁以后冠状毛逐渐增多，眉脊处也开始长出黑色的眉毛，枕部逐渐变为黑褐色，颈侧开始变为棕黄色。两岁以后，全身毛色变为金黄，头顶及背部绒毛褐色。吻部不断突出，鼻孔逐渐向上仰，面颊变成天蓝色(彭燕章 等，1988；胡锦矗，1998)。

川金丝猴属于灵长目(Primates)猴科(Cercopithecidae)疣猴亚科(Colobinae)仰鼻猴属(*Rhinopithecus*)。自从川金丝猴被发现和命名以后，关于川金丝猴的属、种的划分就存在不同的观点。一些学者认为仰鼻猴属应归于白臀叶猴属(*Pygathrix*)的一个亚属(*Rhinopithecus*)(Groves，1970)。其他一些学者则赞同其为一个独立的属(*Rhinopithecus*)(Jablonski，1993，1998)。Jablonski(1998)通过对其解剖学的仔细研究，建议将仰鼻猴属分为中国仰鼻猴亚属(*Rhinopithecus*)和越南仰鼻猴亚属(*Presbytiscus*)。

目前，大多数学者认为仰鼻猴属是一个独立的属。

目前，世界上共有5种仰鼻猴，其中：3种仅分布于中国，包括川金丝猴、滇金丝猴(*R. bieti*)和黔金丝猴(*R. brelichi*)；1种分布于越南北部山地，即东京金丝猴(*R. avunculus*)；2010年在缅甸东北和中国云南怒江发现了一种新的仰鼻猴，即怒江金丝猴(*R. Strykeri*)。一直以来，关于仰鼻猴属的种数是分类学上争论的焦点。分布于越南的东京金丝猴作为一个独立的种已为大多数的学者所接受(Jablonski，1998)。分歧最大的是生活在中国的三种金丝猴，一些学者认为应分为3个独立的种，即川金丝猴、滇金丝猴和黔金丝猴(彭燕章 等，1988)。一些学者认为应分为两个种即川金丝猴和黔金丝猴，而川金丝猴又包括两个亚种，指名亚种(*R. roxellana roxellana*)和滇金丝猴亚种(*R. roxellana bieti*)(Groves，1970)。一些学者则认为滇金丝猴和川金丝猴是两个独立的种，而黔金丝猴是川金丝猴的一个亚种。另外，一些学者认为中国产的仰鼻猴只有一种，即川金丝猴(*R. roxellana*)，该种又包括川金丝猴指名亚种(*R. r. roxellana*)、滇金丝猴亚种(*R. r. bieti*)、黔金丝猴亚种(*R. r. brelichi*)(Napier et al.，1967)。

15.2 川金丝猴的分布和数量

川金丝猴主要分布于四川西部山地、甘肃南部、陕西秦岭以及湖北的神农架林区，数量约为14000只(Li et al.，2002)。四川大约有10000只，秦岭约有3800~4000只，神农架可能只有600只左右(Li et al.，2002)。然而，国家林业局2009年的数据表明，四川的川金丝猴数量仅有约5500只。

四川省川金丝猴主要分布于岷山、邛崃山等山系。其中，卧龙自然保护区约有1700只(胡锦矗 等，1980)；白河自然保护区约有1000只(顾海军 等，1998)。另据记载，九寨沟、松潘、黑水、平武、青川、北川、茂县、汶川、绵竹、大邑、什邡、都江堰、泸定、天全、芦山、宝兴等均有川金丝猴的分布。目前为止，这些地区的川金丝猴资源与分布仍未有详细的报道(全国强 等，2002)。

15.3 白河自然保护区川金丝猴分布与保护地位

白河自然保护区是目前所知的川金丝猴种群最大、密度最高、最具代表性的保护区。现有资料表明，世界上约1/10的川金丝猴种群生活在该保护区内。

白河自然保护区在植被分区上属于亚热带常绿阔叶林区、川西高山峡谷针叶林地带、川西高山峡谷针叶林亚带、川西高山峡谷植被地区、白龙江上游植被小区。保护区内的植物垂直带谱较为明显。研究发现，保护区内川金丝猴几乎分布于上述所有地区，有时其活动范围可以达到林线以上海拔4100m的裸岩地带。2013年，根据白河川金丝猴数量和分布的历史资料，采用随机样线法，结合猴群迁移特点，通过猴群活动痕迹和直接计数，发现目前白河自然保护区分布着7个川金丝猴的自然种群，数量约为1600只，它们主要分布在下坪地、油坊沟、青岩沟、燕子垭沟、童家山群等地(表15.1)，这7个猴群的70%以上都分布在保护区的核心区，均能得到有效保护。保护区川金丝猴及其栖息地分布示意图见附图7。

表 15.1　四川白河自然保护区川金丝猴的种群分布和数量

序号	种群名称	经纬度	海拔/m	数量(估计)/只
1	下坪地群	N 33°13′54″, E 104°7′36″	2256	300
2	张家山群	N 33°15′30″, E 104°11′28″	2667	280
3	芝麻沟群	N 33°17′48″, E 104°7′57″	2770	100
4	油坊沟群	N 33°14′43″, E 104°5′23″	2561	260
5	燕子垭群	N 33°18′30″, E 104°6′30″	2193	190
6	童家山群	N 33°19′37″, E 104°4′19″	2804	210
7	二道桥群	N 33°19′39″, E 104°2′16″	2230	260
总计				1600

15.4　白河自然保护区川金丝猴的社会结构

金丝猴属的灵长类动物是世界上现存叶猴类中分布最北界的一类物种(Li et al.，2002)，主要栖息于海拔 1500m 以上的针阔混交林和针叶林山地(Bleischw et al.，1993；Kirkpartrick et al.，1998；Guo et al.，2007)。它们的社群大小不等，可由 50～480 只个体组成(顾海军 等，1998；Li et al.，2010)。解文治等(1989)曾经报道川金丝猴群内包含多个类似一雄多雌家庭(one male unit，OMU)的小社会单元，因此有学者很早就猜测川金丝猴的社群是建立在 OMU 基础之上的一雄多雌制重层社会群体(Ren et al.，1998)。近年来随着研究条件的改善，对金丝猴社会组织结构的研究也日渐深入。Kirkpartrick 等(1998)报道云南白马雪山自然保护区的滇金丝猴社群是由多个一雄多雌单元和一个全雄单元(all male unit，AMU)聚集而成的多水平社会结构，社群由 15～18 个 OMU 组成，这些 OMU 分别组成数个分队(band)，并且分队之间存在季节性的分离与聚合。川金丝猴的 OMU 内也是严格只有 1 只成年雄性存在，有 2～8 只成年雌性与它们的后代，但不同种群 OMU 的大小存在变化(张鹏 等，2003)。

经调查，白河自然保护区内的川金丝猴群在社群结构方面也分为两个层次。群内最基本的单元为一雄多雌家庭单元(OMU)和全雄单元(AMU)。一雄多雌家庭单元通常由一只成年公猴、几只成年母猴和一些亚成体及幼猴组成。全雄单元则由一些成年雄性、一些亚成年雄性和少数少年雄性个体组成。多个一雄多雌家庭单元和全雄单元组成一个大的自然种群在一起活动。有时，也能看到一只单独的大公猴离猴群很远活动。

15.5　白河自然保护区川金丝猴群的“分离-聚合”行为

“分离-聚合”行为是叶猴类较为普遍的一种现象(Kirkpartrick，1996)。“分离-聚合”的时间和地点具有一定的规律性。群居灵长类动物的社群大小受食物资源状况、气候条件、地形因素以及人为干扰等影响，表现出不同程度的“分离-聚合”行为(Kirkpartrick，1996；Ren et al.，2012)。Ren 等(2012)报道，云南白马雪山自然保护区滇金丝猴群的“分离-聚合”行为明显受食物资源时空变化的影响。调查发现，白河自然保护区内的川金丝猴群也表现出明显的“分离-聚合”现象。食物资源匮乏的冬季，一个大的川金丝猴群有时会分成两个或两个以上的小猴群独自活动。一段时间以后，这些分离的猴群又会聚合在一起形成大群。另外一些研究表明，卧龙自然保护区的川金丝猴、贵州梵净山的黔金丝猴也有类似的“分离-聚合”现象(胡锦矗 等，1980；Bleisch et al.，1993)。

15.6 白河自然保护区川金丝猴的食性

川金丝猴属于疣猴亚科灵长类动物，主要取食植物叶、芽、茎、果实。任宝平等(2010)通过对陕西周至川金丝猴猴群食谱的长期记录，并汇集国内对四川、甘肃、湖北川金丝猴食性研究结果，总结了各个川金丝猴地理种群的地域性食谱，共计 136 种植物，隶属 35 科。由于不同地区地理条件和植被类型不同，取食植物种类略有差异。如岷山山系东部唐家河自然保护区内的川金丝猴不取食松萝，而其他自然保护区内松萝是川金丝猴一年四季的主要食物，尤其在冬季，松萝对川金丝猴的食物贡献很大。秋季是川金丝猴食物最为旺盛的季节，而冬、春两季由于气候影响，川金丝猴的食物资源非常匮乏。冬、春两季，川金丝猴主要取食松萝、待发芽植物的芽孢、嫩皮等。任宝平等(2010)研究表明，陕西和湖北的猴群在食谱组成上较为相近，但四川、甘肃的猴群与前两个地区猴群的食谱组成差异极大。

调查发现，白河自然保护区的川金丝猴共取食 33 科 113 种植物(表 15.2)。这些食物种类包括乔木、灌木、藤本、草本、寄生植物。另外，保护区内的川金丝猴不同季节的食物组成各不相同，夏季取食一些大型真菌；春季，主要取食针叶树和一些高大乔木上寄生的松萝，同时取食一些乔木的嫩叶；冬季主要食物为松萝，也采食一些乔木如稠李、花楸、槭树、桦木等的叶芽；秋季食物最为丰富，主要取食蔷薇科、卫矛科、葡萄科、忍冬科植物的果实或种子。白河自然保护区内的川金丝猴也表现出对食物的明显偏好，一些植物如花楸、稠李、猕猴桃、椴树、荚蒾，猴群全年都会取食它们的不同部位。

表 15.2 白河自然保护区川金丝猴的食谱

科	植物名称	拉丁文	取食部位	春	夏	秋	冬
	华山松	*Pinus armandi*	果实			+++	
	岷江冷杉	*Abies faxoniana*	嫩皮				++
	巴山冷杉	*fargesii*	嫩皮				++
	麦吊云杉	*Picea braachytyla*	嫩皮、嫩果		+++		++
松科 (Pinaceae)	红豆杉科	Taxaceae					
	红豆杉	*Taxus chinensis*	果实			+++	
	胡桃科	Juglandaceae					
	华西枫杨	*Pterocarya insignis*	嫩叶、叶柄	++	++		
	甘肃枫杨	*P. macroptera*	嫩叶、叶柄	++	++		
	枫杨	*P. stenoptera*	嫩叶、叶柄	++	++		

续表

科	植物名称	拉丁文	取食部位	春	夏	秋	冬
杨柳科 (Salicaceae)	山杨	*P. davidiana*	嫩叶、花	++			
桦木科 (Betulaceae)	红桦	*Betula albosinensis*	嫩叶、芽、皮	++			+++
	糙皮桦	*B. utilis*	嫩叶、芽、皮	++			+++
	白桦	*B. platyphylla*	嫩叶、芽、皮	++			+++
	虎榛子	*Ostryopsis davidiana*	果实			+++	
	刺榛	*Corylus ferox*	花、芽、种子		+++	+++	
	华榛	*C. chinensis*	花、芽		+++	+++	
壳斗科 Fagaceae	水青冈	*Fagus longipetiolata*	坚果			+++	+++
	锐齿槲栎	*Quercus aliena* var. *acutesenate*	坚果			+++	+++
	辽东栎	*Q. liaotungensis*	皮、坚果			+++	+++
桑科 (Moraceae)	桑	*Morus alba*	嫩叶、叶	++	++		
	地瓜藤	*Ficus tikoua*	果实		++		
荨麻科 (Urticaceae)	楼梯草	*Elatostema involucratum*	茎、叶、花		+++	+++	
	钝叶楼梯草	*E. obtusum*	茎、叶、花		+++	+++	
	异叶楼梯草	*E. monandrum*	茎、叶、花		+++	+++	
	少花冷水花	*Pilea pauciflora*	茎、叶、花		+++	+++	
	大叶冷水花	*P. martini*	茎、叶、花		+++	+++	
	透茎冷水花	*P. mongolica*	茎、叶、花		+++	+++	
	齿叶冷水花	*P. peploides*	茎、叶、花		+++	+++	
	翅茎冷水花	*P. subcoriacea*	茎、叶、花		+++	+++	
桑寄生科 (Loranthaceae)	槲寄生	*Viscum coloratum*	果实			+++	
五味子科 (Schisandraceae)	南五味子	*Kadsura longipedunculata*	叶、果实		++	+++	
	红花五味子	*S. rubriflora*	叶、果实		++	+++	
	华中五味子	*S. sphenanthera*	叶、果实		++	+++	
毛茛科 (Ranunculaceae)	小木通	*Clematis armandii*	花		++		
	绣球藤	*C. montana*	花		+++		
猕猴桃科 (Actinidiaceae)	紫果猕猴桃	*Actinidia pupurea*	果实			+++	
	狗枣猕猴桃	*A. kolomikta*	果实			+++	
	四萼猕猴桃	*A. tetramera*	果实			+++	
	海棠猕猴桃	*A. maloides*	果实			+++	

续表

科	植物名称	拉丁文	取食部位	春	夏	秋	冬
绣球花科 (Hydrangeaceae)	球花叟疏	*Deutzia discolor*	树皮、叶、芽、花	+++	+++	+++	+++
	平武叟疏	*D. longifolia*	树皮、叶、芽、花	+++	+++	+++	+++
	四川叟疏	*D. sethuenensis*	树皮、叶、芽、花	+++	+++	+++	+++
	西南绣球	*Hydrangea davidii*	叶、花	+++	+++		
	长柄绣球	*H. longipes*	叶、花	+++	+++		
	毛萼山梅花	*Philadelphus dasycalyx*	叶、花	+++	+++		
	紫鄂山梅花	*P. purpurascens*	叶、花	+++	+++		
蔷薇科 (Rosaceae)	四川栒子	*Cotoneaster ambiguus*	果实			+++	
	甘肃山楂	*Crataegus kansuensis*	果实			+++	
	蛇莓	*Duchesnea indica*	果实		+++		
	东方草莓	*Fragaria orientalis*	果实		+++		
	西南野草莓	*F. moupinensis*	果实		+++		
	黄毛草莓	*F. milgerrensis*	果实		+++		
	假稠李	*Maddenia hypoleuca*	嫩叶、果实	+++		+++	
	短柄稠李	*Prunus brachypoda*	嫩叶、果实	+++		+++	
	锥腺樱桃	*P. conadenia*	果实			+++	
	多毛樱桃	*P. polytricha*	嫩叶、果实	+++	+++		
	毛樱桃	*P. tomentosa*	嫩叶、果实	+++	+++		
	西南樱桃	*P. pilosiuscula*	嫩叶、果实	+++	+++		
	川西樱桃	*P. trichostoma*	嫩叶、果实	+++	+++		
	多腺悬钩子	*R. phoenicolasius*	果实			+++	
	刺悬钩子	*R. pungens*	果实			+++	
	黄果悬钩子	*R. xanthocqrpus*	果实			+++	
	西康花楸	*Sorbus prattii*	芽、嫩叶、果实	+++		+++	+++
	湖北花楸	*S. hupehensis*	芽、嫩叶、果实	+++		+++	+++
	石灰花楸	*S. folgneri*	芽、嫩叶、果实	+++		+++	+++
	太白花楸	*S. tapashana*	芽、嫩叶、果实	+++		+++	+++
	华西花楸	*S. wilsoniana*	芽、嫩叶、果实	+++		+++	+++
	四川花楸	*S. setschwanensis*	芽、嫩叶、果实	+++		+++	+++
	陕甘花楸	*S. koehneana*	芽、嫩叶、果实	+++		+++	+++
	川梨	*Pyrus pashia*	芽、嫩叶、果实	+++		+++	+++
	麻梨	*P. serrulata*	芽、嫩叶、果实	+++		+++	+++
漆树科 (Anacardiaceae)	漆树	*Toxicodendron wernicifluum*	果实				++

续表

科	植物名称	拉丁文	取食部位	春	夏	秋	冬
槭树科 (Aceraceae)	川滇长尾槭	*A. caudatum*	嫩叶、花、树皮	+++			+++
	疏花槭	*A. laxiflorum*	嫩叶、花、树皮	+++			+++
	青榨槭	*A. davidii*	嫩叶、花、树皮	+++			+++
	五裂槭	*A. oliverianum*	嫩叶、花、树皮	+++			+++
凤仙花科 (Balsaminaceae)	凤仙花	*Impatiens balsamina*	全株		+++	+++	
	黄风仙	*I. siculifer*	全株		+++	+++	
卫矛科 (Celastraceae)	四川卫矛	*Euonymus szechuanensis*	果实			+++	
	紫花卫矛	*E. Porphyreus*	果实			+++	
	裂果卫矛	*E. dielsianus*	果实			+++	
鼠李科 (Rhamnaceae)	勾儿茶	*Berchemia sinica*	嫩叶、花	++	++		
	云南勾儿茶	*B. yunnanensis*	嫩叶、花	++	++		
葡萄科 (Vitaceae)	桦叶葡萄	*Vitis betulifolia*	叶、果实	+++	+++	+++	
	毛葡萄	*V. quinquangularis*	叶、果实	+++	+++	+++	
椴树科 (Tiliaceae)	华椴	*Tilia chinensis*	树皮、叶、芽、花、果实	+++	+++	+++	+++
	多毛椴	*T. intonsa*	树皮、叶、芽、花、果实	++	++	++	++
胡颓子科 (Elaeagnaceae)	牛奶子	*Elaeagnus angustata*	果实			+++	
山茱萸科 (Cornaceae)	四川青荚叶	*Helwingia szechuanensis*	叶、花、果实	+++	+++	+++	
	青荚叶	*H. japonica*	叶、花、果实	+++	+++	+++	
五加科 (Araliaceae)	吴茱萸五加	*Acanthopanax evodiaefolius*	芽、叶、花、果实	+++	+++	+++	+++
	楤木	*A. chinensis*	芽苞	++			++
	常春藤	*Hedera nepalensis* var. *sinensis*	果实		++		
樟科 (Lauraceae)	高山木姜子	*Lindera chunii*	芽、嫩叶	+++			
	三桠乌药	*Lindera obtusiloba*	花、皮	+++			+++
胡桃科 Juglandaceae	化香树	*Platycarya strobilacea*	叶、芽	++			
	华西枫杨	*Pterocarya insignis*	叶、芽、叶柄	++	++		
	甘肃枫杨	*P. macroptera*	叶、芽、叶柄	++	++		
	枫杨	*P. stenoptera*	叶、芽、叶柄	++	++		
杜鹃花科 (Ericaceae)	山光杜鹃	*Rhododendron oreodoxa*	花、嫩叶	++			
木樨科 (Oleaceae)	秦岭白蜡树	*Fraxinus chinensis*	嫩叶、果实	++		++	++
列当科 (Orobanchaceae)	丁座草	*Xylanche himalaica*	块茎	+			++

续表

科	植物名称	拉丁文	取食部位	春	夏	秋	冬
忍冬科 (Caprifoliaceae)	淡红忍冬	*Lonicera acuminata*	叶、花	+++	+++		
	刚毛忍冬	*L. hispida*	叶	++			
	桦叶荚蒾	*Viburnum betulifolium*	果实			+++	
	陕西荚蒾	*V. schensianum*	果实			+++	
	樟叶荚蒾	*V. cinnamomifolium*	果实			+++	
	淡红荚蒾	*V. erubescens*	果实			+++	
菊科 (Compositae)	大蓟	*Cirsium japonicum*	茎				+
	千里光	*Saussurea scandens*	全株		+++		
百合科 (Liliaceae)	韭	*Allium* sp.	全株		+		
	卷叶黄精	*Palygonatum cirrhifolium*	果实		+		
	菝葜	*Smilax* sp.	果实		+		
松萝科 (Useneaceae)	长松萝	*Usnea longissima*	全株	+++	++	++	+++
	真菌类	Fungus			++		

注：+++代表川金丝猴喜好的食物；++代表川金丝猴一般情况下采食的食物，对食物并未表现出特别的偏好；+代表川金丝猴偶尔采食的食物。

15.7 白河自然保护区川金丝猴的生境选择

野生动物的生境选择策略，直接关系其生存和繁衍(Li et al.，2008)。了解高度濒危灵长类动物的生境选择，有利于这些物种的保护和管理。生活在高海拔地带的川金丝猴，必须面对栖息地资源的相对匮乏性。研究表明，甘肃南部川金丝猴主要生活在低山与海拔为1600～3000m的阔叶林和针阔混交林的生态环境中，几乎未见其在针叶林内活动(王应祥 等，1999)；秦岭地区的川金丝猴常年栖息于海拔1500～3500m的针阔混交林和针叶林中(任宝平 等，2000)。不同川金丝猴地理种群，由于地理条件、植被类型的不同，其生境利用模式也不一样。川金丝猴一般生活于落叶阔叶林、针阔叶混交林、针叶林等植被类型中，随季节变化，会表现出一定程度的海拔垂直迁移特性(任宝平 等，2010；郑维超 等，2012)。

川金丝猴除对植被类型有选择外，对活动区域的坡向、坡位、人为干扰等都会表现出不同的偏好。不同的坡向由于接受光照强度的不同，植被类型也有一定的差异，在不同季节中，川金丝猴为取食不同的食物，选择不同坡向地域活动。坡位太高，由于气候恶劣，植物生长受限，川金丝猴也不喜欢去活动，但是低坡位地区又是人类活动经常能够到达的地区，那里的植被更容易遭到人类的破坏，也不是川金丝猴最理想的活动区域(郑维超 等，2012)。

在保护区内，我们通过跟踪下坪地川金丝猴群，依据其活动位点设置植物样方，并对样方的植被类型、乔木的胸径、郁闭度、高度、海拔、坡向及人为干扰等进行了测定。采用Vanderloeg选择系数W_i和Scavia选择指数E_i衡量川金丝猴对栖息地的喜好程度(即生境选择特征)，计算方法(黎大勇 等，2006)如下：

$$W_i = \frac{r_i / p_i}{\sum r_i / p_i} \qquad E_i = \frac{W_i - 1/n}{W_i + 1/n}$$

式中，W_i 为选择系数，E_i 为选择指数，i 为特征值，n 为特征值总数，p_i 为环境中具 i 特征的样方数，r_i 为川金丝猴选择的具有 i 特征的样方数。E_i 为−1~1。$-1<E_i<0$ 表示不喜欢(用 NP 表示)，$E_i=-1$ 表示不选择(用 N 表示)，$0<E_i<1$ 表示喜欢(用 P 表示)，$E_i=1$(用 SP 表示)表示特别喜欢，$E_i=0$ 表示随机选择(用 R 表示)。

调查发现，白河自然保护区川金丝猴全年对海拔、生境类型、乔木密度、乔木胸径、坡向、干扰、郁闭度都有一定选择偏好，表现在对乔木密度为 5~10 棵/m^2、乔木平均胸径为 16~30cm、平均高度为 16~25m、郁闭度为 25%~75%的针阔混交林和落叶阔叶林喜欢，很少在完全的针叶林中活动。对坡向的选择表现出随机选择，尽量远离人为干扰的区域(表 15.3)。通过对不同季节川金丝猴生境选择的比较，发现其在某些生态因子上表现出强烈的季节性差异：春季，川金丝猴不选择针叶林，喜欢针阔混交林，对落叶阔叶林表现随机选择。对坡向的选择有明显的偏好，喜欢在西向坡、东北向坡，对东南坡向随机选择；秋季，乔木平均密度、乔木平均胸径和林型与春季相似，但乔木平均高度的选择比较集中，为 16~25m，坡向选择更喜欢在北向坡、东向坡，对东北向坡随机选择。但是郁闭度选择集中为 26%~50%；冬季猴群喜欢乔木密度相对较密、平均高度为 16~25m 的落叶阔叶林，对坡向没有明显的偏好，郁闭度一般选择 26%~75%。

表 15.3　白河自然保护区全年川金丝猴对生境的选择

项目	i	P_i	W_i	E_i	生境选择	项目	i	P_i	W_i	E_i	生境选择
乔木密度	<20	16	0.06	0.88	P	坡向	东	32	0.12	0.94	P
	20~40	61	0.23	0.97	P		东南	15	0.06	0.88	P
	>40	183	0.70	0.99	SP		南	18	0.07	0.89	P
植被类型	针叶林	15	0.06	0.88	P		西南	25	0.10	0.92	P
	落叶阔叶林	61	0.23	0.97	P		西	41	0.16	0.95	SP
	针阔混交林	184	0.71	0.99	SP		西北	19	0.07	0.90	P
乔木高度	<15	42	0.16	0.95	P		北	50	0.19	0.96	SP
	16~25	212	0.82	0.99	SP		东北	52	0.20	0.96	SP
	>25	6	0.02	0.71	P	乔木胸径	<15	73	0.28	0.97	SP
人为干扰	无干扰区	193	0.74	0.99	SP		16~30	167	0.64	0.99	SP
	轻干扰区	50	0.19	0.96	SP		30~45	19	0.07	0.90	P
	强干扰区	13	0.05	0.86	P		>45	1	0.00	0.00	NP
海拔	<2300	5	0.02	0.67	P	郁闭度	<25	10	0.04	0.82	P
	2301~2600	126	0.48	0.98	SP		26~50	161	0.62	0.99	SP
	2601~2900	119	0.46	0.98	SP		51~75	84	0.32	0.98	SP
	>2901	10	0.04	0.82	P		>75	5	0.02	0.67	P

注：i 为特征值；p_i 是环境中具有 i 特征的样方数；W_i 为选择系数；E_i 为选择指数；P 表示喜欢；N 表示不选择；R 表示随机选择；NP 表示回避；SP 表示特别喜欢。

15.8 白河自然保护区川金丝猴的保护管理建议

15.8.1 川金丝猴整个物种的保护管理状况

川金丝猴广泛分布于中国西南部 N 30°～35°、E 102°～111°的邛崃山、岷山、秦岭山脉和湖北神农架地区(Li et al.，2002)。和其他仰鼻猴物种相比，虽然川金丝猴的分布范围较大，但其实际可用的生境面积却较小，且呈岛屿状分布。严重的栖息地破碎化，直接威胁川金丝猴的生存和发展。最新的调查数据表明，川金丝猴的种群数量在陕西和湖北有所增加，而在四川、甘肃呈下降趋势，其中四川省川金丝猴的野生种群数量已由 20 世纪 80 年代的 18000 只，下降到目前的约 5500 只(国家林业局，2009)。可见，加强四川省川金丝猴的保护刻不容缓。

15.8.2 白河自然保护区川金丝猴种群发展的影响因素

四川白河自然保护区地处边远地区，经济不发达，保护经费缺乏，虽然该保护区成立于 1963 年，但目前保护区的建设和管理水平仍相对较低，仍为一个省级自然保护区。中央和地方政府对保护区的投入不足，加上来自周边群众对保护区内自然资源利用的压力，保护区内以川金丝猴和大熊猫为代表的生物多样性资源的保护面临着相当大的压力。社区对川金丝猴等自然资源的压力主要表现在两个方面。①周边人口增长较快，群众受教育程度低。该保护区的周边有 8 个寨子(分属九寨沟县的四个乡)近 3000 人居住，群众的经济活动基本上处于自给自足的水平，社会竞争能力较低，很少有机会外出工作或生活，致使周边群众逐渐增多。以太平村为例，现在的人口已由 20 世纪 60 年代的约 300 人发展到现在的近 800 人。这些群众对保护区的依赖性逐年增大，保护区动植物资源受到的威胁也逐年增强。经济的落后直接导致当地群众受教育匮乏，他们对野生动植物保护的观念还较为淡薄。②资金来源渠道少，对保护区的依赖性强。当地群众的经济收入中有相当大一部分来源于利用保护区中的自然资源(如非木材林产品等)。川金丝猴的部分夏季食物也是当地居民采集的对象，直接造成人和川金丝猴的食物竞争。尽管目前的情况下还不能对这种竞争关系进行定量的评价，但确实对川金丝猴的行为和取食造成较大影响。

15.8.3 白河自然保护区川金丝猴的保护管理建议

现有资料表明，世界上约 1/10 的川金丝猴种群生活在白河自然保护区内。保护区内丰富的川金丝猴资源使得该保护区在中国乃至世界川金丝猴的保护方面占据着举足轻重的地位。对川金丝猴最有效的保护途径有：①尽快将白河自然保护区升级为国家级自然保护区，争取更多的渠道筹集保护区建设经费，推动保护区的发展；②按国家级自然保护区建设和管理要求，加快保护区的建设和管理工作；③以保护区建设为契机，带动保护区周边社区的发展，加强社区共管工作；④学习和借鉴国内外先进的保护区管理经验；⑤吸引更多的专业技术人员到保护区工作，提高保护区的管理水平；⑥加强对周边社区群众保护意识的宣传教育；⑦加强对保护区内川金丝猴的行为生态学和保护生物学方面的研究工作，结合研究成果，制定有效、合理的川金丝猴保护计划。

第 16 章　社会经济状况

白河自然保护区周边社区涉及九寨沟县漳扎镇、白河乡、安乐乡、永乐镇、保华乡即“两镇三乡”的 14 个行政村。

本次社会经济调查首先从区域角度来考察保护区所在的九寨沟县的社会与经济发展状况，范围主要涉及人口、自然资源、社会经济、基础设施 4 个方面的内容。为进一步考察周边社区对保护区建设的影响，本次调查选择离保护区较近和与其接壤的白河乡太平村、燕子垭村、同岩家村和漳扎镇二道桥村进行更为微观的分析和研究，研究内容包括人口状况、经济发展水平、生产方式、能源利用方式和交通状况等方面。这些地区对保护区内的资源依赖性较强，生产、生活与保护区的关系密切。

本次调查采取实地调查和二手统计资料收集相结合的方法。实地调查涉及对保护区内及周边自然资源具有一定依赖性的周边 4 个社区。通过问卷调查和半结构性访谈等方式，累计调查了 22 户农户，获得了翔实的一手资料。二手统计资料的收集主要用于分析保护区所处区域九寨沟县的社会经济状况，所收集的数据涵盖该县五年的统计年鉴等资料。除特别说明以外，二手资料均来自于 2008～2012 年九寨沟县统计局统计公报。

16.1　九寨沟县社会经济发展现状

16.1.1　人口状况

正确认识人口在数量、结构、素质等方面的现状、特点及变化趋势对于保护区工作的开展有着重要的现实意义。

16.1.1.1　人口总量与人口密度

2012 年九寨沟县的人口总量、面积和密度如表 16.1 所示。从表 16.1 中可以看出，截至 2012 年末，九寨沟县户籍总人口为 67039 人，人口密度为 12.67 人/km^2，虽然略高于阿坝州人口密度 10.85 人/km^2，但远远低于四川省人口密度 166.52 人/km^2 和全国平均人口密度 142.76 人/km^2。与其他大多数四川西部县市的人口状况类似，九寨沟县人口总量小，密度低，土地面积大，地广人稀。

16.1.1.2　人口变化趋势

由表 16.2 可见，2008～2012 年，九寨沟县的人口一直保持低速增长的态势，人口自然增长率为 6‰～7‰。

表 16.1　2012 年九寨沟县人口总量及密度

地区	人数/人	国土面积/km²	人口密度/(人/km²)
九寨沟县	67039	5290	12.67
阿坝州	914400	84242	10.85
四川省	80762000	485000	166.52
全国	1370536875	9600000	142.76

资料来源：2012 年九寨沟县统计年鉴，中国政府门户网。

表 16.2　九寨沟县 2008～2012 年人口变化数量表

年份/年	2008	2009	2010	2011	2012
人数/人	64891	65756	65590	66246	67039

资料来源：九寨沟县统计局提供。

16.1.1.3　民族组成

九寨沟县主要分布有汉族、藏族、羌族和回族 4 个民族。据《2011 年九寨沟统计年鉴》，2011 年末，全县人口中，汉族 41156 人，占 62.13%；藏族 20625 人，占 31.13%；回族 3316 人，占 5.01%；羌族 999 人，占 1.51%；其他民族 150 人，占 0.23%(图 16.1)。

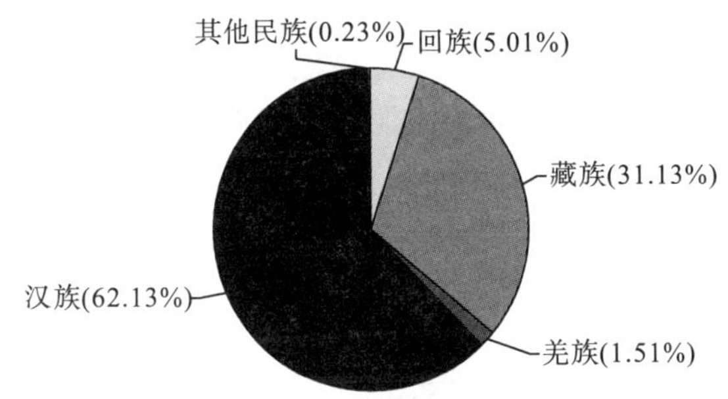

图 16.1　2011 年九寨沟县民族构成

16.1.1.4　农业人口与非农业人口组成

一个地区人口的从业情况，即农业人口与非农业人口的组成，不仅能反映该地区的就业情况、城镇化水平，也能反映其产业发展水平、居民文化素质水平和经济收入情况。

由表 16.3 可见，2008～2012 年，九寨沟县的农业人口比例基本稳定维持在 69.60%左右，农业人口变化趋势与总人口的变化趋势一致。2012 年全国农业人口所占比例为 64.71%，九寨沟农业人口所占比例高于全国平均水平。5 年间，九寨沟县城镇化水平逐年提高，2012 年达到 46.0%，但与当年全国城镇化水平 52.57%还有一定差距。由此可见，九寨沟县的城镇发展水平比较低、产业层次有待提高，因而农业人口的数量占总人口比例还比较高。

表 16.3　九寨沟县 2008～2012 年人口职业结构情况表

年份/年	总人口/人	农业人口		非农业人口		城镇化率/%
		数量/人	比例/%	数量/人	比例/%	
2008	64891	45058	69.44	19833	30.56	38.40
2009	65756	45745	69.57	20011	30.43	39.90
2010	65590	45626	69.56	19964	30.44	41.30
2011	66246	46130	69.63	20116	30.37	45.96
2012	67039	46816	69.83	20223	30.17	46.00

16.1.2　资源状况

一个地区所拥有的自然资源的类型和数量是其经济发展的物质基础。自然资源丰富，一方面意味着该地区经济发展潜力大，另一方面也意味着该地区可能会面临由于对自然资源不合理开采而带来的生态破坏和环境恶化。下面对九寨沟县各种自然资源的种类、数量、空间分布，以及资源利用方式、利用程度进行分析，为探析保护区所面临的来自自然资源利用的各种威胁奠定基础。

16.1.2.1　土地资源

九寨沟县地处岷山山脉北段的高山深谷地带，属于典型的山区，农业用地少，林业用地多，特别是实行退耕还林工程后，大量耕地退为林业用地，加之城镇建设、农村建房、工矿占地、水电站修建、地震和山洪泥石流等地质灾害损毁，使得该县的农业用地逐步减少，如图 16.2 所示。

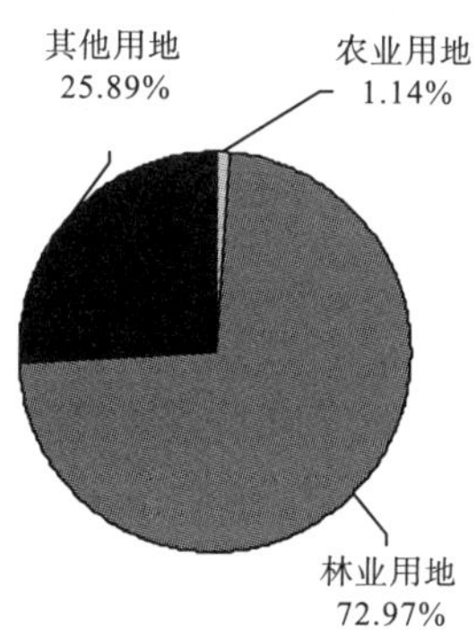

图 16.2　2012 年九寨沟县土地使用情况

如表 16.4 所示，2012 年九寨沟县耕地面积为 9.072 万亩(1 亩≈666.67 平方米)，仅占土地总面积的 1.14%，而林地面积为 579.000 万亩，占土地总面积的 72.97%，远大于农业用地。

表 16.4　2012 年九寨沟县土地利用基本情况

土地总面积/万亩	林业用地面积/万亩	林业用地占比/%	耕地面积/万亩	耕地占比/%
793.500	579.000	72.97	9.072	1.14

资料来源：2012 年九寨沟县统计年鉴。

16.1.2.2　森林资源

随着天保工程和退耕还林工程的实施，九寨沟县林业用地面积不断扩大。据 2012 年统计资料显示，九寨沟县林业用地面积为 $38.6\times10^4\text{hm}^2$，占国土总面积的 72.97%，森林植被覆盖率为 69.75%，森林覆盖率为 49.49%，森林蓄积 $6861.7\times10^4\text{m}^3$。县境内野生动植物资源十分丰富，属四川省第二大林区县，是嘉陵江流域水源涵养和长江上游绿色生态屏障的重点地区。

全县森林植物极其丰富，已知有裸子植物 45 种、被子植物 2334 种、药用植物 467 种。九寨沟县有珍贵濒危植物 82 种，有党参、当归、虫草、贝母、天麻、猪苓等名贵药材，盛产国家地理标志产品“九寨刀党”。野生动物资源种类繁多，据调查，有低等、高等动物共计 1111 种，其中兽类 98 种、鸟类 285 种、两栖爬行类 24 种、鱼类 7 种。有国家Ⅰ、Ⅱ级保护动物 42 种。

16.1.2.3　水资源

九寨沟县境内水系发达，有黑河、白河、白水江、汤珠河 4 条主要河流穿境而过，全长 282.5km，积水面积为 9870km^2，流域面积为 9905km^2。水能资源丰富，理论蕴藏量达 $104.54\times10^4\text{kW}$，可开发量为 84.3 万 kW。主要水系白水江属嘉陵江二级支流，在县境内长 189km，流域面积为 527km^2，天然落差为 2273m，干流水能资源理论蕴藏量为 $61.5\times10^4\text{kW}$，且径流稳定、水量充沛，具有修建龙头水库的地形、地质条件，是四川省中型河流水能资源开发条件较好的一条河流。

16.1.2.4　矿产资源

九寨沟县地质构造复杂，矿产资源丰富，已探明有金、铁、锰、赤铁、砷、锑等矿产资源 14 种，具有优势的矿种有金、铁、锰等，地处全国六大金成矿带之一的川西北金三角区内，黄金远景储量达 150t，已探明马脑壳金矿、草地金矿、水神沟金矿储量均达 20t 以上，被原地质矿产部列为“跨世纪工程”(M15-2 工程)和具有战略意义的资源富集区，现有大型矿床 2 处、中型矿床 1 处、小型矿床 6 处。丰富的矿产资源为九寨沟的经济发展提供了重要的物质基础，但由于“5·12”地震对地质环境破坏严重，为保护生态环境，对矿产资源的开发要适度控制。

16.1.2.5　旅游资源

九寨沟县自然生态景观秀美，人文景观众多，文化底蕴深厚，旅游资源得天独厚。由于地质构造复杂，境内山高谷深，气温适宜，自然资源极为丰富，造就了一大批自然生态景观，除拥有获“世界自然遗产”“世界生物圈保护区”“绿色环球 21”三项国际桂冠和国家首批 5A 级风景名胜区称号的九寨沟外，还有勿角国家级大熊猫自然保护区、白河金丝猴自然保护区(川金丝猴种群数量为全国之最)、神仙池风景区、甘海子国家森林公园、黑河大峡谷、玉瓦石磆红叶风景区等。

九寨沟县属藏、羌、回、汉等民族的聚居地，民族文化特色突出，形成了众多人文景观。其中，较为著名的有：具有典型藏族建筑艺术特色的大录寨；独特民族文化的勿角白马藏族风情园；被誉为“东方达沃斯”的九寨天堂；藏传佛教寺庙——扎如寺、东北寺和达基寺以及典型汉族文化寺庙风城庙和朝阳庙等。

作为“采花小调”的发祥地，九寨沟县有着丰富的文化资源和独特的民风、民俗，不但有以抒情优美见长的“南坪小调”，而且还有各种藏族民歌。其中“南坪小调”较流行的唱腔有“背宫”调、“小宫”调和“高腔”，主要集中在永乐、白河、双河(部分地区)和郭元等汉族聚居地；而藏族民歌中白马藏族的民歌最具特色，歌手一般熟悉固定的曲调，遇不同情况，即现编现唱，内容生动，曲调深沉、幽雅、婉转。

16.1.3 经济状况

经济是社会进步与发展的一个重要的标志，不同经济水平的社会具有不同的生产生活方式、资源利用方式和自然环境保护态度及思维方式。在此，本章将通过探索九寨沟县经济发展水平、发展速度、经济结构与增长方式来探析该县经济发展对资源的依赖程度。

16.1.3.1 经济发展总体水平

1. 经济总量

通常，国内生产总值(Gross Domestic Product，GDP)被用于度量经济发展水平，衡量一个国家、一个区域过去某段时间经济总成果，GDP在表现地区经济发展状况上也有较强的适用性。近年来，九寨沟县经济发展速度较快，GDP增长幅度高于全国每年7%～8%的增长速度，经济总量增长较为明显。2012年，该县实现生产总值17.9511亿元，同比增长14.9%(表16.5)。

表16.5 2012年九寨沟县国内生产总值比较表

地区	GDP/亿元	GDP增长率/%	人均GDP/(元/人)
九寨沟县	17.9511	14.9	22162
阿坝州	203.7400	13.7	22463
四川省	23849.8000	12.6	29627
全国	519322.0000	7.8	38354

据统计资料显示，2012年，全国实现国内生产总值为519322亿元，比上年增长7.8%，全国人均GDP为38354元；同年，四川省实现国内生产总值为23849.8亿元，在全国列第8位，比上一年增长12.6%，人均GDP为29627元；阿坝州实现国内生产总值为203.74亿元，在四川省列第20位，比上年增长13.7%，人均GDP为22463元。由此看出，尽管九寨沟县的地区生产总值在阿坝州处于领先地位，排在第三位，经济发展速度也较快，但与全国、四川省经济发展水平相比，还有较大差距，人均GDP仅为22162元，只达到了全国平均水平的57.78%。

2. 总体消费水平

随着经济的发展，九寨沟县农民的人均收入、城镇居民人均可支配收入均有明显增长，消费量也不断增加。如表 16.6 所示，2012 年该县人均消费为 11116 元，远远高于阿坝州人均消费 4983 元的水平，在全州排第 1 位，与全省 11300 元的人均消费水平基本相当。2012 年该县农民人均纯收入为 5800 元，比上一年增长 23.4%，略高于阿坝州农民人均纯收入 5770 元的水平，但低于四川省的平均水平 7001 元。同年，该县城镇居民人均可支配收入为 21620 元，高于阿坝州和全省的平均水平。

表 16.6 九寨沟县 2012 年人均生活水平情况表 （单位：元）

地区	人均消费	农民人均纯收入	城镇居民人均可支配收入
九寨沟县	11116	5800	21620
阿坝州	4983	5770	21168
四川省	11300	7001	20307

16.1.3.2 产业发展水平

2012 年，九寨沟县实现地区生产总值 179511 万元。其中，第一产业实现增加值 15512 万元，第二产业实现增加值 55914 万元，第三产业实现增加值 108085 万元。三次产业增加值占生产总值的比例为 9∶31∶60。由此可见，在九寨沟县的产业结构中，作为第一产业的农、林、牧、渔业在国民生产总值中占的比例很小，而旅游业等第三产业发展水平高、在国民生产总值中占有很大的比例。产业结构呈现“第三产业＞第二产业＞第一产业”的格局，三次产业对经济增长的贡献率分别为 6.7%、31.0% 和 62.3%。

1. 工业经济情况

2012 年，全县工业经济呈现快速增长的态势，全年实现工业总产值 50674 万元，同比增长 19.9%，其中：规模以上工业企业实现工业总产值 44674 万元，同比增长 28.6%。实现工业增加值 36475 万元，同比增长 23.4%，其中规模以上工业企业实现工业增加值 30954 万元，同比增长 16.0%。在主要工业产品中，水电处于主导地位。2012 年，全县所有电站完成发电量 126135 万度，比上年增加 40794 万度，增长 47.8%，其中规模以上水电站累计完成发电量 113925 万度，同比增长 34.3%；黄金产量为 296kg，比上年增加 158kg，增长比例高达 114.5%。工业能源消耗有所降低。2012 年规模以上工业企业综合能源消费量为 958.6t 标准煤，比上年减少 1581.3t，下降 62.3%。万元产值能耗为 0.0215t 标准煤，同比下降 34.8%。

2. 农业发展水平

农业主要包括农(即种植业)、林、牧、渔四部分。从现有数据来看，农业在该县经济结构中居次要地位。2012 年实现农业总产值 15512 万元，占国民生产总值的 8.64%。有资料表明，2008 年，中国农业产值占国民生产总值的 13.1%，此后农业产值在国民经济中的比例持续下降，至 2012 年农业产值在国民经济中的比例为 10.1%。由此可见，九寨沟经济结构中，农业占比比较小，低于全国平均水平。

16.1.3.3 旅游业发展水平

旅游业是九寨沟县的龙头支柱产业，带动了餐饮、住宿、休闲娱乐、文化、运输等相关行业的快速发展。近年来，当地政府依托九寨沟丰富的旅游资源，积极引导村民大力发展乡村生态旅游，为当地村民开创了一条重要的经济收入途径。2012 年，全县旅游发展形势良好，旅游接待人数、旅游总收入均较去年有所提高，全年共接待游客 453 万人，同比增长 41.4%，其中九寨沟景区 364 万人次，同比增长 28.9%；其他旅游者 89 万人次(指探亲访友、参加会议、一日游等)；旅游总体收入 583967 万元，同比增长 56.37%。

16.1.4 基础设施状况

基础设施状况主要涉及教育、交通、医疗设施等方面，主要从社会硬件设施角度反映某一地区的社会发展状况。经济水平较为发达的地区通常会拥有一个较完备并且运行良好的基础设施系统，社会经济也会取得更快发展，从而推动基础设施进一步完善。近年来，九寨沟县固定资产投资实现了快速增长，在基础设施方面的投资力度也比以往有所加大，教育、交通、医疗设施等方面基础设施建设水平和社会服务水平都在不断提高。

16.1.4.1 教育基础条件

九寨沟县农村人口文化素质不高，提高教育水平很重要。据统计，如表 16.7 所示，2012 年九寨沟县共有小学 18 所，小学在校学生总数为 5802 人，专任教师有 482 人；普通中学 3 所，普通中学在校学生总数为 4762 人 ，专任教师有 395 人。2012 年，教育支出 12965 万元，同比增长 33.5%。

表 16.7 2012 年九寨沟县教育条件及师生数量表

学校类别	学校数量/所	专任教师/人	在校学生/人
小学	18	482	5802
中学	3	395	4762

如表 16.8 所示，2012 年九寨沟县每位中学教师教授学生 12.06 人，每位小学教师教授学生 12.04 人，每一位学生拥有的教育费为 12272 元。近年来，九寨沟县利用灾后重建资金加大对教育的投入，学校硬件设施齐备，师生教学及生活环境得到极大改善。同时，教师队伍质量也有所提高。

表 16.8 教师教学负荷量情况表

县名	小学教师负荷量/人	中学教师负荷量/人	学生拥有教育费数额/元
九寨沟	12.04	12.06	12272

16.1.4.2 医疗卫生状况

如表 16.9 所示，截至 2012 年，九寨沟县拥有各级医疗卫生机构 33 个，其中医院、卫生院 20 所；拥有床位数 310 张，卫生技术人员 311 名，其中执业医生 135 人；年内全县医疗机构诊断病人 19 万人次；全县 120 个行政村、116 个村卫生站，共有村卫生人员和村妇幼人员 133 名。九寨沟县基本形成了县、乡、村三级医疗卫生、防疫保健的服务网络。

为进一步反映该地区的医疗卫生条件，经计算得出单个医疗机构的负荷量和每千人所拥有的服务量，如表 16.10 所示。2012 年，九寨沟县每个医院的负荷量为 2031.5 人，每千人拥有的病床数量为 4.62 张，每千人拥有卫生技术员数为 4.64 人。

表 16.9　2012 年九寨沟县医疗机构设置情况表

县名	医疗机构/个	病床数/张	卫生技术员/人
九寨沟	33	310	311

表 16.10　2012 年九寨沟县人均拥有医疗设施情况表

县名	单位医疗机构服务量/(人/个)	每千人拥有病床数/(张/千人)	每千人拥有卫生技术员/(人/千人)
九寨沟	2031.5	4.62	4.64

注：单个医疗机构服务量=人口总数/医疗机构数量。

统计资料表明，2012 年阿坝州拥有医院、卫生院、村卫生所等各类卫生机构 1570 个，全州共有床位 3700 张。每千人拥有病床数 4.05 张；全州有各类卫生人员 4029 人，每千人拥有卫生技术人员(含护士和医生)4.41 人。从这两项重要指标上看，九寨沟县卫生医疗在阿坝州处于中等偏上水平。

16.1.4.3　交通情况

九寨沟县内有 S301 和 S205 两条省道，将成都到九寨沟的西线和东线连接成“九环线”，有四条路线可以出入九寨沟，即九寨沟—黑河—大录—若尔盖，九寨沟—川主寺—松潘，九寨沟—勿角—平武，九寨沟—双河—郭元—文县。九寨沟距离九黄机场 88km，距离松潘 144km，距离成都 535km。九寨沟境内还有多条县乡公路，公路总里程为 870km，其中等级公路为 834km。由此可见，九寨沟拥有一个相对较好的外部交通环境。

目前，九寨沟实现了“村村通公路、社社通公路”的目标，全县 120 个行政村全部通公路，已基本能够满足旅游发展和经济发展的需要。2012 年，全年完成货运周转量 18521×10^4 吨公里，比上一年增长 25.2%；全年公路客运周转量为 66310×10^4 人公里，同比增长 14.4%。

16.1.4.4　邮政与电信设施情况

在步入信息社会的今天，信息的获取显得越发重要。对于山区的居民来说，如果能够拥有必备的通信设施和技术，通过运用电话等通信工具加强与外界的联系，获取科技与市场方面的信息，将有效地提高该地区社会经济发展水平。

1. 电信设施

目前，九寨沟已建成比较完善的通信网络，中国电信、中国移动、中国联通的营业网点在城乡都有分布。2012 年固定电话用户为 23247 户，同比增长 0.1%；移动电话用户为 71562 户，同比增长 3.7%，普及率达到了 106.7 部/百人；互联网用户为 8857 户，同比增长 22.9%(表 16.11)。全县所有乡镇、行政村网络通信实现 100%覆盖。全县 120 个行政村中，有 102 个通有线电视。

表 16.11 2012 年九寨沟县电信设施情况

县名	固定电话装机量/部	手机/部	手机普及率/(部/百人)	互联网用户/户
九寨沟	23247	71562	106.7	8857

资料来源：九寨沟县统计局 2012 年统计公报。

2. 邮政设施情况

九寨沟县邮政体系建设比较完善。2012 年，完成邮电主营业务收入 7449 万元，比上一年增长 15.5%。邮政局下设多个邮政支局(所)，邮政营业网点遍布全县各个乡镇，主干邮路四通八达，县内各条邮路服务于全县每个村民小组和自然村，能够很好地满足全县邮政通信、邮政金融服务。随着社会经济的发展，九寨沟邮政局在开办函、包、汇、发、储蓄、集邮等业务的基础上，相继开办了邮购、广告、代办等 10 余种新型业务，较好地满足了该县 17 个乡镇、120 个行政村、6 万多人民群众的用邮需求。

16.1.4.5 电力设施情况

九寨沟县境内河流多，流量大，水能资源丰富，水能蕴藏量达 104.54×10^4kW，可开发量为 84.3×10^4kW。长期以来，全县境内水能利用主要是以小水电为主。2003 年 8 月编制完成的《四川省阿坝州白水江支流大录至青龙桥段水电规划报告》提出了“一库七级”电站开发方案。七个梯级电站总装机 55.2×10^4kW，静态总投资 41.78 亿元。按现行电价计算，电站全部建成后，每年发电经营收入为 6.2 亿元。

2003 年 6 月，九寨沟县水电开发有限责任公司成立，主要业务为白水江流域(大录至青龙桥段)水电投资、建设、运行和经营管理。黑河塘水电站装机 8.6×10^4kW，已于 2006 年 12 月投产；I 回送出工程及双合开关站于 2006 年 12 月投入运行；双河水电站装机 8.1×10^4kW，2009 年上半年投产发电；多诺水电站装机 10×10^4kW，青龙水电站装机 10.2×10^4kW，这两个电站目前均已建设完工。

16.1.4.6 金融系统情况

九寨沟县已建立起比较完善的金融服务系统。现有中国人民银行九寨沟县支行、中国农业银行九寨沟县支行、中国建设银行九寨沟县支行、中国邮政储蓄银行、农村信用社 5 家金融机构，有多个金融营业网点，为九寨沟县人民提供各种储蓄、结算等金融业务服务。

据统计资料显示，九寨沟金融形势比较稳定。2012 年，全县实现各项存款余额 368251 万元，比上一年增长 13.0%，其中居民储蓄存款余额为 143433 万元，同比增长 23.1%。全县金融机构各项贷款余额 337280 万元，同比增长 4.3%，如表 16.12 所示。

表 16.12 2012 年九寨沟县金融业基本情况

县名	金融机构个数/个	各项存款余额/万元	各项贷款余额/万元
九寨沟	5	368251	337280

资料来源：九寨沟县统计局 2012 年统计公报。

16.1.4.7　保险情况

随着经济的发展，九寨沟县的社会保障体系不断完善，参加社会保险的人数不断增加。中国人民财产保险股份有限公司、中国人寿保险股份有限公司和中华联合保险股份有限公司等在该县设有分公司或营销部。2012 年，全县纳入城市“低保”的人员达 7124 人，同比增长 0.2%；纳入农村“低保”的人员达 7835 人，同比增长 8.9%；参加农村合作医疗的人数为 47214 人(含转为非农业人口的失地农民)，同比下降 1.0%；参加城镇基本医疗保险人数为 21992 人，同比增长 17.3%；参加城镇基本养老保险职工为 7531 人，同比减少 13.0%；参加农村养老保险人数为 20423 人，同比增长 11.6%；参加失业保险人数为 7253 人，同比增长 6.1%。

16.2　保护区周边社区社会经济概况

白河自然保护区位于白河乡境内，在低海拔与社区交界，在高海拔的山脊地带与九寨沟自然保护区和勿角自然保护区接壤。保护区内无居民，保护区周边社区涉及九寨沟漳扎镇的二道桥村，白河乡的太平村、新华村、燕子埡村、南岸家村、芝麻家村，安乐乡的中田山村，永乐镇拔拉沟村、大岭村，保华乡的半山村、灵华村、土门村、三合村、灵保村，即“两镇三乡”的 14 个行政村。周边社区老百姓的生产生活与保护区的关系紧密，对保护管理工作的影响和潜在威胁较大。建立保护区以来，当地社区和有关单位的资源利用方式受到一定程度的限制，生产生活受到相应的影响。随着生态文明建设、社会可持续协调发展的观念深入人心，人们在进行生物多样性保护的同时给予了当地社区更多关注。在一些农村发展项目、社会林业项目、环境保护项目和生物多样性保护项目中，政府对当地社区参与问题给予了足够的重视。本节主要关注保护区周边社区的社会经济状况，以期能够对今后保护区与社区和谐发展格局的形成奠定基础。

此次调查选择了一些离保护区较近或是接壤的社区进行分析，范围涉及保护区周边的 2 个乡镇：在白河乡选择了太平村、燕子埡村、南岸家村，在漳扎镇选择了二道桥村。将这 4 个具有典型性的行政村作为主要调查对象，这些地区在设立保护区前对区内资源的依赖性最强，生产生活与保护区的关联性最紧，保护区的设立对他们的影响也是最大的。这 4 个村的自然条件、与保护区的距离、道路交通情况、种植结构、经济发展水平各不相同，且各具特色，能够较为全面地反映保护区周边社区的基本社会经济状况。

16.2.1　周边社区人口概况

在保护区周边社区的 5 个乡镇中，永乐镇的人口密度最高，达 516.57 人/km^2，远远高于九寨沟县的人口平均密度 12.67 人/km^2。原因在于永乐镇地处县城，人口总量最大，而土地面积又最小。人口密度最低的是白河乡，只有 10.38 人/km^2，低于该县人口平均密度，白河乡离保护区最近，与保护区的关系密切，显然，较低的人口密度对保护工作的开展是有利的。5 个乡镇的人口总量与密度情况如表 16.13 所示。由表 16.13 可见，这 5 个乡镇的总人口为 46317 人，人口密度为 25.7 人/km^2。据资料统计，与保护区相邻的 14 个村共有人口 1663 户 6403 人，人口密度为 5.3 人/km^2。

表 16.13 2012 年白河自然保护区周边社区乡镇人口总量与密度

乡镇	户数/户	人口/人	土地面积/km^2	人口密度/(人/km^2)
永乐镇	7315	22042	42.67	516.57
漳扎镇	3104	15677	1341.61	11.69
安乐乡	876	3332	127.33	26.17
白河乡	658	2539	244.65	10.38
保华乡	681	2727	46.00	59.28
合计	12634	46317	1802.26	25.70

与保护区关系最密切的 4 个行政村的人口状况如表 16.14 所示。人口数量最多的是太平村，有 871 人；数量最少的是南岸家村，只有 159 人。

表 16.14 2012 年白河自然保护区周边社区 4 个典型村人口总量

序号	乡镇	村	村民组数/个	户数/户	人口数/人
1	白河乡	太平村	4	235	871
2		燕子垭村	2	168	514
3		南岸家村	1	51	159
4	漳扎镇	二道桥村	3	175	665

16.2.2 周边社区的人口特点

16.2.2.1 人口受教育水平不高

在保护区周边的广大山区和农村，人们的教育观念较为落后，文化水平总体较低。此次调查结果显示，太平村、燕子垭村、南岸家村和二道桥村等保护区周边社区群众的文盲率为 6.45%，60 岁以上老年人 10%是文盲，小学及以下文化水平的人口占 51.61%，初中文化水平的人口占 22.58%，高中文化水平的人口占 12.9%，中专以上文化水平的人口只占总人口的 6.45%。20～30 岁的青年农民的知识文化水平多为小学或初中。

16.2.2.2 少数民族人口占有一定比例

从周边社区人口的民族组成看，太平村、燕子垭村和二道桥村的人口以汉族为主，藏族次之，还有少量的羌族和回族，南岸家村村民几乎全是藏族。大多数中老年藏族同胞信喇嘛教和藏传佛教，信奉不杀生，可以充分利用藏族同胞的宗教信仰，宣扬爱护野生动物，为野生动物保护事业做正面的宣传和引导。

16.2.2.3 集中聚集居住

保护区周边社区的居民大都在河谷地带聚集居住，形成自然村庄，相近的几个自然村庄结合形成行政村。该地区居民基本沿袭了传统的家庭组合方式。少数村子仍然是一个或几个较大的姓氏的集聚地，同姓氏的家族聚居在一起或较近的地方，而大多数村子随着人口的迁移和流动，已成为多姓氏、多家族的复合村，如同我国大多数地区一样，在城镇中，子女成家后离开父母而成立新的家庭。在农村地区，子女成婚时多为女方从男方而居，少数男方入赘女方；子女在成家后部分与父母分家单独生活，成立新的家庭，部分继续与父母生活在一起。

16.2.3　保护区周边社区的经济状况

16.2.3.1　周边社区经济发展水平

保护区周边社区的经济活动以农牧业生产和旅游活动为主。2012 年，保护区周边的永乐镇、漳扎镇、安乐乡、白河乡、保华乡 5 个乡镇，共有耕地面积 652hm^2，年产粮食总量为 2443t，肉类产量为 1135t，人均粮食产量和肉类产量分别为 52.7kg 和 24.5kg；年末共有企业 318 个，其中工业企业仅 12 个，全部集中分布在永乐、漳扎两镇的城镇区，距保护区 10km 以上。由表 16.15 可知，保护区周边社区的经济发展水平不平衡，漳扎镇的经济发展水平明显高于其他乡镇，农民人均纯收入达到 8631 元，高于九寨沟县农民人均纯收入 5800 元和四川省农民人均纯收入 7001 元的水平。其他乡镇之间农民人均纯收入差异不明显，都在 4000 元左右。比较而言，安乐乡水平最低，为 3929 元。

表 16.15　2012 年白河自然保护区周边社区各乡镇经济发展状况

乡镇	总人口/人	耕地面积/hm^2	粮食总产量/t	肉类总产量/t	人均粮食产量/kg	人均肉类产量/kg	农民人均纯收入/元	企业个数/个	工业企业/个
永乐镇	22042	104	385	198	17.5	9.0	4099	173	7
漳扎镇	15677	97	360	249	23.0	15.9	8631	135	5
安乐乡	3332	156	699	75	209.8	22.5	3929	7	0
白河乡	2539	116	520	333	204.8	131.2	4129	3	0
保华乡	2727	179	479	280	175.7	102.7	4141	0	0
合计	46317	652	2443	1135	52.7	24.5	—	318	12

保护区周边的太平村、燕子垭村等 14 个村，2012 年末共有耕地 4666.46 亩，全年共产粮食 928.34t，人均产量为 145kg，如表 16.16 所示。全年农民人均收入 5439 元，主要通过到九寨沟等地打工、开展旅游服务和务农获得经济收入。在这 14 个村内，白河乡南岸家村和芝麻家村有旅游企业，从事旅游服务活动；其他村没有任何企业。

表 16.16　2012 年白河自然保护区周边社区 14 个村经济发展状况

乡镇	村	人口数/人	耕地面积/亩	粮食产量/t	人均粮食产量/kg	农民人均纯收入/元
永乐镇	拔拉沟村	279	119.60	32.40	116.1	4877
	大岭村	337	280.99	35.30	104.7	4298
漳扎镇	二道桥村	665	125.00	19.81	29.8	5386

续表

乡镇	村	人口数/人	耕地面积/亩	粮食产量/t	人均粮食产量/kg	农民人均纯收入/元
安乐乡	中田山村	236	120.40	38.94	165.0	4237
白河乡	太平村	871	353.00	202.61	232.6	5401
	新华村	408	249.00	95.43	233.9	5513
	燕子垭村	514	253.00	48.26	93.9	5327
	南岸家村	159	282.00	29.32	184.4	6347
	芝麻家村	206	196.00	26.27	127.5	6214
保华乡	半山村	447	357.18	44.00	98.4	5811
	灵华村	485	368.15	64.00	132.0	5598
	土门村	444	420.93	71.00	159.9	6501
	三合村	745	980.00	125.00	167.8	5334
	灵保村	607	561.21	96.00	158.2	5412
合计		6403	4666.46	928.34	145.0	5439

对四个典型村的农民人均纯收入进行比较(表 16.17)显示，南岸家村的农民人均纯收入水平最高，高出其他 3 个村 1000 元左右，这说明南岸家村的经济发展水平较高。

表 16.17　2012 年白河自然保护区周边 4 个典型村农民人均收入水平

序号	乡镇	村	组数/个	户数/户	人口数/人	人均收入/(元/年・人)
1	白河乡	太平村	4	235	871	5401
2		燕子垭村	2	168	514	5327
3		南岸家村	1	51	159	6347
4	漳扎镇	二道桥村	3	175	665	5386

16.2.3.2　周边社区家庭主要收入途径

保护区周边社区农民收入的主要来源包括种植业(其中包括粮食作物和经济作物)、林业、畜牧业、务工、乡村旅游公司、退耕还林及天然林生态补偿款，现有的经济活动类型都与当地的自然环境、气候、资源条件高度相关。例如，种植业收入主要来源为种植蔬菜、甜樱桃、核桃、红脆李、柿子、花椒、中药材等经济作物；副业收入来源以外出打工、家庭经营服务业、乡村旅游公司、采药、养蜂、运输以及畜牧业等为主。调查地区农户收入构成基本相同，但不同村镇、不同农户在各项收入的构成比例上呈现出较大的差异性。

以漳扎镇二道桥村为例，如表 16.18 所示，2012 年全村各项收入总计为 264.75 万元，其中与旅游相关的运输业和服务业收入分别为 60.92 万元和 62.27 万元，二者合计占全村总收入的 46.53%，而农业和林业收入分别只有 9.57 万元和 12.03 万元，分别只占总收入的 3.61%和 4.54%。由此可见，该村主要收入来源于旅游服务业。下文将对保护区周边社区的收支情况进行分析。

表 16.18　2012 年二道桥村收入分布情况

项目	农业收入	林业收入	牧业收入	工业收入	运输业收入	建筑业收入	服务业收入	其他收入	合计
金额/万元	9.57	12.03	52.12	22.86	60.92	2.9	62.27	42.08	264.75
所占比例/%	3.61	4.54	19.69	8.63	23.01	1.10	23.52	15.89	100

1. 种植业收入

保护区周边社区的主要农作物种类包括玉米、土豆等，其次为小麦、青稞、蚕豆、豌豆、荞麦等。农户在庭院或周边的一些自留地上种植蔬菜，供自己食用。

随着退耕还林政策的实施，耕地在逐渐减少。由于一些先进技术(如薄膜种玉米、地膜洋芋等)得到采用并逐渐普及，该地区的单位农作物产量比以往有所提高。但耕作和管理方式仍然比较粗放，粮食产量低而不稳定。从表 16.16 可以看出，周边社区 14 个村人均粮食产量只有 145kg，二道桥村还不足 30kg。由此可见，粮食生产主要是用来满足农户自身的生活需要，而不是取得收入的途径。

太平村利用得天独厚的气候、地理等自然条件，在退耕还林地或房前屋后自留地上种植花椒、核桃、柿子等经济林木，取得了一定的经济效益。受传统习惯的影响，种植药材已成为社区群众致富的一种选择。目前种植的药材有党参、柴胡、灵芝、猪苓、板蓝根、当归等。例如，安乐乡半山村大力发展党参种植，全村党参种植面积达 156 亩，户均种植 3 亩，实现年人均增收 610 元，取得一定的经济效益。

2. 林业收入

保护区周边社区一度从集体林采伐中获得收益。自建立保护区和实施“天然林保护工程”后，当地的森林资源利用活动受到限制，如用于生产香菇、木耳的林木供给大幅度减少。由此，香菇、木耳的产量也随之急剧下降，周边社区村民现已基本放弃香菇、木耳的栽种。目前，社区群众主要从事种植经济林、收获林副产品、采集野生药材等林业生产活动。近年来，周边社区群众在当地政府带动下，利用退耕后的土地种植花椒、核桃、柿子、红脆李、甜樱桃等经济林，少数种植生态林，取得了明显的经济效益。随着退耕还林政策的实施，当地农户由单一的农业生产经营活动走向了农林结合的生产道路。

保护区药材资源丰富，野生药材有虫草、贝母、猪苓、羌活等。采药一直是当地村民的传统习惯和重要的收入来源。特别是到了虫草采集季节，太平村、燕子垭村、二道桥村、南岸家村等社区的群众大量进入保护区，到高海拔地区采集虫草。采药年收入多者可达 2 万～3 万元，少者也有 5000～6000 元。巨大的经济利益驱使，给保护管理带来极大的压力。

3. 畜牧业收入

猪、牛、羊、鸡的养殖活动在保护区周边社区较为普遍。多数农户主要利用富余的粮食和村庄及附近的草本植物来喂养自家的牲畜，饲养、管理方式较为粗放。其中，猪、鸡主要用于解决食肉和吃蛋问题。通常一般家庭每户每年养 2 或 3 头猪，卖 1 或 2 头，每头猪可卖 2000～3000 元。剩余的用来满足家人一年吃肉的需求。部分农户利用当地良好的自然资源，坚持产业发展与规模化养殖、标准化生产、产业化经营相结合的原则，建成了优质生猪、牦牛、跑山鸡、山羊生产基地，实现了畜牧业生产能力的全面发展，成为当地的养殖专业户。如南岸家村村民利用高山牧场养殖牦牛，已形成独具特色的高山牦牛养殖基地。

4. 务工收入

随着“天然林保护工程”和“退耕还林工程”的实施，保护区周边社区原有的以自然资源利用为主的经济活动受到限制，相当一部分土地不能再耕作。因而，周边社区逐步出现了富余劳动力，外出打工的人员逐渐增多。

从外出务工人员年龄结构看，以 20～40 岁的青壮年为主。以白河乡为例，2013 年外出务工人员总数为 425 人，平均每户有 0.646 个劳动力外出务工，即 1.5 户农户中就有一个劳动力外出打工，占该乡劳动力总数的 21.52%。外出打工人员中，19～25 岁的人数占外出打工人数的 52%；25～35 岁的人数占 34%；35 岁以上的人数占 14%。

调查发现，外出务工是周边社区老百姓经济收入的重要来源之一。作为当地支柱产业的旅游业，带动了餐饮、住宿、休闲娱乐、旅游纪念品经营、运输等相关行业的发展，因此，村民务工的主要方向是在当地从事与旅游有关的服务行业，到县外务工的人员较少。

5. 成立乡村旅游公司

近些年来，周边社区群众利用当地丰富的旅游资源，在当地政府的引导下，成立乡村生态旅游公司，将住房出租给旅游公司，并在旅游公司从事服务工作，从而获得比较丰厚的经济收入。南岸家村的乡村旅游业务发展得较早，也较好，该村村民的人均收入也较高。

6. 退耕还林及天然林生态补偿收入

按照国家有关规定，农户从退耕开始可以连续 8 年获得经济补偿，即每退耕一亩土地每年可获得 160 元(粮食折现)的退耕还林补偿费。按照每亩 10 元的补偿标准，国家对保护区周边社区的集体生态公益林进行补偿，当地村民都能从中得到一定的经济补偿。此外，由于保护区周边社区的水能资源十分丰富，兴修了很多水电站，农民可以从水电站建设征用土地中获得一定的经济补偿。

16.2.3.3 周边社区的支出情况

保护区周边社区群众的支出包括生产性支出和生活性支出。由于不同社区经济发展水平不同，生产性支出与生活性支出比值在不同社区间存在较大差异。

1. 生产性支出

生产性支出主要包括农药、种子、地膜、化肥等农业投入。调查显示，保护区周边社区平均每亩地生产性支出为 545 元，主要是购买化肥，占生产性支出的 85%。

2. 生活性支出

生活性支出主要包含两部分：一是日常支出，如买粮、衣服、油盐酱醋、通信、电费、交通费等日常生活开支；二是特殊支出，如建房、人情往来等。据调查，该地区村民每年在人情往来方面的花费特别高，少则 5000～8000 元，多则 20000 元以上，人情开支成了生活性支出的主要部分，也成为当地老百姓的经济负担。

由于耕作粗放，作物品种单一、产量低且不稳定，以及产业结构调整和野生动物对庄稼的破坏，农户收获的粮食难以满足自己食用的需求，部分农户需买粮。据统计，一般农户买米和面粉的数量可达 200～300kg，花费 400～600 元。

3. 教育费用支出

如果有子女上学，教育支出是每个家庭最主要的支出。保护区周边社区各村都没有村小，仅乡镇上有学校，适龄儿童从小学开始就要过寄宿生活，个别孩子需要大人陪护照料，费用很高，一般子女上学每年需花费 1000～3000 元，个别高达上万元。有大学生的大多数家庭经济较为拮据，每个大学生每年的学费、住宿费、生活费开销大概在 20000 元左右。

16.2.3.4　周边社区的经济特点

保护区周边社区当前的经济活动对于保护区内资源有一定依赖性，传统资源利用方式根深蒂固，然而不同社区的经济活动组成存在差异。

1. 经济活动对保护区资源的依赖性强

目前，保护区周边社区的一些经济活动，如采药、采菌、放牧、薪柴采集等，都对保护区资源有较强的依赖性。然而，许多村民的经济收入来源于这些活动，特别是采虫草，若要在短时间内改变人们的生产生活方式将会是一件非常困难且不太切合实际的事情。

2. 传统的资源利用方式根深蒂固

采药、伐木、放牧、采集薪柴等经济活动是当地人赖以生存的生活方式。一方面，这些都是属于粗放型、掠夺式、效率低下的资源利用方式；另一方面，传统的资源利用方式在村民的思维中都是合乎道理的，如果外界对这些行为加以干预则会发生冲突。

3. 经济活动组成的差异

周边社区的经济发展表现出很强的地域差异性。有些地方收入以种植业为主，有的则基本依靠养殖业，有的依靠外出打工维持生计，有的则依靠发展旅游来谋求生存。有些地方经济要富裕一些，有的则仍然停留在低水平。

16.2.3.5　周边社区基础设施状况

总体上看，保护区周边社区 5 个乡镇在教育、交通、医疗设施等方面的基础设施较为完善，为周边社区经济和社会发展提供了有利条件。从表16.19可见，周边社区共有中小学7所，专人教师410人，在校学生人数4970人，适龄儿童入学率达到100%。

表16.19　2012年周边社区乡镇基本情况

统计单位	村数/个	户数/户	人口		教育				医疗		
			总人口/人	乡村从业人员/人	中小学数量/个	教师人数/人	学生人数/人	入学率/%	卫生机构/个	医务人员/人	医疗床位/张
合计	44	12634	46317	25160	7	410	4970		8	103	167
永乐镇	8	7315	22042	9181	3	304	4134	100	2	83	108
漳扎镇	13	3104	15677	11062	1	39	368	100	3	14	44
安乐乡	11	876	3332	2051	1	24	179	100	1	3	7
白河乡	7	658	2539	1451	1	24	155	100	1	2	4
保华乡	5	681	2727	1415	1	19	134	100	1	1	4

近年来，九寨沟县利用灾后重建资金加大对教育的投入，周边社区学校硬件设施齐备，师生教学及生活环境得到极大改善。同时，教师队伍质量和教学质量也有所提高。保护区周边的5个乡镇14个村，共有公路213km，路网密度为118.2m/km^2，各村均通公路。公路设施已基本能够满足周边社区旅游发展和经济发展的需要。截至2012年，保护区周边的5个乡镇有各级医疗卫生机构8个，拥有床位数167张，卫生技术人员103名，参加农村新型合作医疗保险20241人。基本形成了县、乡、村三级医疗卫生、防疫、保健的服务网络。

16.2.3.6　周边社区资源和能源的利用状况

保护区周边社区耕地资源人均占有量少，可利用土地资源量更少，耕地面积随着退耕还林政策的实施以及泥石流等自然灾害的损毁在逐渐减少。

退耕还林后，林地资源相对增加，村民在退耕地上除按规定种植生态林外，在其余的土地上种植了大量经济作物，如核桃、红脆李、甜樱桃、柿子、葡萄等，还套种了相当数量的药用植物，这些都将可能成为农民未来的经济增长点。周边社区的土地资源和林地资源的利用方式调查结果如表16.20所示。

表16.20　社区的土地和林地资源权属及利用方式

种类	权属	用途	备注
耕地	集体	种植玉米、洋芋、油菜、豆类，部分种植莲花白、大白菜、芹菜、甜椒、紫甘蓝、青花菜、洋葱、胡萝卜等蔬菜	退耕还林地种植核桃，红脆李、甜樱桃、柿子、花椒、葡萄等经济林木
宅基地	集体	建房、牲畜圈舍、种植蔬菜、果树自用	
荒山荒坡	集体	放牧(羊、牛)	部分栽植核桃、红脆李、甜樱桃、苹果、梨子、葡萄等，或种植党参、柴胡、灵芝、猪苓、当归等中药材
自留山	集体	放牧、砍柴、采药、养蜂、采菌	
集体林	集体	放牧、砍柴、采药、养蜂、采菌	
国有林	国有	放牧、砍柴、采药、养蜂、采菌	保护区成立及“天然林保护工程”实施后，封山育林

薪柴是保护区周边社区最主要的能源。社区采集薪柴供日常生活所需，包括煮饭、取暖、煮猪饲料，平均每户农户每年的薪柴使用量为 3000kg 左右。薪柴采集范围以自留山、集体林为主，有时也延伸至国有林区，获取方式主要靠自家采集，购买比例较小，洪水季节也可以到河床上捡拾一部分水柴。

周边社区水能资源丰富，水电站多，电价相对便宜，使用电能煮饭、取暖也比较普遍，减少了薪柴使用量。调查发现，已有很多农户使用节柴灶。有研究表明，使用节柴灶可以节省 29%的薪柴量，因此大力推广使用节柴灶，可以减少对保护区森林资源的压力。此外，太阳能热水器得到普及，但沼气等清洁能源的使用率还不高，有待于大面积推广。

在生活水平普遍较高的部分社区，多数农户家庭不再使用薪柴做饭、取暖，而用电和液化气取而代之。

16.2.3.7　野生动物对农作物的破坏

随着自然保护区的建立以及“天然林保护工程”和“退耕还林工程”的实施，野生动物的栖息地扩大，种群数量得到有效恢复，活动范围也进一步扩大，甚至延伸到周边社区的耕地等区域。因此，野生动物对农作物破坏事件时有发生(表 16.21)。

表 16.21　主要农作物遭破坏统计表

种类	野生动物	破坏时期	损失量/%
玉米	野猪、黑熊	成熟期	15~20
洋芋	野猪	青苗期、成熟期	10~15
莴笋、莲花白等蔬菜	野兔、野猪	各个生长期	5~15

保护区周边社区因为植被状况良好，有适合野生动物生存的气候条件及地理环境，人口密度较低，几乎是野生动物的固有生存地点，特别是农作物种植较好的地区，由于食物较容易获得，野生动物活动更加频繁，该区域农户受野生动物影响较大。近年来，野生动物破坏程度有普遍上升的趋势，这是因为：国家的保护措施实施良好，农民的保护意识大大增强，捕猎等现象大幅度减少；国家退耕还林工程的实施和生态林的建设，为野生动物创造了更适宜的生存环境。因此，野生动物对农作物的危害有进一步扩大的趋势。从调查中发现，保护区周边社区几乎家家户户每年都会遭遇兽害，但受害的程度不同，多的达 3~4 亩玉米、土豆颗粒无收，少的仅有几分地遭到并不严重的损失，平均损失量为 5%~20%。一般情况下，农作物成熟期是野兽侵袭最为严重的时候。经调查发现，兽害问题没有得到应有重视的主要原因是农民对兽害问题的反映不充分。究其原因有三：其一，农民不知道向谁反映问题，根据法律向乡政府反映，乡政府说野兽由保护区管理，应该向保护区讨说法；其二，农民本身对兽害造成的损失基本采取估计方式，往往不够准确；其三，几乎所有的农民遭遇兽害都没有得到相应的补偿，使得遭遇兽害的农户对此早就习以为常，不愿意再浪费人力和物力向上申报。

我国《野生动物保护法》规定，有关地方政府应当采取措施，预防、控制野生动物所造成的危害，保障人畜安全和农业、林业生产。据调查，当地政府并未在这些方面给予充分的重视，也没有采取相应的措施预防、控制兽害，兽害预防往往只是农户的个体行为，缺乏政府的支持与帮助。政府也希望能采取一些措施来避免兽害，但是由于兽害并不集中在同一个地区，且具有流动性，因此几乎无法采取事前的预防措施。而兽害发生后，由于财政上没有专款，也很难对每个受害农户进行补偿，问题常常是不了了之。兽害问题本身具有特殊性，因此长期以来并未受到应有的重视。

16.3 社会经济现状成因及其问题分析

从前文对于九寨沟县及保护区周边社会经济现状的阐述可以发现，保护区所处的区域环境和周边环境的社会经济状况不好。设立保护区的目标在于保护该地区的生物多样性，以致力于当地乃至全国社会经济的可持续发展。“自然保护”与“社会经济全面发展”已成为我国的两项基本国策。可以预见，随着人们对于生存、发展的需求日益提高，保护区周边社区对于保护区内及周边的自然资源将维持一个较高的依存度。

本节将探析保护区所处的九寨沟县及周边社区的社会经济现状成因，及其存在的问题，以得出当前的社会经济状况对于保护区发展所构成的直接和潜在的威胁，进而为探析消除“保护与发展”之间业已存在的矛盾和冲突的可行措施奠定基础。具体来说，将从宏观层次即九寨沟县构成的区域环境，以及微观层次即周边社区所构成的对保护区发展具有更为直接影响的小区域环境出发，对该地区的人口、资源的发展特点及趋势进行分析，以深入探析区域环境可能对保护区产生的影响。

16.3.1 人口现状分析

人口与资源是社会经济的两个最重要的基本要素，社会经济的发展则是以人口对于资源的利用作为前提条件。一个国家、一个地区的社会经济发展水平取决于该国或该地区的人均资源拥有量、资源拥有类型、资源利用方式和资源利用水平等因素，而人均资源拥有量、资源利用方式和利用水平则与人口的素质息息相关。在发展中国家和贫困落后地区，人口和资源的关系常常体现为人均资源拥有量低，资源利用类型和利用方式单一，以及资源利用水平低，其原因可以归咎为自然资源不佳以及人口的低素质。为系统探析该地区人口现状对于自然保护的影响，本节将从人口密度、受教育状况等方面分别进行阐述。

16.3.1.1 人口密度

从图 16.3 可以看出，九寨沟县人口总量不多，人口密度也不大，只有 12.67 人/km^2，虽然略高于阿坝州人口密度 10.85 人/km^2，但远远低于四川省人口密度 166.52 人/km^2 和全国平均人口密度 142.76 人/km^2。

从人口增长趋势看，2008～2012 年，九寨沟县的人口一直保持低速增长的态势，人口自然增长率为 6%～7%。

该地区人口稀少，人口密度低，是四川西部地区的共同特征，这不能说明该地区的资源面临来自人类生产和生活的压力就小。相反，由于泥石流等地质灾害频发，该地区土地、森林等自然资源常常遭到不同程度的破坏，资源相对短缺将成为影响该地区经济发展的因素。

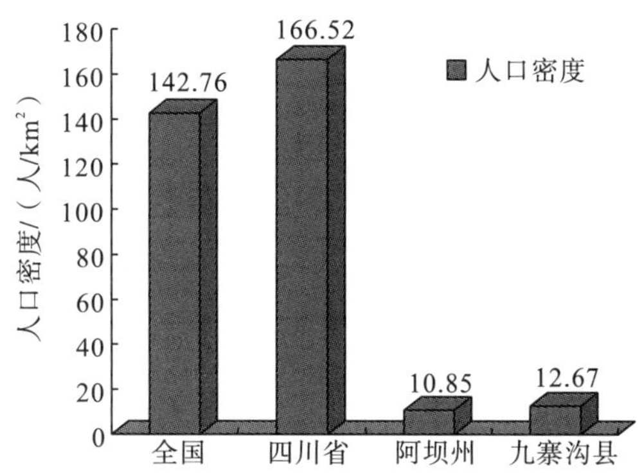

图 16.3　全国、四川省、阿坝州和九寨沟县人口密度比较

16.3.1.2　人口受教育程度

调查结果表明，保护区周边社区居民文化水平不高。这一现实直接决定了该地区部分农户难以接受新生事物和掌握农业新技术，无法认识到所从事生产活动的经济效率问题，也缺乏市场竞争意识，因而固守原有的、粗放式的经济活动。文化低既是现实情况，也是社区长期以来存在的问题。从资源利用的角度来看，社区群众原本的资源利用效率低，难以掌握和应用节约资源的各种技术和方法，也就无法实现资源利用效率的提高，从而需要耗费更多的资源来维持现有的生产和生活。

16.3.2　资源利用现状分析

自然资源的不合理利用会导致水土流失、森林急剧减少、草地退化等恶劣的生态后果，使得生态系统所具有的涵养水分、蓄积洪水、调节气候和为人类社会提供物质能源等功能下降，从而破坏生态系统的完整性。自然资源可以分为不可再生资源和可再生资源，矿产等不可再生资源，越用越少；而森林、水生物等可再生资源，一旦利用超过作为资源载体的生态系统的承载力限度，也将难以实现再生。

长期以来，保护区周边的社会资源利用方式单一、无序、粗放、缺乏可持续性。保护区建立后，划定了特定区域保护生物多样性和生态系统，而保护区内的生态系统并没有摆脱脆弱性。保护区的成立限制了周边社区经济活动的空间及对自然资源的利用。然而，周边社区本着生存和发展的需求对保护区内及周边的资源依赖性却难以降低，由此导致保护区与社区之间的冲突和矛盾频发，保护工作常陷入被动局面。

16.3.2.1　矿产资源利用现状分析

九寨沟县矿产资源丰富，但大多数都分布在保护区内，对这些矿产资源的利用对保护区的影响较大：①将破坏保护区内的生态系统，包括森林的损毁和地下、地表径流的改变；②将破坏保护区内野生动物赖以生存的栖息环境，并对这些野生动物造成惊吓；③对矿产资源的粗放型和低效性的利用所产生的废弃物将直接污染当地环境，从而影响野生动物的存活和野生植物的生长，以及当地群众的身体健康。经过保护区管理部门长期以来持续不懈的工作，周边社区矿产资源的利用活动得到了有效规范和控制。

16.3.2.2 耕地利用现状分析

随着“退耕还林工程”在九寨沟县的实施，该地区诸多农业用地被转变为林业用地，耕地面积大幅度减少。在粮食种植上，部分村镇仍沿用传统的农业生产模式，对现代农业技术的应用较少。农药和化肥施用量很小，农药主要用于经济作物。由此，该地区耕地单位产量也较低。保护区周边社区耕作较为粗放，同时还面临着野生动物对庄稼的破坏，大部分家庭的粮食无法实现自给。周边社区的耕地中旱地占很大比例，无法种植水稻，致使相当一部分农户通过买粮来解决吃粮问题。

耕地面积不断减少，社区群众只有通过其他形式的自然资源利用来获取更多的经济收入，这导致对保护区内周边资源的压力增大，并对自然资源构成直接和潜在的威胁。

16.3.2.3 森林资源利用现状分析

保护区建立以后，大规模的商业采伐活动已被全面禁止。但是，在保护区周边社区还存在一些偷伐现象。除此之外，周边社区对于薪柴的高需求也是自然保护所面临的威胁之一。随着“改灶节柴”活动、太阳能热水器、沼气的推广，保护区周边社区薪柴需求数量有所减少，从而减小了森林资源的压力。

16.3.2.4 野生动植物资源利用现状分析

随着保护工作的深入开展，打猎活动在该地区被全面禁止。尽管盗猎活动也偶有发生，但对野生动物资源构成的破坏活动不甚严重。采集中草药是该地区农户的传统经济活动之一，随着市场经济的发展，以及我国中医药市场的快速发展，前来该地区收购野生药用植物的商贩不断增多，这也促使保护区周边农户的野生药用植物资源的利用活动十分活跃。由于保护区野生药材资源丰富，有虫草、贝母、天麻、猪苓、党参、当归、羌活等名贵药材，上山采药给保护管理带来极大的压力。对野生药用植物的大规模和无序的利用将带来严重的植被破坏、水土流失问题，并将导致这些植物种群陷入濒危和灭绝的境地，从而对生态环境和生物多样性的保护均将构成严重的负面效应。当前，我国对野生药用植物的利用尚缺乏有效法律予以规范。由此可以预见，白河自然保护区采集中草药的活动在相当长一段时间内仍将较为活跃，自然保护工作所面临的压力将是长期的。

16.3.2.5 资源利用现状对于自然保护构成的影响

从前文的分析可以发现，当前保护区周边社区的资源利用行为具有一定惯性，也就是说，现行的资源利用活动是传统经济活动的组成内容。保护区的成立对于这些传统资源利用活动产生了一定影响，但由于保护区周边社区群众对薪柴、土地、野生药用植物等资源利用存在较大的依存度，因此这些资源利用活动并没有因为保护工作的开展而发生根本性改变，其对于保护工作所带来的威胁和压力也必然在相当长的时间内存在，并维持一个较高的水平。

多年来，我国政府已将社会经济的可持续发展作为国家发展战略，对于自然保护工作的开展给予了高度的重视和空前的投入。当前，我国自然保护区的建设和发展以当地政府的投入为主，当地的社会经济发展水平决定了对于保护工作开展所投入的物力、财力的能力，也就决定了该地区保护管理工作发展的水平。

总的来说，白河自然保护区所处的九寨沟县和周边社区的社会经济发展水平不高，这既有经济发展基础薄弱等历史原因，也有人口素质不高和难以通过教育给予提高，资源利用方式单一和利用效率低下，基础设施和公共服务体系不健全造成的生产模式难以改变、生产发展缺乏资金支持等现实因素。对于生存和发展诉求日益高涨的今天，周边社区迫切希望改变当前落后的经济发展水平，现有的对于自然资源具有较高依赖性的经济活动将进一步扩张，这将使得社区对于保护区内及其周边地区的资源利用进一步增加，也将导致保护区面临来自社区更大的资源压力，从而影响保护区走上健康和可持续发展的道路。由此，在保护区管理部门的下一步保护管理工作中，应更为密切地关注周边社区的发展态势，并积极探索与社区发展相和谐的保护管理模式。

自然保护工作的开展关系诸多利益相关方，如果这些利益相关方从保护工作中不能得到相应利益，则难以体现其积极性。进一步说，如果这些利益相关方的原有利益遭受损害，对于保护工作的抵触情绪、行为发生也就难以避免。保护区周边社区群众在自然保护工作开展中所获得的现实利益有限，且原有的资源利用活动受到限制，难以实现经济状况的改善，由此部分群众对保护工作产生抵触。

相比较而言，“保护区的保护”与“周边社区的发展”是一对复杂的矛盾体，现存矛盾绝非单靠保护区自身就能够解决，该矛盾的解决有待于中央政府、地方政府及保护区的共同合作和努力。换而言之，对于推动保护区周边社区社会经济水平的提高，以及缓解和消除当前不高的社会经济水平对于保护区发展构成的威胁，不能只从问题的表象去探索解决问题的办法，而应将问题置于社会经济环境中追溯问题产生的深层原因，即从“保护与发展”两者之间存在的辩证关系出发探寻问题的解决办法。保护区周边社区的社会经济水平提高不应以破坏保护目标作为实现条件，而应追求“保护与发展”和谐共存的社会经济发展模式，这首先需要国家从法律和政策层面对该种发展模式的形成给予保障，其次需要地方政府对于保护区发展目标达成共识，并将保护区的发展纳入地方社会经济发展规划，还需要保护区关注并保障社区合理的资源利用诉求，并建立有效的机制推动“保护与发展”的共进。

总的来说，只要人类文明在延续，发展与环境和自然资源保护之间的矛盾和冲突就会存在，如何协调发展与保护的关系将是人类社会与自然关系最基本和永恒的主题。发展与保护的矛盾既是人类社会发展的限制，也是促进人类社会理智和平衡发展的内在动力，这对于保护区的未来也是如此。

第 17 章　保护区保护管理现状

17.1　管理体制与机构建设

17.1.1　管理体制

白河自然保护区是四川省第一批建立的自然保护区。早在 1963 年 3 月，四川省林业厅向原四川省人民委员会上报了《四川省林业厅关于积极保护和合理利用野生动物资源的报告》。该报告提出将“南坪白河(白河公社辖区)林区”划为自然保护区，保护“面积二万公顷，保护大熊猫、金丝猴”。同年 4 月，原四川省人民委员会以《四川省人民委员会批转省林业厅“关于积极保护和合理利用野生动物资源的报告”》[(63)川农字第 0191 号]批准了该报告，建立了白河自然保护区。之后，阿坝州林业局通过“州林经(63)字第 150 号”确定了保护区的四至界线。保护区的发展历程如下。

1964 年，保护区在太平沟沟口附近建立了第一个保护点——马厂保护点，负责保护区的护林防火、巡山保护等工作。

1979 年，保护区根据《四川省人民政府关于加强自然保护区建设的通知》(川革发〔1979〕36 号)，成立了南坪白河自然保护区管理所。管理所行政级别为科级，人员编制为 8 人，同时明确了“省、县共管，以省为主”的管理机制，太平沟尾部下坪地建立了下坪地保护点。

1996 年，根据阿坝藏族羌族自治州编制委员会《关于同意成立南坪白河自然保护区管理处的批复》(阿编发〔1996〕1 号)，撤销了南坪白河自然保护区管理所，成立了南坪白河自然保护区管理处。管理处改为副科级事业单位，隶属于南坪县林业局，核领导职数 2 名。

1997 年 11 月 21 日，南坪县人民政府以“国林南坪证(1991)第 2 号”给保护区核发了国有林权证，核准其管理面积为 16204.3hm^2。

1998 年，随着南坪县更名为九寨沟县，原南坪白河自然保护区管理处更名为九寨沟县白河自然保护区管理处。

2002 年，九寨沟县人民政府办公室以《九寨沟县人民政府办公室关于印发九寨沟县白河自然保护管理处岗位设置规定的通知》(九寨沟府办发〔2002〕100 号)确立了保护区管理处组织机构及人员编制。

2005 年，根据国家林业局和原国家环保总局相关文件精神，经请示，保护区管理处由九寨沟县白河自然保护区管理处更名为四川白河自然保护区管理处。

白河自然保护区目前为省级自然保护区，管理处行政级别为副科级，具有独立法人资格，属社会公益性事业单位。

17.1.2　机构设置与人员配备

白河自然保护区县城办公地点为九寨沟县永乐镇张家湾 4 号。阿编发〔1996〕1 号文件“同意成立白河自然保护区管理处，为副科级事业单位，隶属县林业局”。2002 年，九寨沟县人民政府办公室以《九寨沟县人民政府办公室关于印发九寨沟县白河自然保护管理处岗位设置规定的通知》(九寨沟府办发〔2002〕100 号文)确立了保护区管理处组织机构及人员编制。目前，保护区人员编制 27 人，在编人员 19 人，实际工作人员 34 人(有 15 人属编外雇用人员)。工作人员中，管理处主任、副主任各 1 人，共占 5.9%；办公室 3 人，占 8.8%；保护管理科 5 人，占 14.7%；科研宣教科 3 人，占 8.8%；多种经营管理科 2 人，占 5.9%；保护站管理人员 19 人，占 55.9%。

保护区办公室占地面积约为 $800m^2$，办公室(挂牌)包括：主任、副主任、办公室、财务科、多种经营管理科、保护管理科、科研宣教科、档案室、西华师范大学白河科研组、美国 Texas A&M University 人类学系中国科学院动物研究所灵长类研究组。

17.2　基础设施与经费保障

17.2.1　保护区基础设施、设备

四川省林业厅、阿坝州林业局及九寨沟县林业局对白河自然保护区的发展十分重视，经过多年的建设，目前已经具备了一定的基础设施条件，能够基本满足保护管理工作的实际需要。

白河保护区管理处现用办公用房 $800m^2$，产权属九寨沟县政府。

白河保护区现建有下坪地、太平、燕子垭和二道桥 4 个保护站。

(1)下坪地保护站：建于 1964 年，2009 年进行过维修。建设地在芝麻沟支沟青岩沟沟口下坪地，占地面积为 $600m^2$，建有保护用房面积为 $240m^2$、厨房面积为 $60m^2$、厕所面积为 $30m^2$，无院坝、围墙、大门等设施。

(2)太平保护站：建于 1994 年，位于芝麻沟中部东侧太平村三组境内，占地面积为 $300m^2$，建有保护用房面积为 $260m^2$、厕所面积为 $20m^2$。2009 年，由于兴建了马厂至太平村公路，原保护站保护作用渐失。

(3)燕子垭保护站：位于白河乡政府，该保护站现有 4 人。该保护站共有 3 栋建筑，总建筑面积约为 $750m^2$，硬化院坝面积为 $200m^2$，厕所为单独修建，面积为 $30m^2$。围墙、大门总占地面积约为 $3500m^2$。供水主要与乡政府共用水池，电用农网电，有固定电话 1 部和电视 1 台，有移动通信信号、有线电视信号、人像识别系统，解决了保护站的排水问题和职工的洗澡问题。经访问了解，在该保护站对面的山脊上一次性发现 4 只大熊猫，但没有收集到照片和影像资料。

(4)二道桥保护站：规划建设，因选址原因未建设。意向建设在二道桥村，水电与村社共用，有通信信号。

17.2.2 道路工程

保护区尚未建设道路。但是，现有的九寨沟县城—九寨沟风景区公路(九环线)经过保护区东北和西北边界附近地带，马厂—太平村公路连接九环线和太平保护站。这些公路可以用于保护区的保护管理工作。另外，保护区现有多段步行道，也可以用于保护区巡山保护。

17.2.3 通信工程

保护区管理处位于中国电信、中国移动和中国联通的无线网络覆盖区，下建的太平和燕子垭保护站也被中国移动公司无线网络覆盖。在管理处和燕子垭保护站各安装有固定电话1部，在太平保护站、下坪地保护站各安装有5W电台1部。保护区利用这些通信设施，采用有线与无线相结合的方式，基本可以实现保护区内外通信。

17.2.4 供电工程

保护区管理处、太平保护站和燕子垭保护站利用国家电网解决了供电问题。下坪地保护站建有5kVA小水电站1座，目前已损坏，无法发电。

17.2.5 给排水工程

保护区管理处利用市政供水系统和排水系统解决了给排水问题。燕子垭保护站自建有简易的给水设施，基本能够满足职工生活用水需要，但排水系统很不完善，下雨时污水横流。下坪地保护站和太平保护站的给排水工程有待建设。

17.2.6 保护区人员经费

管理人员的工资及办公经费主要为九寨沟县财政支出[县林业局平(内)调]；小部分为国家天然林资源保护经费与大熊猫保护经费。

17.3 保护管理与科研监测

17.3.1 保护管理

保护区自建立近十年来，在野生动植物保护和森林防火等工作中取得了一定的成绩。除开展经常性的保护巡逻工作外，保护区还在九寨沟县林业公安科的配合下，严厉打击破坏森林资源与野生动植物的行为，有效打击了偷猎野生动物和盗伐林木的不法分子，清查、惩处盗伐林木的案件多起。加强了护林防火工作，通过各类标牌、标语等形式大力宣传《森林法》《野生动物保护法》《森林和野生动物类型自然保护区管理法》等法律法规，提高了周边居民对自然保护工作重要性的认识，取得了基层组织对保护工作的支持，积极配合高等院校和国内外科研机构开展保护大熊猫等珍稀动物的工作。

另外，保护区制定了较为系统的保护管理制度，在工作人员中推行岗位责任制、分片负责制，制订了《林区野外用火管理办法》《大熊猫保护责任制》《自然保护区保护管理制度》和《工作人员守则》，与周边乡镇建立了自然保护区森林防火、动植物保护机制和联防公约。由于措施得力，从保护区成立以来，还未发生森林火灾。保护区的管理制度从无到有，不断探索，逐渐改进和强化管理，现已初步形成了一套比较严格的用人制度与管理模式。

但由于保护区还没有成立专门的执法机构，缺少专业的执法人员，保护区资源还没有完全摆脱受威胁的状况，盗伐林木、掠夺性利用保护区药材等资源的行为还时有发生。

保护区自成立以来，在未获得国家基本建设投入的情况下，依靠林业局与地方政府的支持，租用闲置房屋成立了保护区管理机构。在保护站未建立前及时下派管理人员协同森林资源管护站开展保护管理工作。在各级管理人员的认真努力下，保护区内的大熊猫保护工作有了长足的进展，栖息地受蚕食、破坏的现象得到了及时抑制，生态环境大为改善；放牧活动得到控制，偷猎活动受到严重打击，盗伐活动已很少发生，打笋、挖药等长久以来形成的利用资源的行为正逐步得到正确引导。同时，保护工作还得到当地政府的支持，县委、县政府决定把九寨沟县退耕还林工程首先安排在保护区周边的乡，有力地改善了保护区周边群众的生产生活状况，融洽了保护区与社区群众的关系，使保护区的建立与保护工作的正常开展有了坚实的群众基础。此外，当地林业主管部门、社区乡镇还建立了专业巡山队、群众巡山队，坚持常年巡山视察，使野生动植物、森林资源与生态环境得到了较好保护。

17.3.2 科研监测

保护区开展了较为翔实的资源调查等工作。2003 年，保护区委托四川省林业勘察设计研究院完成了保护区森林资源规划设计调查，形成了《四川白河自然保护区森林资源规划设计调查报告》。2004 年，保护区委托四川省林业科学研究院、西南师范大学生命科学学院、四川大学生命科学学院、四川省野生动物资源调查保护管理站等单位共同完成了该保护区的综合科学考察工作，形成了《四川白河自然保护区综合科学考察报告》。2007 年，保护区委托公司完成了区内实验区旅游资源调查，编制了《四川白河自然保护区太平沟生态旅游总体规划》。2009 年，金贵祥等对保护区内大熊猫的主食竹及栖息环境进行了调查，形成了《四川白河自然保护区大熊猫主食竹及栖息环境因子调查报告》。2013 年，保护区又委托西华师范大学开展第二次综合科学考察，编制了《四川白河自然保护区综合科学考察报告》(2013)。

保护区的资源监测工作较为扎实。2002 年以后，保护区对区内生物多样性进行了监测，形成了一些监测报告，如《四川白河自然保护区生物样性监测(2002～2006)技术报告》等。2011～2012 年，保护区与美国 Texas A&M University 人类学系中国科学院动物研究所灵长类研究组合作，对区内川金丝猴生态、生物学习性等进行了监测，录制了数小时川金丝猴的活动视频。2012 年，保护区与西华师范大学签订了建立科研实践基础和教学实习基地的协议，并通过该大学在保护区内设立的科研组对川金丝猴等野生动物进行监测。

保护区的科研成果丰富。自 1984 年以来，多位专家、学者将白河保护区作为科研平台，开展考察、研究活动，发表了多篇学术论文。例如，1984 年，史东仇等在《动物学杂志》上发表了《四川南坪白河自然保护区鸟类调查报告》；1985 年，史东仇等在《动物学研究》上发表了《白河自然保护区川金丝猴栖息地景观格局分析》；2004 年，陈亚飞等在《西南师范大学学报(自然科学版)》上发表了《白河自然保护区种子植物区系特征》；2007 年，顾志宏完成了硕士学位论文《白河自然保护区川金丝猴生境选择与生境评价》，并与金崑等合作在《林业科学》上发表了《四川省白河自然保护区川金丝猴生境评价》；2009 年，胡学煜等在《四川林业科技》上发表了《白河自然保护区生态旅游SWOT 分析与发展对策》；2011 年，顾志宏等在《安徽农业科学》上发表了《白河自然保护区川金丝猴栖息地景观格局分析》，施明辉等在《生态学杂志》上发表了《基于SOM 神经网络的白河林业局森林健康分等评价》。

17.3.3 宣教教育

保护区自建立以来，会同当地政府、林业主管部门通过电影、广播、会议、标语、广告等各种形式在全县范围内特别是保护区周边乡镇大力宣传《森林法》《野生动物保护法》等法律法规，同时还结合护林防火工作以及“天然林保护工程”“退耕还林工程”和“野生动植物保护及其自然保护区建设工程”的开展，深入到藏族群众家庭进行积极宣传。先后出动宣传车 200 余台次，分发《野生动物保护法》和《四川省野生动物保护实施办法》4000 多册、布告多份、宣传画 300 份，粉刷标语 200 多条，同时还经常在广播站、电视台进行宣传，做到了“大熊猫”“金丝猴”“自然保护”等专用名词“家喻户晓，人人皆知”。在积极广泛宣传的同时，保护区还与社区乡、村签订了管理责任制，推行大熊猫保护行政领导负责制，实行年终考核。当地政府、居民都支持大熊猫的保护工作与保护区建设工作，能积极配合保护区开展的各项活动。

第 18 章　白河自然保护区评价

18.1　自然生态质量评价

18.1.1　物种多样性

白河自然保护区内有大型真菌 106 种，隶属于 2 亚门 5 纲 9 目 33 科 65 属。其中，林木菌根真菌 19 种，食用菌 39 种，药用真菌 16 种。

保护区内分布有苔藓植物 146 种，隶属于 49 科 102 属，物种多样性较为丰富。有蕨类植物 144 种，隶属于 25 科 49 属。保护区有裸子植物 5 科 10 属 35 种，被子植物 103 科 456 属 1293 种，由此可见，保护区拥有丰富的植物种类和数量。

保护区动物种类十分丰富，共有脊椎动物 263 种，其中兽类 7 目 24 科 65 种，鸟类 14 目 45 科 163 种，爬行类 1 目 4 科 13 种，两栖类 2 目 5 科 16 种，鱼类 2 目 3 科 6 种。从动物地理分区上看，保护区属于东洋界西南区的西南山地亚区，动物种类在组成上体现了东洋界与古北界物种混杂的特点，但在总体上以东洋界物种为主。

保护区昆虫资源十分丰富，具有明显的独特性，迄今已发现昆虫 587 种(亚种)，隶属于 14 目 105 科 424 属。其中，以鳞翅目、半翅目和鞘翅目的种类最多，分别占本次采集到的总种数的 39.0%、17.0%和 15.7%，除上述三种外的其他种类仅占总种数的 28.3%。等翅目、蜚蠊目、襀翅目和啮虫目种类最少，都仅有 1 种。

18.1.2　生境多样性

保护区植被分为 5 个垂直带，分别是阔叶林、针叶林、灌丛、草甸和高山流石滩稀疏植被，包括常绿落叶阔叶混交林、落叶阔叶林、山地常绿针叶林、山地针叶阔叶混交林等 11 个植被型。5 个植被带内包含众多的群系。每一群系、群丛都是一大类生境，这些生境的内部，对不同动物来说具有相应的生态位，再加上溪流、沼泽、洞穴等小生境不同的位置、朝向和微生境因素的作用，构成了保护区的生境多样性。丰富的生境多样性孕育了丰富的植物群落多样性，并维持着丰富的动物多样性。

18.1.3　物种稀有性

保护区的珍稀动物和植物的种类十分丰富（附录 13)，有我国Ⅰ、Ⅱ级保护兽类 18 种，占保护区兽类分布的 27.7%。其中，国家Ⅰ级保护兽类有大熊猫、川金丝猴、扭角羚、豹等 6 种，国家Ⅱ级保护兽类有猕猴、豺、黑熊、马熊等 12 种。国家Ⅰ级保护鸟类有金雕、斑尾榛鸡、红喉雉鹑、绿尾虹雉 4 种，国家Ⅱ级保护鸟类有黑鸢、雀鹰、血雉等 18 种，分别占全省Ⅰ、Ⅱ级保护鸟类的 23.53%和 24.32%，省重点保护的鸟类 3 种，占四川省重点保护鸟类的 7.5%。

保护区内我国特有种比较丰富，在兽类中，我国特有和主要分布于我国的共有 23 种，占保护区兽类总数的 35.4%。其中，属我国特有的有 13 种，可见特有兽类比例较高。同时，该区又是南中国特产鸟类区，窄域分布的特产鸟种很多，中国特有种鸟类在本区有 11 种，占四川的中国特有种类总数的 29.73%。

保护区内植物种类多，特有种、珍稀濒危植物丰富，其中国家Ⅰ级保护植物有 2 种，国家Ⅱ级保护植物有 7 种，见附录 14。

保护区物种的稀有性还表现在相当一部分单种属和部分少种属是古老孑遗属，如植物中水青树属、连香树属、化香属属于古老成分；八角枫、润楠、山胡椒、胡枝子、菝葜、柃木等为古近—新近纪就已存在且至今仍占重要地位的双子叶植物古老成分。保护区还有如大熊猫等古老、珍稀动物种类。

18.1.4 保护区的代表性

保护区是以保护川金丝猴、大熊猫等珍稀野生动植物为主的野生动物与森林生态系统类型保护区，在地理位置上位于岷山山脉北部地区。该地区属我国生物多样性保护的优先地区，也是全球生物多样性保护的关键地区，已被世界自然基金会（World Wide Fund for Nature，WWF）列为全球 25 个优先保护区域之一（喜马拉雅—横断山区）。保护区位于川金丝猴分布区域的腹心地带，属川金丝猴集中分布区，是目前所知的川金丝猴种群最大、密度最高、最具代表性的保护区。现有资料表明，世界上约 1/10 的川金丝猴种群生活于此。保护区还在岷山大熊猫 A 种群分布区的北界附近，北与岷山大熊猫 C 种群分布区毗邻，西与保护岷山大熊猫 A 种群的九寨沟保护区和勿角保护区相连，并与它们形成“保护区团”，共同保护岷山大熊猫 A 种群。因此，该保护区在我国川金丝猴、大熊猫等珍稀濒危物种及生物多样性保护方面具有突出的代表意义。此外，保护区位于川西高山峡谷亚高山针叶林地带、大雪山东部高山峡谷植被地区、白龙江上游植被小区，区内自然植被类型和垂直带谱均具有该区域自然植被的典型特征。

18.1.5 保护区的自然性

保护区自 1963 年建立后，就成立了相应的管理机构，从事保护宣传、巡山管护等工作，有效地保护了自然生态系统，保持了自然性和原始性。保护区内无当地农村居民居住。周边 5 个乡镇平均人口密度为 25.7 人/km^2，仅为四川省人口密度 166.0 人/km^2 的 15.5%。

18.1.6 面积的适宜性

该保护区面积基本能够满足区内主要保护对象川金丝猴和大熊猫栖息、繁衍的需要。

保护区与九寨沟保护区、勿角保护区接壤，川金丝猴和大熊猫等野生动物可以在这些保护区间相互迁移，从而获得更大的生存、繁衍空间。保护区川金丝猴和大熊猫栖息地海拔为 2000～3120m，相对高程为 1120m。在这个海拔区域，气候差异明显，植被类型多样，生境类型丰富，水源充足，完全能够满足川金丝猴和大熊猫等重点保护野生动物不同季节迁移的需要。

保护区内有大量可为川金丝猴提供食物的长松萝、红桦、糙皮桦、槭树、稠李、花楸等植物，也分布着大量的华西箭竹、大箭竹等大熊猫喜食竹类。这些食物可以满足区内川金丝猴和大熊猫的生活需要。

18.2 保护区效益评价

18.2.1 生态效益

保护区位于长江上游二级支流白龙江上游，境内的自然植被对维持长江流域生态平衡、减少水土流失量、调节气候、净化水质都起着极为重要的作用。保护区所在地位于我国生物多样性优先保护区，具有丰富的野生动植物物种，动植物区系复杂，是生物多样性保护的重要地区之一。

18.2.2 生物效益

1. 保护生态系统和生物多样性

保护区物种丰富，起源古老，种群特殊，生态系统完整，是珍贵的物种基因库。通过项目建设，切实有效地保护好这些珍贵的物种基因，这不仅保护了当地的生物多样性，而且使保护区生态系统的自我调节能力增强，生态系统内的物资循环、能量流动、信息传递将保持相对稳定状态，生物物种多样性、遗传多样性和生态多样性将得到保护和发展，对当地经济的持续发展和资源的可持续利用有着重要意义。

2. 科研效益

保护区内川金丝猴种群数量大，生境复杂多样，是研究川金丝猴生物、生态习性及其发生、发展、演替规律的理想场所。同时，保护区也是重要的物种基因库，开展相关学科的研究具有很高的科研和学术价值。目前，顾海军、顾志宏等对区内川金丝猴生物、生态习性和栖息地进行了一些研究，取得了一定成果。美国 Texas A&M University 人类学系和西华师范大学又在保护区内设立了研究组，对区内川金丝猴进行长期监测、研究。

18.2.3 社会效益

保护区不但生态效益显著，社会效益也十分明显，主要表现在以下方面。

1. 生物多样性保护和科研、科普的理想基地

保护区内的生物资源是人类的共同财富。保护区的建立，将为人类永久地保留这些物种资源做出不懈努力。同时，保护区丰富的自然资源又成为生物科学研究和教学实习的理想场所，为人类认识自然、了解自然、利用自然创造了良好的条件。

2. 促进生态文明建设，提高全民环保意识

保护区内丰富的生物资源和自然景观资源，不但能使人们领略大自然的无穷魅力，体味旖旎风光的无限情趣，而且是对人们进行环保教育很好的材料和课堂，有利于促进人们身心健康和精神文明建设，激发其热爱祖国、热爱家园、热爱自然的真实感情，提高全民环保意识。

3. 促进保护区与周边社区科研与文化建设

保护区内丰富多样的生态环境和生物群落，是进行生态学研究和教学较为理想的场地。另外，也可以通过对野生动物种群数量与环境间的关系研究，搞清主要野生动物在这一地区影响种群数量动态变化的主导因子，为有效保护野生动物服务。另外，保护好区内的自然生态系统，维持九寨沟旅游环线公路沿线优美的生态环境，对九寨沟旅游业发展也将发挥积极作用。

18.2.4 经济效益

保护区内分布有党参、当归、大黄等药用植物 612 种，雪地茶、蕨、野杏等食用植物 140 种，青杆、油松、花椒等芳香及油脂类植物 67 种，石松、桦木、野茉莉等观赏植物 275 种，还有林麝、黑熊等多种药用动物。这些动植物具很高的经济价值，保护其基因资源可以造福人类。另外，适当开发、利用保护区的丰富的旅游资源，可以为保护区“以区养区”做出积极贡献。

第 19 章 管理建议

19.1 存在的不足

1. 保护工程不完善

目前，白河自然保护区管理处所用房屋产权属九寨沟县政府。保护区二道桥保护站(点)尚未建设，下坪地、太平等保护站也需维修。另外，下坪地保护站供电、电视、通信、给排水等问题急需解决，太平保护站给水工程有待解决，下坪地、太平、燕子垭等现有保护站也需配备必要的交通、巡护、监测等工具。

2. 科研监测设施缺乏

由于保护区设立较晚，其基础设施建设薄弱，没有现代化的办公、科研设备，并且现有的设备仅供管理办公室及少数人员使用。野外巡护设备简陋，特别是野外的监测设施设备匮乏。

3. 管理机构、制度有待完善

保护区虽然设立了相应的管理机构，但人员不足，未能充分发挥其应有的作用。保护区主要依靠林场人员和聘用人员进行日常管理，专业保护人员缺乏，严重影响了日常管理工作的进行与专业化发展进程。保护区现行的管理制度还不够健全，岗位责任、奖惩制度还应具体化，可操作性有待提高。由于保护区管理处、保护站与各职能部门建设严重滞后，管理的有效性不高。

4. 保护区人员少，专业水平、业务素质有待提高

保护区人员的文化水平近几年有一定程度的提高，但仍然较低，大多为自修的非本专业文凭。现有工作人员中，大专以上学历的人员占 35.6%，但自然保护相关专业毕业的仅 3 人，占 8.8%。这种情况下，保护区的科研、监测等工作难以进行。

19.2 保护区所面临的威胁

1. 放牧

虽然现有放养家畜数量有所减少，但长期的放牧会加重草地生态系统的承载能力，危及草地生态系统健康和生态服务功能的发挥。保护区需要与各级政府一道，与社区村民协调，规范其放牧行为，并将放养的牲畜维持在一定的数量内，以减少对高山草甸生

态系统的过度利用和破坏。

2. 采药、偷猎

保护区内有很多名贵的中药材资源以及各类珍稀的雉类、兽类。每年秋季采药季节，部分社区居民进入保护区采药，多年的巡护监测中也发现有一定数量的陷阱、套索等。频繁的人为活动严重威胁保护区的野生动植物，导致部分大型动物迁移。

3. 盗伐

由于收入来源渠道有限，少数社区居民把盗伐林木作为缓解经济困境的途径之一，另外还用盗伐的林本建造房屋以及农用工具。

4. 自然灾害

保护区内发生的自然灾害主要有地震、泥石流、干旱、洪涝、冰雹等。保护区地处岷江断裂和雪山-青川断裂交汇地带，地震活动频繁。受地形、地质、水源、气象等自然因素的影响，泥石流时有发生。

5. 潜在的生态旅游活动

当今社会发展较快，人们的生活越来越富裕，不少家庭或组织专门到保护区内踏青，尤其是保护区毗邻九寨沟、黄龙等旅游旺地，往来旅游人员很多。这极大地增加了保护区的压力，如带来了不少的生活垃圾和人为干扰。

19.3 保护管理对策

1. 申报晋升国家级自然保护区

积极申请将四川白河自然保护区升级为国家级，以进一步提高保护区的法人地位，增加对保护区的投资力度，进一步建设和完善保护区的基础设施设备，提高保护区的保护管理工作能力。

2. 恢复和完善基础设施建设

完善保护工程：建设保护区管理处处址，修建二道桥保护站，维修下坪地、太平、燕子垭等保护站，完善管理处、保护站给排水、供电、电视、通信等附属工程，配备必要的交通、巡护、监测等工具。建设科研监测工程：建设科研中心和监测工程，配备科研、监测设备。

3. 健全管理体系、加强职工培训和学习

保护区要加强科学管理，把未建立的制度建立起来，未完善的规章制度予以完善，建立健全目标管理责任制，层层落实，明确每个职工的责、权、利，使保护、科研及各项工作落到实处。

保护区的各类人员的素质、专业技能有待进一步提高。组织人员到高校进修，提升其专业素质；积极组织人员参加国家林业局、四川省林业厅等组织机构的各类培训，迅速提高保护区人员的专职水平。

4. 加强宣传教育和执法力度

保护区要加强《森林法》《野生动物保护法》《森林和野生动物类型自然保护区管理办法》和《自然保护区条例》以及护林防火的宣传教育，特别是对周边群众的宣传教育，提高他们的保护意识。同时，要加强巡山护林工作，要依靠法律武器，加大执法力度，严厉打击保护区内的违法犯罪活动。特别是对保护区存在的偷猎活动，应重点进行专项打击治理。对采药、放牧等活动进行规范和管理，具体措施如下。

(1)扩大宣传对象。主要宣传对象是保护区周边社区的居民、基层干部及九寨沟县的城乡居民，同时也包括进入保护区旅游、科考、实习的国内外游客、科研人员、学生等，另外也要对地方各级政府、各级相关部门和相关的国际组织进行宣传教育。针对高层人士的宣传教育将有利于保护区各项工作的顺利开展，同时对实施保护管理及基本建设有事半功倍的效果。

(2)丰富宣传内容。宣传内容包括：①与自然保护有关的政策、法规；②白河自然保护区的珍稀动植物资源及保护价值、生物多样性、自然地理特色以及自然和人文环境等科普知识；③大熊猫的相关生物学知识及其保护与应用价值；④保护区丰富多彩的生态旅游资源；⑤有关野生动植物保护、救护的常规知识；⑥保护区建立的目的和意义，建设发展史、资源保护的成就及保护区未来发展的远景规划等相关知识；⑦保护区所受的威胁状况及潜在威胁因素等。

(3)扩大宣传途径。以标本、图片、标语、文字材料、多媒体、会议讲演宣传和利用声像放映器材进行展播及宣传性标牌等方式进行宣传教育。

(4)建立固定的宣传教育点进行定期、不定期及长期的宣传教育。

5. 加强科学研究

根据保护区现有的力量，可以进行基本的监测工作及简单的科研调查和观察工作，通过有计划、有步骤、有重点地对保护区内自然生态系统、珍稀野生动植物及其干扰进行有效监测、巡护和研究，为保护区的保护管理提供基本的决策依据。

加强建设生态监测站、生态监测点，加强对保护区内珍稀野生动物的种群结构、发展趋势等的监测和研究。同时加大对各类科研档案的管理力度，确定专人负责管理，将科研成果及时录入微机，建立完善的借阅和管理制度。

6. 加强人才队伍建设及人才引进

采取“请进来、送出去”的办法，有计划地引进专业人员和培养科研专业队伍，并与大专院校、科研机构以及国际组织开展协作，以挖掘保护区的科研价值，加强保护区的基础科研及管理工作。

7. 灾害监测与防治

保护区地处岷江断裂和雪山-青川断裂交汇地带，地震活动频繁。受地形、地质、水源、气象等自然因素的影响，泥石流时有发生。为防治自然灾害对动植物生境的破坏，应在灾害多发地段修筑挡土墙或排导堤、坝。各保护站点要指定专人对辖区内的重点地质灾害点进行24小时监测，必须做到岗位和人员落实。充分发挥地质灾害群测群防作用，一旦发现险情，要立即上报，并采取及时的应对措施。保护区应会同国土资源部门对区内的隐患点进行排查，会同水利部门对洪涝、泥石流等易发点进行整治。

参考文献

藏得奎，1998. 中国蕨类植物区系的初步研究[J]. 西北植物学报，18(3)：459-465.

陈宝麟，1997. 中国动物志：第八卷[M]. 北京：科学出版社：1-884.

陈宝麟，1997. 中国动物志：第九卷[M]. 北京：科学出版社：1-190.

陈一心，1999. 中国动物志：第十六卷[M]. 北京：科学出版社：1-1660.

戴玉成，2009. 中国多孔菌名录[J]. 菌物学报，28(3)：315-327.

戴玉成，等，2010. 中国食用菌名录[J]. 菌物学报，29(1)：1-21.

戴玉成，杨祝良，2008. 中国药用真菌名录及部分名称的修订[J]. 菌物学报，27(6)：801-824.

邓其祥，等，1989. 卧龙自然保护区两栖爬行动物的调查[J]. 四川动物，8(1).

范滋德，1997. 中国动物志：第六卷[M]. 北京：科学出版社：1-707.

范滋德，2008. 中国动物志：第四十九卷[M]. 北京：科学出版社：1-1186.

方承莱，2000. 中国动物志：第十九卷[M]. 北京：科学出版社：1-589.

费梁，等，2009. 中国动物志两栖纲(第 1-3 卷)[M]. 北京：科学出版社：1-1847.

高立波，钱法文等，2007. 云南大山包越冬黑颈鹤迁徙路线的卫星跟踪[J]. 动物学研究. 28(4)：353-361.

葛钟麟，1966. 中国经济昆虫志：第十册[M]：北京：科学出版社：1-170.

顾海军，Kirkpatrick C，何国建，1998. 白河自然保护区川金丝猴及其保护管理建议[J]. 四川动物，17：109-111.

郭建强，等，2000. 四川九寨沟地貌与第四纪地质[J]. 四川地质学报，20(3)：183-192.

国家林业局，2009. 中国重点陆生野生动物资源调查[M]. 北京：中国林业出版社：358-360.

韩红香，薛大勇，2011. 中国动物志：第五十四卷[M]. 北京：科学出版社：1-787.

何海，高信芬，刘庆，2005. 四川及重庆蔗类植物区系组成、特有现象和珍稀种类[J]. 长江流域资源与环境，14(2)：181-187.

胡锦矗，1998. 中国濒危动物红皮书：兽类[M]. 北京：科学出版社.

胡锦矗，等，1980. 大熊猫金丝猴等珍稀动物生态学研究[M]. 南充师院学报，2：1-38.

胡锦矗，等，2005. 唐家河自然保护区综合调查报告[M]. 成都：四川科技出版社.

黄春梅，成新跃，2012. 中国动物志：第五十卷[M]. 北京：科学出版社：1-852.

蹇代君，何运，徐焱，2013. 九寨沟景区地质灾害类型及特征分析[J]. 科协论坛，下(6)：135-136.

江世宏，王书永，1999. 中国经济叩甲图志[M]. 北京：中国农业出版社：1-195

蒋书楠，1985. 中国经济昆虫志：第三十五册[M]：北京：科学出版社：1-189.

蒋书楠，陈力，2001. 中国动物志：第二十七卷[M]. 北京：科学出版社：1-296.

解文治，等，1993. 秦岭地区金丝猴(*Phinopithecus voxellanoe*)的群体行为与生态习性的观察[J]. 兽类学报，3(2)：141-146.

孔宪需，1988. 四川植物志：第六卷[M]. 成都：四川科学技术出版社.

蓝振江，等，2004. 九寨沟主要植物群落生物量的空间分布[J]. 应用与环境生物学报，10(3)：299-306.

黎大勇，等，2006. 塔城滇金丝猴初秋对生境的选择性[J]. 西华师范大学学报(自然科学版)，27(3)：233-238.

李桂垣，1995. 四川鸟类原色图鉴[M]. 北京：中国林业出版社：259-330.

李仁伟等，2001. 四川被子植物区系特征的初步研究[J]. 植物分类与资源学报，23(4)：403-414.

廖文波，2009. 川西亚热带山地森林两栖动物的生活史[M]. 武汉：武汉大学出版社.

林致远，尹平，1994. 九寨沟土壤发生及地理分布规律研究[J]. 西南师范大学学报，19(1)：90-98.

刘鹏，陈立人，1999. 浙江北山蕨类植物资源及其开发利用[J]. 武汉植物学研究，17(1)：53-57

刘友樵，2006. 中国动物志：第四十七卷[M]. 北京：科学出版社：1-385.

刘友樵，李广武，2002. 中国动物志：第二十七卷[M]. 北京：科学出版社：1-458.

马文珍，1995. 中国经济昆虫志：第四十六册[M]. 北京：科学出版社：1-215.
卯晓岚，2000. 中国大型真菌[M]. 郑州：河南科学技术出版社.
潘清华，王应祥，岩崑，2007. 中国哺乳动物彩色图鉴[M]. 北京：中国林业出版社.
彭燕章，等，1988. 金丝猴分类及系统发育关系[J]. 动物学研究，9：239-248.
蒲富基，1980. 中国经济昆虫志：第十九册[M]. 北京：科学出版社：1-158.
秦仁昌，1978. 中国蕨类植物科属的系统排列和历史来源[J]. 植物分类学报，16(3)：7-19.
全国强，谢家骅，2002. 金丝猴研究[M]. 上海：上海科技教育出版社.
冉江洪，刘少英，等，2004. 四川九寨沟自然保护区的鸟类资源及区系[J]. 动物学杂志. 39(5)：51-59.
任宝平，等，2010. 川金丝猴食谱的地域性差异比较[J]. 兽类学报，30：357-364.
任宝平，李保国，2000. 秦岭川金丝猴下地活动的初步调查[J]. 兽类学报，20：79-80.
任顺祥，2009. 中国瓢虫原色图鉴[M]. 北京：科学出版社：1-336.
史东仇，1986. 淮鹑和绿尾虹堆的羽毛数[J]. 动物学研究，7(1)：85-87.
史东仇，李贵辉，1985. 四川南坪白河自然保护区血雉食性的初步研究[J]. 动物学杂志，6(2)：139-145.
史东仇，李贵辉，胡铁卿，1984. 四川南坪白河自然保护区鸟类调查报告[J]. 动物学杂志，2：13-17.
谭娟杰，1980. 中国经济昆虫志：第十八册[M]. 北京：科学出版社：1-234.
谭娟杰，王书永，周红章，2005. 中国动物志：第四十卷[M]. 北京：科学出版社：1-415.
汪松，Smith A T，解焱，等，2009. 中国兽类野外手册[M]. 长沙：湖南教育出版社.
王平远，1980. 中国经济昆虫志：第二十一册[M]. 北京：科学出版社，1-262.
王应祥，蒋学龙，冯庆，1999. 中国叶猴类的分类、现状与保护[J]. 动物学研究，20：306-315.
王酉之，胡锦矗，1996. 四川兽类原色图鉴[M]. 中国林业出版社.
卧龙自然保护区，四川师范学院，1992. 卧龙自然保护区动植物资源及保护[M]. 成都：四川科学技术出版社.
吴鹏程，等，2006. 中国苔藓植物的地理分区及分布类型[J]. 植物资源与环境学报，15(1)：1-8.
吴燕如，2000. 中国动物志：第二十一卷[M]. 北京：科学出版社：1-442.
吴征镒，1991. 中国种子植物属的分布区类型[J]. 云南植物研究，增刊Ⅳ：1-6.
吴征镒，等，2003. 中国被子植物科属综论[M]. 北京：科学出版社.
吴征镒，王荷王，1983. 中国自然地理——植物地理[M]. 北京：科学出版社.
武春生，2010. 中国动物志：第五十二卷[M]. 北京：科学出版社：1-416.
武春生，方承莱，2003. 中国动物志：第三十一卷[M]. 北京：科学出版社：1-960.
萧刚柔，等，1991. 中国经济叶蜂志[M]. 西安：天则出版社：1-220.
徐雨，冉江洪，岳碧松，2008. 四川省鸟类种数的最新统计[J]. 四川动物，27(3)：429-431.
薛大勇，朱弘复，1999. 中国动物志：第十五卷[M]. 北京：科学出版社：1-1090.
严旬，2008. 大熊猫自然保护区发展简史[J]. 中国林业，11B：46-51.
尹建昌，2009. 大九寨核心景区旅游气候资源研究[J]. 成都信息工程学院学报，24(2)：187-194.
虞佩玉，等，1996. 中国经济昆虫志：第五十四册[M]. 北京：科学出版社，1-336.
袁锋，周尧，2002. 中国动物志：第二十八卷[M]. 北京：科学出版社，1-590.
袁明生，孙佩琼，2007. 中国蕈菌原色图集[M]. 成都：四川科学出版社.
约翰·马敬能，菲利普斯，何芬奇，2000. 中国鸟类野外手册[M]. 长沙：湖南教育出版社.
张鹏，等，2003. 秦岭川金丝猴一个群的社会结构[J]. 动物学报，49(6)：727-735.
张荣祖，1999. 中国动物地理[M]. 北京：科学出版社.
张荣祖，2011. 中国动物地理[M]. 北京：科学出版社.
章士美，1985. 中国经济昆虫志：第三十一册[M]. 北京：科学出版社：1-301.
章士美，1995. 中国经济昆虫志：第五十册[M]. 北京：科学出版社：1-194.
赵尔宓，1998. 中国濒危动物红皮书：两栖类和爬行类[M]. 北京：科学出版社.
赵尔宓，2006. 中国蛇类(上、下卷)[M]. 合肥：安徽科学技术出版社：1-678.
赵建铭，2001. 中国动物志：第二十三卷[M]. 北京：科学出版社：1-305.
赵养昌，陈元清，1980. 中国经济昆虫志：第二十册[M]. 北京：科学出版社：1-200.

赵仲苓，2003. 中国动物志：第三十卷[M]. 北京：科学出版社：1-495.

郑光美，2011. 中国鸟类分布与分布名录[M]. 北京：科学出版社.

郑乐怡，等，2004. 中国动物志：第三十三卷[M]. 北京：科学出版社：1-805.

郑维超，等，2012. 唐家河国家级自然保护区川金丝猴冬季栖息地选择[J]. 四川动物，31：208-211.

郑哲民，1998. 中国动物志：第十卷[M]. 北京：科学出版社：1-616.

中国科学院青藏高原综合科学考察队，1992. 横断山区昆虫Ⅰ Ⅱ[M]. 北京：科学出版社.

周尧，1998. 中国蝴蝶分类与鉴定[M]. 郑州：河南科学技术出版社：1-349.

周尧，1999. 中国蝴蝶原色图鉴[M]. 郑州：河南科学技术出版社：1-385.

朱弘复，王林瑶，2001. 中国动物志：第十一卷[M]. 北京：科学出版社：1-418.

朱弘复，等，1981. 中国蛾类图鉴Ⅰ Ⅱ Ⅲ Ⅳ[M]. 北京：科学出版社：1-484.

BLEISCH W, et al., 1993. Preliminary results from a field study of wild Guizhou snub-nosed monkeys (*Rhinopithecus brelichi*)[J]. Folia Primatologica, 60: 72-82.

GROVES C P, 1970. The Forgotten Leaf-eaters, and the Phylogeny of the Colobinae[M]. Washington D C: Academic Press: 555-587.

GUO S T, LI B G, WATANABE K, 2007. Diet and activity budget of Rhinopithecus roxellana in the Qinling Mountains, China[J]. Primates, 48: 268-276.

JABLONSKI N G, 1993. Quaternary environments and the evolution of primates in east Asia, with notes on two new specimens of fossil Cercopithecidae from China[J]. Folia Primatologica, 60: 118-132.

JABLONSKI N G, 1998. The Evolution of the Doucs and Snub-nosed Monkeys and the Question of the Phyletic Unity of the Odd-nosed Colobines[M]. Singapore: World Scientific Press: 13-52.

KIRK P M, et al., 2008. Ainsworth&Bisby's Dictionary of the Fungi [M]. Suvey: CAB international, Wallingford, Oxen/uk.

KIRKPATRICK R C, 1996. Ecology and behavior of the Yunnan snub-nosed langur (*Rhinopithecus bieti*, Colobinae) [D]. Ph. D. dissertion. UMI Diss. Information Service.

KIRKPATRICK R C, LONG Y C, ZHONG T, et al., 1998. Social organization and range use in the Yunnan snub-nosed monkey (*Rhinopithecus bieti*)[J]. International Journal of Primatology, 19: 13-51.

LI B G, PAN R L, Oxnard C E, 2002. Extinction of snub-nosed monkeys in china during the past 400 years[J]. International Journal of Primatology, 23: 1227-1243.

LI D Y, et al., 2008. Ranging of rhinopithecus bieti in the Samage Forest, China. Ⅱ. use of land cover types and altitudes[J]. International Journal of Primatology, 29: 1147-1173.

LI D Y, et al., 2010. Nocturnal sleeping habits of the Yunnan snub-nosed monkey in Xiangguqing, China[J]. American Journal of Primatology, 72: 1092-1099.

NAPIER J R, NAPIER P H, 1967. A Handbook of Living Primates[M]. London: Academic Press.

REN B P, et al., 2012. Fission-fusion behavior in Yunnan snub-nosed monkeys (*Rhinopithecus bieti*) in Yunnnan, China[J]. International Journal of Primatology, 33: 1096-1109.

REN R M, et al., 1998. Preliminary Survey of the Social Organization of *Rhinopithecus Roxellana* in Shennongjia National Natural Reserve, Hubei, China[M]. Singapore: World Scientific: 255-268.

WILSON D E, REEDER D M, 2005. Mammal Species of the World: A Taxonomic and Geographic Reference (3rd ed) [M]. Baltimore : Johns Hopkins University Press.

附录1 白河自然保护区大型真菌名录

序号	中文名	拉丁学名	食用菌	毒菌	药用菌		木腐菌	外生菌根菌	其他
					药用	抗癌			
1	蜡伞科	Hygrophoraceae							
(1)	粉红蜡伞	*Hygrophorus poetarum* Heim							●
2	侧耳科	Pleutotaceae							
(2)	白黄侧耳	*Pleurotus cornucopiae* (Paul.：Pers)Rolland	●				●		
(3)	扇形侧耳	*Pleurotus flabellatus* (Berk. et Br.)Sacc.	●				●		
(4)	腐木生侧耳	*Pleurotus lignatilis* Gill.	●				●		
(5)	小白侧耳	*Pleurotus limpidus* (Fr.)Gill	●				●		
(6)	侧耳	*Pleurotus ostreatus* (Jacq.：Fr.)Kummer	●		●	●	●		
(7)	小网孔菌	*Dictyopanus pusillus* (Lév.)Sing.					●		
(8)	豹皮香菇	*Lentinus lepideus* (Fr.：Fr.)Fr.	●		●	●	●		●
3	裂褶菌科	Schizophyllaceae							
(9)	裂褶菌	*Schizophyllum commne* Fr.	●		●	●	●		
4	鹅膏菌科	Amanitaceae							
(10)	橙盖鹅膏菌	*Amanita caesaea* (Scop.：Fr.)Pers. ex Schw.	●		●	●		●	
5	光柄菇科	Pluteaceae							
(11)	粉褐光柄菇	*Pluteus depauperatus* Rom.							●
6	白蘑科	Tricholomataceae							
(12)	长根奥德蘑	*Oudemansiella radicata* (Relhan.：Fr.)Sing.	●		●		●		
(13)	紫蜡蘑	*Laccaria amethystea* (Bull. ex Gray)Murr.	●		●	●		●	
(14)	红蜡蘑	*Laccaria laccata* (Scop.：Fr.)Berk. et Br.	●		●	●		●	
(15)	褐小菇	*Mcena alcalina* (Fr.)Quèl.				●			
(16)	盔盖小菇	*Mcenagalericulata* (Scop.：Fr.)Gray	●			●		●	
(17)	洁小菇	*Mycena pura* (Pers.：Fr.)Kummer	●			●			
(18)	粉紫小菇	*Mycena rosea* (Bull.)Gramberg		●					
(19)	棕灰口蘑	*Tricholoma terreum* (Schaeff.：Fr.)Kummer.	●					●	
(20)	席氏金黄鳞伞	*Squamanita schreieri* Imbach							
(21)	肉色杯伞	*Clitocybe geotropa* (Fr.)Quèl.	●			●			
(22)	赭黄杯伞	*Clitocybe bresadoliana* Sing.							●
(23)	铦囊蘑	*Melanoleuca cognata* (Fr.)Konr. Et Maubl.	●						
(24)	点柄铦囊蘑	*Melanoleuca verrucipes* (Fr. ex Quél.)Sing.	●						

续表

序号	中文名	拉丁学名	食用菌	毒菌	药用菌		木腐菌	外生菌根菌	其他
					药用	抗癌			
(25)	堆金钱菌	*Collybia acervata* (Fr.)Kummer	●						
(26)	斑金钱菌	*Collybia maculate* (Alb. Et Schw)Fr.	●						
(27)	马鬃小皮伞	*Marasmiellus crinisequi* Fr. ex Kalchbr.							●
(28)	黑柄微皮伞	*Marasmiellus nigripes* (Schw.)Sing.							●
(29)	蜜环菌	*Armillariella mellea* (Vahl.：Fr.)Karst.	●		●	●	●	●	●
(30)	假蜜环菌	*Armillariellatabescens* (Scop.：Fr.)Sing.	●		●	●	●	●	
7	蘑菇科	Agaricaceae							
(31)	金盖鳞伞	*Phaeolepiota aurea* (Matt.：Fr.)Konr. et Maubl.	●			●		●	
(32)	双环林地蘑菇	*Agaricus placomyces* Peck	●			●			
(33)	林地蘑菇	*Agaricus silveaticus* Schaeff.：Fr.	●						
8	鬼伞科	Coprinaceae							
(34)	墨汁鬼伞	*Coprinus atrammentarius* (Bull.)Fr.	●		●	●			●
(35)	半卵形斑褶菇	*Anellaria semiovata* (Sow.：Fr.)Pers. et Denm.		●					
(36)	花褶伞	*Panaeolus retirugis* Fr.		●					
9	球盖菇科	Strophariaceae							
(37)	黄伞	*Pholiota adiposa* (Fr.)Quèl.	●		●	●			
10	丝膜菌科	Cortinariaceae							
(40)	蓝丝膜菌	*Cortinarius caerulescens* (Schaeff.)Fr.	●					●	
(41)	黄棕丝膜菌	*Cortinarius cinnamomeus* (L.：Fr.)Fr.	●			●		●	
(42)	粘柄丝膜菌	*Cortinarius collintus* (Pers.)Fr.	●			●		●	
(43)	褐丝盖伞	*Inocybe brunnea*							
(44)	丝盖伞	*Inocybe caesariata*							
11	疣孢牛肝菌科	Strobilomycetaceae							
(45)	松塔牛肝菌	*Strobilomyces strobilaceus* (Scop.：Fr.)Berk.	●		●	●		●	
12	牛肝菌科	Boletaceae							
(46)	美味牛肝菌	*Boletus edulis* Bull.：Fr.	●		●	●		●	
(47)	橙黄疣柄牛肝菌	*Leccinum aurantiacum* (Bull.)Gray	●					●	
(48)	褐疣柄牛肝菌	*Leccinum scabrum* (Bull.：Fr.)Gray	●					●	
13	红菇科	Russulaceae							
(49)	铜绿红菇	*Russula aeruginea*	●	●				●	
(50)	臭黄菇	*Russula fotens* Pers.：Fr.		●	●	●		●	
(51)	正红菇	*Russula vinosa* Lindbl.	●		●			●	
(52)	松乳菇	*Lactarius deliciosus* (Fr.)S. F. Gray	●					●	
(53)	窝柄黄乳菇	*Lactarius scrobiculatus* (Scop.：Fr.)Fr.		●				●	
(54)	绒边乳菇	*Lactarius pubescens* (Fr. ex Kronbh.)Fr.		●				●	

续表

序号	中文名	拉丁学名	食用菌	毒菌	药用菌		木腐菌	外生菌根菌	其他
					药用	抗癌			
(55)	轮纹乳菇	*Lactarius zonarius* (Bull.)Fr.	●						
14	鸡油菌科	Cantharellaceae							
(56)	鸡油菌	*Cantharellus cibarius* Fr.	●		●	●		●	
15	陀螺菌科	Gomphaceae							
(57)	陀螺菌	*Gomphus clavatus* Gray	●					●	
16	珊瑚菌科	Clavariaceae							
(58)	藻珊瑚	*Multiclavula mucida* (Fr.)Petersen							●
17	枝瑚菌科	Ramariaceae							
(59)	小孢密枝瑚菌	*Ramaria bourdotiana* Maire	●				●		
(60)	小孢白枝瑚菌	*Ramaria flaccide* (Fr.)Quél.		●					
18	杯瑚菌科	Clavicoronaceae							
(61)	杯瑚菌	*Clavicorona pyxidata* (Pers.: Fr.)Doty	●						
19	伏革菌科	Corticiaceae							
(62)	皱褶革菌	*Plicatura crispa* (Pers.: Fr.)Rea.					●		
20	韧革菌科	Stereaceae							
(63)	瓣状韧革菌	Ste Reum affine Lév.					●		
21	齿菌科	Hydnaceae							
(64)	金黄亚齿菌	*Hydnellum aurantiacum* (Batsch.: Fr.)Karst.	●		●				
22	皱孔菌科	Meruliaceae							
(65)	肉色皱孔菌	*Merulius corium* Fr.					●		
23	多孔菌科	Polyporaceae							
(66)	黄薄芝	*Polystictus membranaceus* (Sow.: Fr.)Cooke					●		
(67)	毛云芝	*Coriolus hirsutus* (Fr. ex Wulf.)Quél.			●	●	●		●
(68)	云芝	*Coriolus versicolor* (L.: Fr.)Quèl.			●	●	●		
(69)	漏斗大孔菌	*Favolus arcularius* (Batsch: Fr.)Ames	●		●	●	●		
(70)	宽鳞大孔菌	*Favolus squamosus* (Huds.: Fr.)Ames	●		●	●	●		
(71)	扇孔菌	*Flabellophora licmophora* (Mass.)Corner							
(72)	密粘褶菌	*Gloephyllum trabeum* (Pers.: Fr.)Murr.					●		
(73)	紫带拟迷孔菌	*Daedeleopsis purpurea* (Cke.)Imaz. et Aoshi.					●		
(74)	黑盖木层孔菌	*Phellinus nigricans* (Fr.)Pat.					●		
(75)	宽棱木层孔菌	*Phellinus torulosus* (Pers.)Bourd. & Galz					●		
(76)	黑柄多孔菌	*Polyporus melanopus* (Sw.)Pilat.			●	●	●		
(77)	多孔菌	*Polyporus varius* Pers.: Fr			●		●		
(78)	乌茸菌	*Polyozellus multiplex* (Underw.)Murrill							
(79)	茯苓	*Poria cocos* (Schw.)Wolf.			●	●			

续表

序号	中文名	拉丁学名	食用菌	毒菌	药用菌		木腐菌	外生菌根菌	其他
					药用	抗癌			
(80)	齿贝栓菌	*Trametes cervina* (Schw.) Bres.							
(81)	厚纤孔菌	*Inonotusdryadeus* (Pers.: Fr.) Murr.					●		
(82)	褐紫囊孔菌	*Hirschioporus fusco-violaceus* (Schrad.) Donk				●	●		●
(83)	猪苓菌	*Grifola umbellate* (Pers.: Fr.) Pilát	●		●	●			
24	灵芝科	Ganodermataceae							
(84)	树舌	*Ganoderma applanatum* (Pers.) Pat.			●	●	●		●
(85)	黑灵芝	*Ganoderma atrum* Zhao, Xu et Zhang							●
(86)	薄树灵芝	*Ganoderman capense* (Lloyd) Teng			●		●		
(87)	昆明灵芝	*Ganoderma kunmingense* Zhao					●		
(88)	白皮灵芝	*Ganoderma leucophacum* (Montg.) Pat.					●		
(89)	层叠灵芝	*Ganoderma lobatum* (Schw.) Atk.			●		●		
25	木耳科	Auriculariales							
(90)	黑木耳	*Auricularia auricular* (L. ex Hook.) Underwood	●		●	●	●		
(91)	毛木耳	*Auricularia polytricha* (Mont.) Sacc.	●		●	●	●		
26	胶耳科	Exidiaceae							
(92)	焰耳	*Phlogiotis hevelloides* (DC.: Fr.) Martin	●			●			
(93)	虎掌刺银耳	*Pseudohydnum gelatinosum* (Scop.: Fr.) Karst.	●			●			●
27	银耳科	Tremellaceae							
(94)	金耳	*Tremella aurantialba* Bandoni et Zang	●		●	●	●		
(95)	银耳	*Tremella fuciformis* Berk.	●		●	●	●		
(96)	橙黄银耳	*Tremella lutescens* Fr.	●						
28	马勃科	Lycoperdaceae							
(97)	梨型灰孢	*Lycoperdon pyriforme* Schaeff.: Pers.	●			●			
29	肉座菌科	Hypocreaceae							
(98)	朱红凹壳菌	*Nectria cinnarbarina* (Tode) Fr.							●
30	肉盘菌科	Sarcosomataceae							
(99)	歪肉盘菌	*Cheilymenia domingensis* Berk.					●		
31	羊肚菌科	Morchellaceae							
(100)	黑脉羊肚菌	*Morchella angusticeps* Peck	●		●				
(101)	粗腿羊肚菌	*Morchella crassipes* (Vent.) Pers.	●		●				
(102)	羊肚菌	*Morchella esculenta* (L.) Pers.	●		●				
32	马鞍菌科	Helvellaceae							
(103)	鹿花菌	*Gyromitra esculenta* (Pers.) Fr.		●					●
33	麦角菌科	Clavicipitaceae							
(104)	香棒虫草	*Cordyceps barnesii* Thwaites	●						

续表

序号	中文名	拉丁学名	食用菌	毒菌	药用菌		木腐菌	外生菌根菌	其他
					药用	抗癌			
(105)	蛹虫草	*Cordyceps militaris*(L.：Fr.)Link.	●		●				
(106)	冬虫夏草	*Cordyceps sinensis* (Berk.)Sacc.	●		●	●			

附录 2　白河自然保护区苔藓植物名录

序号	中文名	拉丁学名
1	角苔科	Anthoceroraceae
(1)	角苔	*Anthoceros punctatus* L.
(2)	川角苔	*A. szechuanensis* Chen
(3)	黄角苔	*Phaeoceros laevis* Prosk
2	叉苔科	Metzgeriaceae
(4)	平叉苔	*Metzgeria conjugata* Lindb.
(5)	毛叉苔	*M. pubescens* (Schrank)Raddi.
3	溪苔科	Pelliaceae
(6)	花叶溪苔	*Pellia fabbroniana* Raddi
4	带叶苔科	Pallavieiniaceae
(7)	带叶苔	*Pallavicinia lyellia* (Hook,)Dum.
5	壶苞苔	Blasiaceae
(8)	壶苞苔	*Blasia pulilla* L.
6	南溪苔科	Makinoaceae
(9)	南溪苔	*Makinoa crispata* (Steph.)Miyake
7	剪叶苔科	Herbertaceae
(10)	长肋剪叶苔	*Herberta longifissa* (Steph.)Steph.
8	毛叶苔科	Ptilidiaceae
(11)	毛叶苔	*Ptilidium ciliate* (L.)Hampe
9	绒苔科	Trichocoleaceae
(12)	绒苔	*Trichocolea tomentella* (Ehrh.)Dumortier
10	睫毛苔科	Blepharostomaceae
(13)	睫毛苔	*Blepharostoma trichophyllum* (L.)Dumortier
11	指叶苔科	Lepidoziaceae
(14)	明叶鞭苔	*Bazzania albicans*(Staph.)Horik.
(15)	指叶苔	*Lepidozia reptans* (L.)Dumortier
12	石地钱科	Rebouliaceae
(16)	花萼苔	*Asterella lindbergina* (Cordo.)Lindb.
(17)	紫背苔	*Plagiochasma rupestr*(Forst.)Staph.
(18)	石地钱	*Reboulia hemisphaerica* (L.)Raddi
13	横叶苔科	Southbyaceae

续表

序号	中文名	拉丁学名
(19)	对叶苔	*Gongylanthus ericetorum* (Raddi)Nees
14	蛇苔科	Conocephalaceae
(20)	蛇苔	*Conocephaalum conicum*(L.)Dum.
(21)	小蛇苔	*C. supradecompositum* (Lindb.)Steph.
15	地钱科	Marchantiaceae
(22)	毛地钱	*Dumortiera hirsute* (Sw.)Reinw. Bl. et Nee
(23)	地钱	*Marchantia polymorpha* L.
(24)	掌托地钱	*M. palmate* Nees.
16	扁萼苔科	Radulaceae
(25)	尖叶扁萼苔	*Radula kojana* Steph.
17	光萼苔科	Porellaceae
(26)	耳坠苔	*Ascidiota blepharophylla* Mass.
(27)	毛边光萼苔	*Porella perrottetiana*(Mont.)Trev.
(28)	丛生光萼苔	*P. caespitans*(Steph.)Hatt.
(29)	尖叶光萼苔	*P. setigera*(Steph.)Hatt.
(30)	日本光萼苔	*P. japonica* (Sande-Lac.)Mitt.
(31)	密叶光萼苔	*P. densifolia* (Steph.)Hatt.
18	耳叶苔科	Frullaniaceae
(32)	全缘耳叶苔	*Frullania jackii* Gott.
(33)	列胞耳叶苔	*F. moniliata*(Reinw. , Bl. et Nees)Mont.
(34)	四川毛耳苔	*Jubula jaoii* Chen
19	钱苔科	Ricciaceae
(35)	钱苔	*Riccia glauca* L.
(36)	叉钱苔	*R. fluitans* L.
20	泥炭藓科	Sphagnaceae
(37)	泥炭藓	*Sphagnum palustre* L.
(38)	粗叶泥炭藓	*S. squarrosum* Pers.
(39)	白齿泥炭藓	*S. girgensohnii* Russ.
21	牛毛藓科	Ditrichaceae
(40)	黄牛毛藓	*Ditrichum Pallidum* (Hedw.)Hamp.
(41)	牛毛藓	*D. heteromallu*(Hedw.)Britt.
(42)	角齿藓	*Ceratodon purpueus*(Hedw.)Brid.
(43)	对叶藓	*Distichium capilaceum* (Hedw.)B. S. C.
22	虾藓科	Bryoxiphiaceae
(44)	日本虾藓	*Bryoxiphium japonicum*(Beggr.)Löve
23	曲尾藓科	Dicranaceae

续表

序号	中文名	拉丁学名
(45)	长叶曲柄藓	*Campylopus atrovirens* De Not.
(46)	曲尾藓	*Dicranum scoparium* Hedw.
(47)	多蒴曲尾藓	*D. majus* Turn.
(48)	山毛藓	*Oreas martiana* Brid.
(49)	拟白发藓	*Paraleucobryum enerve* (Thed.)Loesk.
(50)	合睫藓	*Symblepharis helicophylla* Mont
(51)	长蒴藓	*Trematodon longicollis* Michx.
24	白发藓科	Leucobryaceae
(52)	参叶白发藓	*Leucobryun aduncum* Mitt.
(53)	白发藓	*L. glaucum* (Hedw.)Aongstr.
(54)	爪哇白发藓	*L. javense* (Brid.)Mitt.
25	灰藓科	Hypnaceae
(55)	灰藓	*Hypnum pulmaeforme* Wils.
(56)	大灰藓	*H. eugyrium* (B. S. G.)Broth.
(57)	毛梳藓	*Ptilium crista-castrensis* De Not.
(58)	鳞叶藓	*Taxiphyllum taxiramenum* (Mitt.)Fleisch.
26	凤尾藓科	Fissidentaceae
(59)	大凤尾藓	*Fissidens filieinus Doz.* et Molk.
(60)	小凤尾藓	*F. bryoides* Hedw.
27	丛藓科	Pottiaceae
(61)	扭口藓	*Barbula uneguielata* Hedw.
(62)	尖叶纽口藓	*B. constricta* Mitt.
(63)	长尖纽口藓	*B. ditrichoides* Broth
(64)	深色红叶藓	*Bryoerythrophyllum atrorubens* (Besch.)Chen
(65)	钙土净口藓	*Gymnostomum calcareum* Nee. et Hornsch.
(66)	石生净口藓	*G. rupestre* Par
(67)	石灰藓	*Hydrogonium ehrenbergii* (Lor.)Jacg.
(68)	卷叶湿地藓	*Hyophila involuta* (Hook.)Jacg
(69)	丛藓	*Pottia truncata* (Hedw.)B. S. G
(70)	拟合睫藓	*Pseudosymblepharia papillosula* (Card. Et Thér.)Broth
(71)	反扭藓	*Timmiella anomala* (B. S. C.)Limpr.
(72)	扭藓	*Tortella tortuosa* (Web. Et Mohr.)Limpr.
(73)	墙藓	*Tortula muralis* Hedw.
28	紫萼藓科	Grimmiaceae
(74)	长柄紫萼藓	*Grimmia ovalis* (Hedw.)Lindb.

续表

序号	中文名	拉丁学名
(75)	砂藓	*Rhacomitrium canescens* (Timm.) Brid.
29	葫芦藓科	Funariaceae
(76)	葫芦藓	*Funaria hygrometica* Hedw.
(77)	黄边立碗藓	*Physcomitrium limbatulum* Broth. et Par.
30	真藓科	Bryaceae
(78)	短月藓	*Brachymenium nepalense* Hook.
(79)	银叶真藓	*Bryum argenteum* Hedw.
(80)	丛生真藓	*B. caespitticum* Hedw.
(81)	丝瓜藓	*Pohlia cruba* (Hedw.) Lindb.
(82)	暖地大叶藓	*Rhodobryum giganleum* (Hook.) Par
31	提灯藓科	Mniaceae
(83)	圆叶提灯藓	*Mnium vesicatum* Besch.
(84)	尖叶提灯藓	*M. cuspidatum* Hedw.
(85)	波叶提灯藓	*M. undulatum* Hedw.
(86)	多蒴立灯藓	*Orthomnium nudum* Bartr.
(87)	双灯藓	*Orthomniopsis japonica* Broth.
(88)	疣灯藓	*Trachycystis microphylla* (Doz. et Molk.) Lindb.
32	卷柏藓科	Rhacopliaceae
(89)	毛尖卷柏藓	*Rhacopilum aristalum* Mitt.
33	蔓藓科	Meteoriaceae
(90)	悬藓	*Barbella pendula* (Sull.) Fleisch.
(91)	垂藓	*Chrysocladium retrorsum* (Mitt.) Fleisch.
(92)	丝带藓	*Floribundaria floribunda* (Doz. et Molk.) Fleisch.
(93)	蔓藓	*Meteouiun miguelianum* (C. Mull.) Fleisch.
(94)	川滇蔓藓	*Meteorium buchananii* (Brid) Broth.
(95)	粗枝蔓藓	*Meteorium helminthocladum* (C. Müll.) Fleisch.
34	万年藓科	Climaciaceae
(96)	万年藓	*Climacium dendroides* (Hedw.) Web. et Mohr.
35	皱蒴藓科	Aulacomniaceae
(97)	异枝皱蒴藓	*Aulacomnium heterostichum* (Hedw.) B. S. G.
36	珠藓科	Bartramiaceae
(98)	直立珠藓	*Bartramia ithyphylla* Brid.
(99)	东来泽藓	*Philonotis turneriana* (Schwaegr.) Mitt.
37	平藓科	Neckeraceae
(100)	尖叶耳平藓	*Calyptothecium cuspidatum* (Okam.) Nog
(101)	树平藓	*Homaliodendron flabellatum* (Sm.) Fleish.

续表

序号	中文名	拉丁学名
(102)	刀叶树平藓	*H. scalpellifolium* (Mitt.)Fleisch.
(103)	扁枝藓	*Homalia trichomanoides* (Hedw.)B. S. G.
(104)	羽平藓	*Neckera pennata* Hedw.
38	油藓科	Hookeriaceae
(105)	尖叶油藓	*Hookeria acutifolia* Hook. et Grev.
39	鳞藓科	Theliaceae
(106)	刺叶小鼠尾藓	*Myurella sibirica* (C. Müll.)Reim.
40	薄罗藓科	Leskeaceae
(107)	异齿藓	*Rhegmatodon declinatus* (Hook.)Brid.
41	羽藓科	Thuidiaceae
(108)	山羽藓	*Abietinella abietina* (Hedw.)Fleisch.
(109)	锦丝藓	*Actinothuidium hookeri*(mitt.)Broth.
(110)	皱叶牛舌藓	*Aomodon rugelii* (C. Müll.)Keissl.
(111)	羊角藓	*Herpetineuron toccoae* (Sull. Et Lesq.)Card.
(112)	卷叶叉羽藓	*Leptopterigynandrum incurvatum* Broth. (川西)
(113)	细叉羽藓	*Leptopterigynandrum tenellum* Broth. (川西)
(114)	大羽藓	*Thuidium cymbifolium* (Doz. et Molk.)B. S. G.
42	柳叶藓科	Amblystegiaceae
(115)	大湿原藓	*Calliergonella cuspidate* (Hedw.)Loesk.
(116)	牛角藓	*Cratoneuron commutatum* (Hedw.)Roth
(117)	钩枝镰刀藓	*Drepanocladus uncinatus* (Hedw.)Warnst.
43	青藓科	Brachytheciaceae
(118)	羽枝青藓	*Braehythecium plumosum* (Hedw.)B. S. G.
(119)	燕尾藓	*Bryhnia novae-angliae*(Sull. et Lesq.)Grout
(120)	毛尖青藓	*Cirriphyllum cirrhosum* (Schwaegr.)Graut
(121)	鼠尾藓	*Myuoclada maximowiczii* (Borszcz.)Steere et Schof.
(122)	深绿折叶藓	*Pleyuropus euchloron*(Bruch)Broth.
44	绢藓科	Entodontaceae
(123)	东亚绢藓	*Entodon okamurae* Broth.
(124)	赤茎藓	*Pleurozium schreberi* (Willd.)Mitt.
45	棉藓科	Plagiotheciaceae
(125)	林地棉藓	*Plagiothecium nemora* (Mitt.)Jacq.
(126)	扁平棉藓	*P. necheroideum* B. S. G
46	锦藓科	Sematophyllaceae
(127)	弯叶小锦藓	*Brotherella falcatula* Broth.
47	垂枝藓科	Rhytidiacae

续表

序号	中文名	拉丁学名
(128)	垂枝藓	*Rhytidium rugosum* (Ehrh.)Kindb.
(129)	拟垂枝藓	*Rhytidiadelphus triquetrus*(Hedw.)Warnst.
48	塔藓科	Hylocomiaceae
(130)	塔藓	*Hylocomium splendens* (Hedw.)B. S. G.
49	金发藓科	Polytrichaceae
(131)	波叶仙鹤藓	*Atrichum undulatum* (Hedw.) P. Beauv.
(132)	大金发藓	*Polytrichum formosum* Hedw.
(133)	土马鬃	*P. commune* Hedw.
(134)	桧叶大金发藓	*P. juniperinum* Hedw.
(135)	小金发藓	*Pogonatum aloides* P. Beauv.
(136)	东亚小金发藓	*P. inflexum* (Lindb.)Par.
(137)	苞叶金发藓	*P. spinulosum* Mitt.
(138)	高山金发藓	*P. alpinum* Hedw.
(139)	疣金发藓	*P. urnigerum* (Hedw.)P. Beauv.
(140)	小口小金发藓	*P. microstomum* (Schwaegr.)Bryol.
(141)	全缘小金发藓	*P. perishaetiale* (*mont.*)Jaeg.
(142)	红帽小金发藓	*P. submicrostomum* Broth.
(143)	四川小金发藓	*P. setschwanicum* Broth.
(144)	拟刺边小金发藓	*P. suprio-cirratum* Broth.
(145)	卷叶小金发藓	*P. tortipes* (*Mitt.*)Jaeg.
(146)	拟仙鹤藓	*Pseudatrichum spinosissimum* Reim.

附录3　白河自然保护区蕨类植物名录

序号	中文名	拉丁学名
1	石杉科	Huperziaceae
(1)	皱边石杉	*Huperzia crispata* (Ching ex H. S. Kung) Ching
(2)	锡金石杉	*H. herteriana* (Kumm.) Sen et Sen
2	石松科	Lycopodiaceae
(3)	石子藤石松	*Lycopodium casuarinoides* Spring
(4)	扁枝石松	*L. complanatum* (L.) Holub.
(5)	多穗石松	*L. annotianum* L.
(6)	笔直石松	*L. obscurum* L.
(7)	石松	*L. japonium* Thunb.
3	卷柏科	Selaginellaceae
(8)	伏地卷柏	*Selaginella nipponica* (Franch. et Sav.) Kuntze
(9)	细叶卷柏	*S. labordei* (Hieron.) H. S. Kung
(10)	兖州卷柏	*S. involvens* (Sw.) Kuntze
(11)	红枝卷柏	*S. sanguinolenta* (L.) Kuntze
(12)	蔓生卷柏	*S. davidii* Franch.
(13)	垫状卷柏	*S. pulvinata* (Hook. et Grev.) H. S. Kung
(14)	翠云草	*S. uninata* (Desv.) Kuntze
(15)	疏叶卷柏	*S. remotifolia* (Sping) H. S. Kung
(16)	长毛地柏	*S. vardei* Lévl.
4	金星蕨科	Thelypteridaceae
(17)	披针叶新月蕨	*Abacopteris penangiana* (Hook.) Ching
(18)	日本金星蕨	*Parathelypteris nipponica* (Franch. et Sav.) Ching
(19)	星毛卵果蕨	*Phegoteris levingei* (Clarke) Tagawa
(20)	延羽卵果蕨	*P. decursive-pinnata* Fee
5	膜蕨科	Hymenophyllacea
(21)	小果蕗蕨	*Mecodium microsorum* (v. d. Bosch) Ching
(22)	长柄蕗蕨	*M. osmundoides* (v. d. Bosch)
(23)	皱叶蕗蕨	*M. corrugatum* (Christ) Cop.
(24)	全苞蕗蕨	*M. tenuifrons* Ching
6	木贼科	Equisetaceae
(25)	披散木贼	*Equisetum diffusum* D. Don

续表

序号	中文名	拉丁学名
(26)	木贼	*E. hyemale* L.
(27)	问荆	*E. arvense* L.
(28)	斑纹木贼	*E. varigatum* Schleich.
(29)	犬问荆	*E. palustre* L.
(30)	溪木贼	*E. mfluviatile* L.
(31)	节节草	*E. ramosissima* (Desf.)Boerner
7	铁线蕨科	Adiantaceae
(32)	掌叶铁线蕨	*Adiantum pedatum* L.
(33)	灰背铁线蕨	*A. myriosorum* Baker
(34)	红盖铁线蕨	*A. erythrochlamys* Diels
(35)	长盖铁线蕨	*A. fimbriatum* Christ
(36)	白背铁线蕨	*A. davidii* Franch.
8	裸子蕨科	Hemionitiaceae
(37)	普通凤丫蕨	*Coniogramme intermedia* Hieron.
(38)	光叶凤丫蕨	*C. intermedia* Hieron. Var. glabra Ching
(39)	乳头凤丫蕨	*C. rosthorni* Hieron.
(40)	阔带凤丫蕨	*C. maxima* Ching et Shing
(41)	尖齿凤丫蕨	*C. affinis* (Wall.)Hieron.
(42)	光叶凤丫蕨	*C. intermedia* Hieron. var. glabra Ching
(43)	川西金毛裸蕨	*Gymnopteris bipinnata* Christ
(44)	欧洲金毛裸蕨	*G. marantae* (L.)Ching
(45)	耳叶金毛裸蕨	*G. bipinnata* Christ var. *auriculata* (Fr.)Ching
9	蕨科	Pteridiaceae
(46)	蕨	*Pteridium aquilinum* L. Kuhn var. *latiusculum* (Desv) Underw
(47)	密毛蕨	*P. revolutum* (Bl.)Nakai
10	蹄盖蕨科	Athyriaceae
(48)	长江蹄盖蕨	*Athyrium iseanum* Rosenst.
(49)	华东蹄盖蕨	*A. nipponicum* (Mett.)Hance
(50)	蹄盖蕨	*A. filix-femina* (L.)Roth.
(51)	疏羽蹄盖蕨	*A. nephrodioides* (Bak.)Christ
(52)	篦齿短肠蕨	*Allantodia hirsutipes* (Bedd.)Ching
(53)	膜叶冷蕨	*Cystopteris pellucida* (Farnch.)Ching ex C. Chr.
(54)	欧洲冷蕨	*C. sudetica* A. Br. et Milde
(55)	宝兴冷蕨	*C. moupinensis* Franch.
(56)	卷叶冷蕨	*C. modesta* Ching
(57)	假冷蕨	*Pseudocystopteris spinulosa* (Maxim). Ching

续表

序号	中文名	拉丁学名
(58)	三角叶假冷蕨	*P. subtriangularis* (Hook.)Ching
(59)	华中蛾眉蕨	*Lunathyrium shennongense* Ching, Boufford et Shing
(60)	陕西峨眉蕨	*L. giraldii* (Christ)Ching
(61)	假蹄盖蕨	*Athyriopsis japonica* (Thunb.)Ching
(62)	双盖蕨	*Diplazium donianum*(Mett.)Tard. －Blot
(63)	羽节蕨	*Gymnocarpium jessoense* (Koidz.)Koidz.
11	岩蕨科	Woodsiaceae
(64)	膀胱蕨	*Potowoodsia manchuriensis*(Hook.)Ching
(65)	密毛岩蕨	*Woodiarosthornii* Diels
(66)	等基岩蕨	*W. subcordata* Turcz.
(67)	耳羽岩蕨	*W. polystichoides* Eaton
(68)	蜘蛛岩蕨	*W. andersoni* (Bedd.)Christ
12	鳞毛蕨科	Dryopteridaceae
(69)	贯众	*Cyrtomium uniseriale* Ching
(70)	镰羽贯众	*C. balansae* (Christ)C. Chr.
(71)	大羽贯众	*C. macrophyllum* Tagawa
(72)	刺齿贯众	*C. caryotideum*(Wall.). Presl.
(73)	变异鳞毛蕨	*Dryopteris varia* (L.)O. Ktze.
(74)	两色鳞毛蕨	*D. bissettiana* (Bak.)C. Chr.
(75)	阔鳞鳞毛蕨	*D. championii* (Benth.)C. Chr. ex Ching
(76)	川西鳞毛蕨	*D. rosthornii*(Diels)C. Chr.
(77)	深裂鳞毛蕨	*D. incisolobata* Ching
(78)	桃花岛鳞毛蕨	*D. hondoensis* Koidz.
(79)	鞭叶耳蕨	*Polystichum craspedosorum* (Maxim.)Diels
(80)	尖齿耳蕨	*P. acutidens* Christ
(81)	康定耳蕨	*P. kangdingense* H. S. King et L. B. Zhang
(82)	革叶耳蕨	*P. neolobatum* Nakai
(83)	薄叶高山耳蕨	*P. bakerianum* (Atkinson)Diels
(84)	黑鳞耳蕨	*P. makinoi* Tangawa.
(85)	木坪耳蕨	*P. moupinense* (Franch.)Bedd.
(86)	多鳞耳蕨	*P. moupinense* squarrosum Fe'e
13	乌毛蕨科	Blechnaceae
(87)	荚囊蕨	*Struthiopteris eburnean* (Christ)Ching
(88)	单芽狗脊	*Woodwardia unigemata* (Makino)Nakai
14	剑蕨科	Loxogrammaceae
(89)	中华剑蕨	*Loxogramme chinensis* Ching

续表

序号	中文名	拉丁学名
(90)	匙叶剑蕨	*L. grammitoides* (Bak.)C. Chr.
15	书带蕨科	Vittariaceae
(91)	平肋书带蕨	*Vittaria fudzinoi* Makino
16	三叉蕨科	Aspidiaceae
(92)	锡金肋毛蕨	*Ctenitis clarkei* (Bak.)Ching
17	槲蕨科	Drynariaceae
(93)	槲蕨	*Drynaria frotunei* (Kze.)J. Sm.
(94)	川滇槲蕨	*D. delavayi* Christ
(95)	秦岭槲蕨	*D. sinica* Diels
(96)	中华槲蕨	*D. baronii* (Christ)Diels
18	水龙骨科	Polypodiaceae
(97)	丝带蕨	*Drymotaemium miyoshianum*
(98)	瓦韦	*Lepisorus thunbergianus* (Kaulf)ching
(99)	网眼瓦韦	*L. clathratus* (Clarke)Ching
(100)	两色瓦韦	*L. bicolor* (Takeda)Ching
(101)	长瓦韦	*L. pseudonuclus* Ching
(102)	有边瓦韦	*L. marginatus* Ching
(103)	太白瓦韦	*L. thaipaiensis* Ching et S. K. Wu
(104)	狭叶瓦韦	*L. angustrus* Ching
(105)	庐山瓦韦	*L. lewissi* (Baker.)Ching
(106)	扭瓦韦	*L. contortus* (Christ)Ching
(107)	带叶瓦韦	*L. loriformis* (Wall.)Ching
(108)	尖裂假密网蕨	*Phymatopsis oxyloba*
(109)	陕西假密网蕨	*P. shensiensis*
(110)	拟毡毛石韦	*Pyrrosia pseudodrakeana* Ching
(111)	毡毛石韦	*P. drakeana* (Franch.)Ching
19	铁角蕨科	Aspleniacea
(112)	铁角蕨	*Asplenium trichomanes* L.
(113)	云南铁角蕨	*A. yunnanense* Franch.
(114)	深裂铁角蕨	*A. yunnanense* Franch. var. *daraeiforme* (Franch.)H. S. Kung
(115)	北京铁角蕨	*A. pekinense* Hance
(116)	华中铁角蕨	*A. sarellii* Hook.
(117)	扁柄铁角蕨	*A. yoshingae* Makino
(118)	肾羽铁角蕨	*A. humistratum* Ching ex H. S. Kung
20	阴地蕨科	Botrychiaceae
(119)	扇羽小阴地蕨	*Botrychium lunaria* (L.)Sw.

续表

序号	中文名	拉丁学名
(120)	阴地蕨	*Sceptridium ternatum* (Thunb.)Lyon
(121)	粗壮阴地蕨	*S. robustum* (Rupr.)Lyon
21	球子蕨科	Onocleaceae
(122)	荚果蕨	*Matteuccia struthiopteris* (L.)Todaro
(123)	东方荚果蕨	*M. orientalis* (Hook.)Trev.
22	碗蕨科	Dennstaedtiaceae
(124)	溪洞碗蕨	*Dennstaedtia wilfordii* (Moore)Christ
(125)	碗蕨	*D. scabra* (Wall. Ex Hook.)Moore
(126)	边缘磷盖蕨	*Microlepia marginata* (Panzer)C. Chr.
(127)	假粗毛磷盖蕨	*M. pseudo-striosa* Makino
23	中国蕨科	Sinopteridaceae
(128)	雪白粉背蕨	*Aleuritopteris niphobola* (C. Chr.)Ching
(129)	银粉背蕨	*A. argentea* (Gmel.)Fee
(130)	裸叶粉背蕨	*A. duclouxii* (Christ)Ching
(131)	多鳞粉背蕨	*A. anceps* (Blandf.)Panigr.
(132)	舟山碎米蕨	*Cheilanthes chusana* Hook.
(133)	日本金粉蕨	*Onychium japonicum* (Thunb.)Kze
(134)	宝兴金粉蕨	*O. moupinense* Ching
(135)	栗柄金粉蕨	*O. lucidum* (Don)Spreng
24	凤尾蕨科	Pteridaceae
(136)	凤尾蕨	*Pteris nervosa* Thunb.
(137)	掌叶凤尾蕨	*P. dactylina* Hook.
(138)	狭叶凤尾蕨	*P. henryi* Christ
(139)	辐状凤尾蕨	*P. actinopteroides* Christ
(140)	蜈蚣草	*P. vittata* L.
(141)	井栏边草	*P. multifida* Poir. ex Lem.
(142)	溪边凤尾蕨	*P. excelsa* Gaud.
25	鳞始蕨科	Lindsaeceae
(143)	陵齿蕨	*Lindsaea odorata* Roxb.
(144)	乌蕨	*Stenoloma chusana* L.

附录4 白河自然保护区裸子植物名录

编号	中文名	学名	用途	备注
1	松科	Pinaceae		
(1)	巴山冷杉	*Abies fargesii* Franch.	用材	资料①
(2)	岷江冷杉	*A. fargesii* var. *faxoniana* T. S. Liu	用材	
(3)	紫果冷杉	*A. recurvata* Mast.	用材	
(4)	黄果冷杉	*A. recurvata* var. *ernestii* C. T. Kuan	用材	
(5)	四川红杉	*Larix. mastersiana* Rehd. et Wils	用材	
(6)	云杉	*Picea asperata* Mast.	用材	
(7)	麦吊云杉	*P. brachytyla* (Franch.) Pritz.	用材	
(8)	油麦吊云杉	*P. brachytyla* var. *complanata* (Mast.) Cheng. ex Rehd.	用材	
(9)	鳞皮云杉	*P. aurantiaca* var. *retroflexa* (Mast.) C. T. Kuan et L. J. Zhou	用材	
(10)	丽江云杉	*P. likiangensis* (Franch.) Pritz.	用材	
(11)	青杆	*P. wilsonii* Mast.	用材	
(12)	大果青扦	*P. neoveitchii* Mast.	用材	
(13)	紫果云杉	*P. purpurea* Mast.	用材	
(14)	白皮云杉	*P. aurantiaca* Mast.	用材	
(15)	川西云杉	*P. balfouriana* Rehd. et Wils.	用材	
(16)	华山松	*Pinus armandii* Franch.	用材	
(17)	油松	*P. tabulaeformis* Carr.	用材	
(18)	高山松	*P. densata* Mast.	用材	
(19)	铁杉	*Tsuga chinensis* (Franch.) Pritz.	用材	
(20)	云南铁杉	*T. dumosa* (D. Don) Eichler	用材	
(21)	丽江铁杉	*T. forrestii* Downie		资料①
(22)	矩鳞铁杉	*T. chinensis* var. *oblongisguamata* Cheng. et L. K		
2	柏科	Cupressaceae		
(23)	岷江柏木	*Cupressus chengiana* S. Y. Hu	用材	
(24)	高山柏	*Sabinasquamata* (Buch. —Hamilt.) Ant	用材	
(25)	香柏	*S. squamata* var. *wilsonii* Cheng et L. K.	用材	
(26)	垂枝香柏	*S. pingii* (Cheng ex Ferré) Cheng et W. T. Wang	用材	
(27)	方枝柏	*S. saltuaria* Cheng et L. K. Fu	用材	
(28)	刺柏	*Juniperus formosana* Hayata	用材	
3	三尖杉科	Cephalotaxaceae		

续表

编号	中文名	学名	用途	备注
(29)	三尖杉	*Cephalotaxus fortunei* Li	用材、药用	
(30)	高山三尖杉	*C. fortuneif.* var. *alpina* Li	用材、药用	
(31)	粗榧	*C. sinensis* (Rehd. et Wils) Li	用材、药用	
4	红豆杉科	Taxaceae		
(32)	红豆杉	*Taxus chinensis* (Pilger) Rehd.	用材、药用	
5	麻黄科	Ephedraceae		
(33)	矮麻黄	*Ephedra minuta* Florin	药用	
(34)	中麻黄	*E. intermedia* Schrenk ex Mey.	药用	
(35)	丽江麻黄	*E. likiangensis* Florin	药用	

注：资料①来源于四川省林业科学研究院等. 四川白河自然保护区综合科学考察报告. 2004 年 2 月。

附录 5　白河自然保护区被子植物名录

编号	中文名	学名
1	胡桃科	Juglandaceae
(1)	青钱柳	*Cyclocarya pallurus* (Batal.) Iljinsk.
(2)	野胡桃	*Juglans cathayensis* Dode
(3)	胡桃	*J. regia* L.
(4)	化香树	*Platycarya strobilacea* Sieb. et Zucc.
(5)	华西枫杨	*P. insignis* Rehd. et Wils.
(6)	甘肃枫杨	*P. macroptera* Batal.
(7)	枫杨	*P. stenoptera*C. DC
2	杨柳科	Salicaceae
(8)	青杨	*Populus cathayana* Rehd.
(9)	山杨	*P. davidiana* Dode.
(10)	小叶柳	*Salix hypoleuca* Seem.
(11)	丝毛柳	*S. luctuosa* Lévl.
(12)	木里柳	*S. muliensis* GÖrz
(13)	喜丛柳	*S. driophila* Schneid.
(14)	筐柳	*S. cheiophila* Schneid.
(15)	紫枝柳	*S. heterochroma* Seemen
(16)	秋华柳	*S. variegata* Franch.
(17)	牛头柳	*S. dissa* Schneid.
(18)	金顶柳	*S. hsinhsuaniana* Fang
(19)	毛脉柳	*S. delavayana* Hand. -Mazz.
(20)	金川柳	*S. jinchuanica* N. Chao
(21)	裂柱柳	*S. ernesti* Schneid.
(22)	小垫柳	*S. brachista* Schneid.
(23)	晚花柳	*S. opsimantha* Schneid.
(24)	奇花柳	*S. atpantha* Schneid.
(25)	康定柳	*S. paraplesia* Schneid.
(26)	乌饭柳	*S. myrtillacea* Andress.
(27)	细齿柳	*S. denticulata* Andress.
(28)	皂柳	*S. wallichiana* Anderss
(29)	矮柳	*S. faxoniana* Schneid.

续表

编号	中文名	学名
3	桦木科	Betulaceae
(30)	糙皮桦	*Betula utilis* D. Don
(31)	矮桦	*B. potaninii* Batal.
(32)	华南桦	*B. austro-sinensis* Chun ex P. C. Li
(33)	白桦	*B. platyphylla* Suk.
(34)	高山桦	*B. delavayi* Franch.
(35)	细穗高山桦	*B. delavayi Franch*. var. *microstachya* P. C. Li
(36)	红桦	*B. albo-sinensis* Burkill
(37)	川陕鹅耳枥	*Carpinus fargesiana* H. Winkl.
(38)	云南鹅耳枥	*C. monbeigiana* Hand. -Mazz.
(39)	松潘鹅耳枥	*C. polyneura Franch*. var. *sunpanensis* (Hsia) P. C. Li
(40)	刺榛	*Corylus ferox* Wall.
(41)	华榛	*C. chinensis* Franch.
(42)	滇虎榛	*Ostryopsis nobilis* Balf. f. et Smith
(43)	虎榛子	*O. davidiana* Decne.
4	壳斗科	Fagaceae
(44)	钩栲	*Castanopsis tibetana* Hance
(45)	高山锥	*C. delavayi* Franch.
(46)	青冈	*Cyclobalanopsis glauca* (Thunb.) Oerst.
(47)	小叶青冈	*C. myrsinaefolia* (Bl.) Oerst.
(48)	亮叶水青冈	*Fagus lucida* Rehd. et Wils.
(49)	米心水青冈	*F. engleriana* Seem
(50)	全苞石栎	*Lithocarpus cleistocarpus* Rehd. et Wils.
(51)	木姜叶柯	*L. litseifolius* (Hance) Chun
(52)	柞栎（槲树）	*Quercus dentata* Thunb.
(53)	锐齿槲栎	*Q. aliena Bl*. var. *acuteserrata* Maxim.
(54)	橿子栎	*Q. baronii* Skan.
(55)	辽东栎	*Q. liaotungensis* Koiz.
(56)	黄背栎	*Q. pannosa* Hand. -Mazz.
(57)	枹栎	*Q. serrata* Thunb.
(58)	短柄枹栎	*Q. serrata* Thunb. var. *brevipetiolata* Nakai
(59)	川西栎	*Q. gilliana* Rehd et Wils.
5	榆科	Ulmaceae
(60)	黑弹朴	*Celtis bungeana* Bl.
(61)	紫弹朴	*C. biondii* Pampan.
(62)	珊瑚朴	*C. julianae* Schneid.

续表

编号	中文名	学名
(63)	榆树	*Ulmus pumila* L.
6	桑科	Moraceae
(64)	构树	*Broussonetia papyrifera* (L.) L'Hert . ex Vent
(65)	藤构	*B. kaempferi* Sieb. var. *australis* Suzuki
(66)	小构	*B. kazinoki* Sieb. et Zucc.
(67)	裂叶榕	*Ficus gasparriniana* Miq. var. *laceratifolia* (Levl. et Vant.) Corner
(68)	异叶榕	*F. heteromorpha* Hemsl.
(69)	尖叶榕	*F. henryi* Wanh.
(70)	地瓜藤	*F. tikoua* Bur.
(71)	桑	*Morus alba* L.
7	大麻科	Cannabisaceae
(72)	大麻	*Cannabis sativa* Linn.
(73)	葎草	*Humulus scandens* (Lour.) Merr.
(74)	啤酒花	*H. lupulus* L.
8	荨麻科	Urticaceae
(75)	异叶楼梯草	*Elatostema monandrum* (D. Don) Hara
(76)	楼梯草	*E. involucratum* Franch.
(77)	钝叶楼梯草	*E. obtusum* Wedd.
(78)	骤尖楼梯草	*E. cuspidatum* Wight.
(79)	大蝎子草	*Girardiania diversifolia* (Link) Friis
(80)	糯米团	*Gonostegia hirta* (Bl) Miq.
(81)	艾麻	*Laportea macrostachya* (Maxim.) Ohwi
(82)	珠芽艾麻	*L. bulbifera* (Sieb. et Zucc.) Wedd.
(83)	心叶艾麻	*L. bulbifera* subsp. *Latiucula* C. J. Chen
(84)	少花冷水花	*Pilea pauciflora* C. J. Chen
(85)	齿叶冷水花	*P. peploides* var. *major* Wedd.
(86)	大叶冷水花	*P. martini* (Levl.) Hand. -Mazz
(87)	透茎冷水花	*P. mongolica* Wedd.
(88)	翅茎冷水花	*P. subcoriacea* (Hand. -Mazz.) C. J. Chen
(89)	雾水葛	*Pouzolzia zeylanica* (L.) Benn.
(90)	雅致雾水葛	*P. elegans* Wedd.
(91)	宽叶荨麻	*Urtica laetevirens* Maxim.
(92)	裂叶荨麻	*U. fissa* Pritz.
(93)	齿叶荨麻	*U. laetevirens* subsp. *dentata* (Hand. -Mazz.) C. J. Chen
(94)	毛果荨麻	*U. triangularis* Hand. -Mazz. subsp. *trichocarpa* C. J. Chen
(95)	高原荨麻	*U. hyperborea* Jacq. ex Wedd.

续表

编号	中文名	学名
(96)	甘肃荨麻	*U. dioica* L. subsp. *gansuensis* C. J. Chen.
9	蛇菰科	Balanophoraceae
(97)	筒鞘蛇菰	*Balanophora involucrata* Hook f.
10	蓼科	Polygonaceae
(98)	荞麦	*Fagopyrum esculentum* (F. Muell. . ex Hook.) L. H. Bailey
(99)	苦荞麦	*F. tataricum* (Linn.) Gaertn.
(100)	头花蓼	*Polygonum capitati* Buch. . Ham ex D. Don
(101)	珠芽蓼	*P. viviparum* L.
(102)	细叶珠芽蓼	*P. viviparum* L. var. *angustum* A. J. Li
(103)	酸模叶蓼	*P. lapathifolium* Linn.
(104)	多穗蓼	*P. polystachyum* Wall. ex Meisn.
(105)	支柱蓼	*P. suffultam* Maxim.
(106)	尼泊尔蓼	*P. nepalense* Meisn.
(107)	圆穗蓼	*P. sphaerostachyum* Meisn.
(108)	水蓼	*P. hydropiper* Linn.
(109)	何首乌	*P. multiflorum* Thunb.
(110)	蓼蓝	*P. tinctorium* Ait
(111)	赤胫散	*P. runcinatum* Buch. -Ham.
(112)	萹蓄	*P. aviculare* L.
(113)	大黄	*Rheum officinale* Bail.
(114)	鸡爪大黄	*R. tanguticum* Maxim. ex Regel.
(115)	齿果酸模	*R. dentatus* Linn.
(116)	酸模	*R. acetosa* Linn.
(117)	尼泊尔酸模	*R. nepalensis* Spreng.
11	安息香科	Styraceae
(118)	野茉莉	*Styrax japonicus* Sieb. Rt Zucc
(119)	南川安息香	*S. hemsleyana* Diels
12	石竹科	Caryophylliaceae
(120)	蚤缀	*Arenaria serpyllifolia* L.
(121)	甘肃蚤缀	*A. kansuensis* Maxim.
(122)	四川无心菜	*A. szechuanensis* Williams
(123)	缘毛卷耳	*Cerastium furcatum* Cham et Schlecht.
(124)	簇生卷耳	*C. fontanum* Baumg. subsp. (Murb.) Jalas
(125)	瞿麦	*Dianthus superbus* L.
(126)	蝇子草	*Silene fortunei* Vis.
(127)	牛繁缕	*Malachium aquaticum* Fries

续表

编号	中文名	学名
(128)	漆姑草	*Sagina japonica* Ohwi
(129)	女娄菜	*Melandrium apricum* (Turcz.) Rohrb.
(130)	紫萼女娄菜	*M. Tatarinowii* (Regel) Y. W. Tsui.
(131)	中国繁缕	*Stellaria chinensis* Regel.
(132)	繁缕	*S. media* Cyr.
(133)	石生繁缕	*S. saxatilis* Buch. -Ham.
(134)	沼生繁缕	*S. talustris* Ehrh.
13	藜科	Chenopodiaceae
(135)	藜	*Chenopodium album* L.
(136)	小藜	*C. serotinum* L.
(137)	小白藜	*C. ilinii* Golosk.
(138)	碱蓬	*Suaeda glauca* Bunge
14	苋科	Amaranthaceae
(139)	土牛膝	*Achyranthes aspera* L.
(140)	牛膝	*A. bidentata* Bl.
(141)	野苋	*Amaranthus ascendens* Loisel.
(142)	皱果苋	*A. paniculatus* L.
(143)	繁穗苋	*A. paniculatus* L.
(144)	青葙	*Celosia argentea* L.
15	木兰科	Magnoliaceae
(145)	红花木莲	*Manglietia insignis* (Wall.) Bl.
(146)	毛叶玉兰	*M. globosa* Hook. f. et Thoms.
16	五味子科	Schisandraceae
(147)	南五味子	*Kadsura longepeduoculata* Finet et Gagnep.
(148)	华中五味子	*Schisandra* Rehd. et Wils.
(149)	红花五味子	*S. rubriflora* Rehd. et Wils.
(150)	球蕊五味子	*S. sphaerandra* Stapf.
(151)	狭叶五味子	*S. lancifolia* (Rehd. et Wils.) A. C. Smith
17	樟科	Lauraceae
(152)	山苍子	*Litsea cubeba* (Lour.) Pers.
(153)	三桠乌药	*Lindera obtusiloba* BL.
(154)	卵叶钓樟	*L. limprichtii* Winkler
(155)	川钓樟	*L. pulcherrima* var. *hemsleyana* H. P. Tsui
(156)	山胡椒	*L. glauca* Blume
(157)	高山木姜子	*Litsea chunii* Cheng
(158)	大叶高山木姜子	*L. chunii* Cheng var. *latifolia* (Yang) H. S. Kung ex Yang *et al*.

续表

编号	中文名	学名
18	水青树科	Tetracentraceae
(159)	水青树	*Tetracentron sinense* Oliv.
19	领春木科	Eupteleaceae
(160)	领春木	*Euptelea pleiospermum* Hook. f. et Thoms.
20	连香树科	Cercidiphyllaceae
(161)	连香树	*Cercidiphyllum japonicum* Sieb. Et Zucc.
21	毛茛科	Ranunculaceae
(162)	乌头	*Aconitum carmichaeli* Debx.
(163)	松潘乌头	*A. sungpanense* Hand. -Mazz.
(164)	露蕊乌头	*A. gymnandrum* Maxim.
(165)	狭裂乌头	*A. refractum* (Finet et Gapnep.) Hand. -Mazz.
(166)	多裂乌头	*A. polyschistum* Hand. -Mazz.
(167)	展毛短柄乌头	*A. brachypodum* Diels var. *laxiflorum* Fletcher et Lauener
(168)	高乌头	*A. sinomontanum* Nakai
(169)	铁棒锤	*A. szechenyianum* Gay.
(170)	伏毛铁棒锤	*A. flavum* Hand. -Mazz.
(171)	牛扁	*A. ochranthum* Mey
(172)	甘青乌头	*A. tanguticum* (Maxim.) Stapf.
(173)	美丽乌头	*A. pulchellum* Hand. -Mazz.
(174)	多裂乌头	*A. polyschistum* Hand. -Mazz.
(175)	花葶乌头	*A. scaposum* Franch.
(176)	类叶升麻	*Actaea asiatica* Hara
(177)	短柱侧金盏花	*Adonis coerulea* Maxim.
(178)	蓝侧金盏花	*A. coerulea* Maxim.
(179)	草玉梅	*Anemone vivalaris* Buch. -Ham. ex DC.
(180)	大火草	*A. tomentosa* (Maxim.) Péi
(181)	川西银莲花	*A. prattii* Huth ex Ulbr.
(182)	岷山银莲花	*A. rockii* Ulbr
(183)	短距耧斗菜	*Aquilegia semicalcarata*
(184)	黄花水毛茛	*Batrachium bungei* (Steud.) L. Liou var. *flavidum* Hand. -Mazz.
(185)	单叶升麻	*Beesia calthaefolia* (Maxim.) Ulbr.
(186)	花葶驴蹄草	*Caltha scaposa* Hook. f. et Thoms.
(187)	驴蹄草	*C. polustris* L.
(188)	空茎驴蹄草	*C. palustris* var. *borthei* Hance
(189)	红花空茎驴蹄草	*C. palustris* var. *barthei* f. *atrorubra* (W. T. Wang) W. T. Wang
(190)	单穗升麻	*Cimicifuga simplex* Wormsk.

续表

编号	中文名	学名
(191)	升麻	*C. foetida* L.
(192)	多小叶升麻	*C. foetida* var. *folidosa* Hsiao
(193)	星叶草	*Circaeaster agrestis* Maxim.
(194)	粗齿铁线莲	*Clematis argentilucida* (Lévl.) et Vant.) W. T. Wang
(195)	毛蕊铁线莲	*C. lasiandra* Maxim.
(196)	羽叶铁线莲	*C. pinnata* Maxim.
(197)	毛果铁线莲	*C. ganpiniana* var. *tenuisepala* (Maxim.) C. T. Ting
(198)	西南铁线莲	*C. pseudopogonandra* Finet et Gagnep
(199)	薄叶铁线莲	*C. gracilifolia* Rehd. et Wils.
(200)	甘川铁线莲	*C. akekioides* (Maixm.) Hort. Ex Veitch
(201)	毛木通	*C. buchananiana* DC.
(202)	钝萼铁线莲	*C. peterae* Hand. -Mazz.
(203)	甘青铁线莲	*C. tangutica* (Maxim.) Korsh.
(204)	威灵仙	*C. chinensis* Osbeck
(205)	小木通	*C. armandii* Franch.
(206)	秦岭铁线莲	*C. obscura* Maxim.
(207)	单花翠雀花	*Delphinium monanthum* Hand. -Mazz. .
(208)	翠雀	*D. grandiflorum* Linn.
(209)	弯距翠雀花	*D. campylocentrum* Maxim.
(210)	直距翠雀花	*D. orthocentrum* Franch.
(211)	展毛翠雀花	*D. kamaonense* Huth var. *glabrescens* (W. T. Wang) W. T. Wang
(212)	川西翠雀花	*D. tongoleuse* Franch.
(213)	松潘翠雀花	*D. sutcuense* Franch.
(214)	独叶草	*Kingdonia uniflora* Balf. F. et W. W. Sm.
(215)	宿萼毛茛	*Ranunculus glacialiformis* Hand. -Mazz.
(216)	禺毛茛	*R. cantoniensis* DC.
(217)	毛茛	*R. japonicus* Thunb.
(218)	高原毛茛	*R. tanguticus* (Maxim.) Ovcz.
(219)	云生毛茛	*R. nephetogenes* Edgew.
(220)	云南毛茛	*R. yunnanensis* Franch.
(221)	长果升麻	*Soulia vaginata* (Maxim.) Franch.
(222)	峨眉唐松草	*Thalictrum omeiense* W. T. Wang et S. H. Wang
(223)	瓣蕊唐松草	*T. petaloideum* L.
(224)	高原唐松草	*T. cultratum* Wall.
(225)	西南唐松草	*T. fargesii* Franch.
(226)	滇川唐松草	*T. finetii* Boivin

续表

编号	中文名	学名
(227)	弯柱唐松草	*T. uncinulatum* Franch.
(228)	长喙唐松草	*T. macrorhynchum* Franch.
(229)	矮金莲花	*Trollius farreri* Stapf
(230)	毛茛状金莲花	*T. ranunculoides* Hemsl.
(231)	川陕金莲花	*T. buddae* Schipcz.
(232)	青藏金莲花	*T. pumilus* var. *tanguticus* Brûl
22	小檗科	Berberidaceae
(233)	巴东小檗	*Berberis henryana* Schneid.
(234)	直穗小檗	*B. dasytachya* Maxim.
(235)	光梗小檗	*B. franchetiana* Schneid. var. *glabripes* Ahrendt
(236)	堆花小檗	*B. aggregate* Schneid.
(237)	川鄂小檗	*B. henryana* Schneid.
(238)	黄芦木	*B. amurensis* Rupr.
(239)	甘肃小檗	*B. kansuensis* Schneid
(240)	四川小檗	*B. sichuanica* Ying
(241)	刺黄花	*B. polyanthax* Hemsl.
(242)	川滇小檗	*B. jamesiana* Forrest et W. W. Sm.
(243)	鲜黄小檗	*B. diaphana* Maxim.
(244)	松潘小檗	*B. dictyoneura* Schneid.
(245)	川西淫羊藿	*Epimedium elongatum* Kom
(246)	茂汶淫羊藿	*E. Platypetalum* K. Meyer.
(247)	柔毛淫羊藿	*E. pubescens* Maxim.
(248)	刺黄柏	*Mahonia gracilipes* (Oliv.) Fedd.
(249)	阔叶十大功劳	*M. bealei* Carr.
(250)	功劳	*M. foreunei* Mouill.
(251)	桃儿七	*Sinopodophyooum emodi* Wall. ex Royle Ying
23	木通科	Lardizabalaceae
(252)	三叶木通	*Akebia trifoliata* Koidz.
(253)	五枫藤	*Holboellia angustifolia* Wall.
(254)	牛姆瓜	*H. grandiflora* Reaub.
(255)	猫儿屎	*Decaisnea insignis* Hook. f. et Thoms
24	三白草科	Saururaceae
(256)	蕺菜	*Houttuynia cordata* Thunb.
(257)	三白草	*Saururus chinensis* (Lour.) Baill.
25	胡椒科	Piperaceae
(258)	豆瓣绿	*Peperomia tetraphylla* (Forst.) Hook. et Arn.

续表

编号	中文名	学名
26	锦葵科	Malvaceae
(259)	圆叶锦葵	*M. rotundifolia* Linn.
(260)	锦葵	*M. sinensis* Cavan.
(261)	地桃花	*Urena lobata* Linn.
27	马兜铃科	Aristilochiaceae
(262)	异叶马兜铃	*Aristolochia heterophylla* Hemsl.
(263)	单叶细辛	*Asarum himalaicum* Hook. f. et Thoms. ex Klotzsch.
(264)	双叶细辛	*A. caulescens* Maxim.
(265)	短尾细辛	*A. caudigerellum* C. Y. Cheng et C. S. Cheng
(266)	花脸细辛	*A. splendens* (Maekawa) C. Y. Cheng et C. S. Yang
28	芍药科	Paeoniaceae
(267)	类叶牡丹	*Leontice robustum* (Maxim.) Diels.
(268)	川赤芍	*Paeonia veitchii* Lynch
(269)	毛赤芍	*P. veitchii* Lynch var. *woodwardii* (Stapf ex Lox) Stern
(270)	毛叶草芍药	*P. obovata* Maxim. var. *willmottiae* (Stapf) Stern
29	猕猴桃科	Actinidiaceae
(271)	狗枣猕猴桃	*Actinidia kolomikta* (rupr. Et maxim. .) Plangh.
(272)	海棠猕猴桃	*A. maloides* Li
(273)	紫果猕猴桃	*A. pupurea* Rehd.
(274)	四萼猕猴桃	*A. tetramera* Maxim.
(275)	心叶藤山柳	*Clematoclethra cordifolia* Franch.
(276)	大叶藤山柳	*C. lasioclada* Maxim. var. *grandis* (Hemsl.) Rehd.
(277)	矩叶藤山柳	*C. lasiolata* Maxim. var. *oblonga* C. F. Liang et X. C. Chen
(278)	猕猴桃藤山柳	*C. actinidioides* Maxim.
(279)	椴叶藤山柳	*C. cordifolia* Franch. var. *tiliacea* (Kom.) C. Y. Chang
(280)	藤山柳	*C. lasaoclada* Maxim
30	金丝桃科	Guttiferae
(281)	黄海棠	*Hypericum aseyron* Linn.
(282)	小连翘	*H. erectum* Thunb. ex Murray
(283)	贯叶连翘	*H. perforatum* L.
(284)	突脉金丝桃	*H. przewaslkii* Maxim
31	罂粟科	Papaveraceae
(285)	钩距黄堇	*Corydelis hamata* Franch.
(286)	松潘黄堇	*C. lancheana* fedd
(287)	纤细黄堇	*C. gracillima* C. Y. Wu
(288)	粗糙黄堇	*C. scaberula* Maxim.

续表

编号	中文名	学名
(289)	暗绿黄堇	*C. melanochlora* Maxim.
(290)	茂汶紫堇	*C. flavifirillosa* C. Y. Wu
(291)	狭距紫堇	*C. kokiana* Hand. -Mazz.
(292)	少花延胡索	*C. alpestris* C. A. Mey.
(293)	直距曲花紫堇	*C. curviflora* Maxim. var. *minuticristata* Fedde
(294)	秃疮花	*Dicranostigma leptopodum* (Maxim.) Fedde
(295)	节裂角茴香	*Hypecoum leptocarpum* Hook. f. et Thoms.
(296)	小果博落回	*Macleaya microcarpa* (Maxim.) Fedde
(297)	全缘绿绒蒿	*Meconopsis integrifolia* (Maxim.) Franch.
(298)	多刺绿绒蒿	*M. horridula* Hook. f. et Thoms.
(299)	红花绿绒蒿	*M. punicea* Maxim.
(300)	黄花绿绒蒿	*M. chelidonifolia* Bur. et Franch.
(301)	五脉绿绒蒿	*M. quintuplinervia* Regel
32	十字花科	Cruciferae
(302)	垂果南芥	*Arabis pendula* L.
(303)	红花肉叶荠	*Braya rosa* (Turca.) Bunge
(304)	塌棵菜	*B. narinosa* L. H. Bailey
(305)	荠	*Capsella bursa-pastoris* (L.) Medic.
(306)	紫花碎米荠	*Cardamine leucantha* (Tausch) O. E. Schulz
(307)	弹裂碎米荠	*C. impatiens* L.
(308)	小叶碎米荠	*C. macrozyga* O. E. Schulz
(309)	白花碎米荠	*C. leucantha* (Tausch) O. E. Schulz
(310)	苞序葶苈	*Draba ladyginii* Pohle
(311)	长角糖芥	*Erysimum longisiliquum* Hook. f. et Thoms.
(312)	山萮菜	*Eutrema yunnanense* Franch.
(313)	独行菜	*Lepidium apetalum* Willd.
(314)	菥蓂	*Thlaspi arvense* L.
33	金缕梅科	Amamelidaceae
(315)	四川蜡瓣花	*Corylopsis Willmottiae* Rehd. et wils.
34	景天科	Crassulaceae
(316)	八宝	*Hylotelephium erythrostictum* Miq.
(317)	华北八宝	*H. tatarinowii* (Maxim.) H. Ohba
(318)	白八宝	*H. pallescens* (Freyn) H. Ohba
(319)	狭穗八宝	*H. angustum* (Maxim.) H. Ohba
(320)	小丛红景天	*Rhodiola dumulosa* (Franch.) S. H. Fu
(321)	狭叶红景天	*R. kililowii* (Regel) Maxim.

续表

编号	中文名	学名
(322)	西川红景天	*R. alsia* (Fröd.) S. H. Fu
(323)	喜马红景天	*R. himalensia* (D. Don) S. H. Fu
(324)	宽果红景天	*R. eurycarpa* ((Fröd.) S. H. Fu
(325)	狭果红景天	*R. ririlowii* (Regel) Maxim.
(326)	豌豆七	*R. henryi* (Diels) S. H. Fu
(327)	四裂红景天	*R. quadrifida* (Pall.) Fisch. Et Mey.
(328)	凹叶景天	*Sedum emarginatum* Migo
(329)	珠芽景天	*S. bulbiferum* Makino
(330)	山飘风	*S. major* (Hemsl.) Migo
(331)	齿叶景天	*S. odontophyllum* Fröd.
(332)	秦岭景天	*S. pampaninii* Hanet.
(333)	火焰草	*S. stellariifolium* Franch.
35	虎耳草科	Saxifragaceae
(334)	落新妇	*Astilbe chinensis* (Maxim.) Franch . et Sav.
(335)	多花落新妇	*A. myriantha* Diels
(336)	大落新妇	*A. grandis* stapfex Wils.
(337)	中华金腰	*Chrysosplenium sinicum* Maxim.
(338)	理县金腰	*C. Lixianense* Jiem ex J. T. Pan
(339)	肾叶金腰	*C. griffithii* Hook. f. et Thoms.
(340)	毛金腰	*C. pilosum* Maxim. var. *valdepilosum* Ohwi
(341)	短柱梅花草	*Parnassia brevistyla* (Brieg) Hand. -Mazz.
(342)	鬼灯擎	*Rodgersia aesculifolia* Batal
(343)	西南鬼灯擎	*R. sambucifolia* Hemsl.
(344)	繁缕虎耳草	*Saxifraga stellariifolia* Franch.
(345)	优越虎耳草	*S. egregia* Engl.
(346)	山地虎耳草	*S. montana* H. Smith
(347)	卵心叶虎耳草	*S. aculeata* Balf.
(348)	秦岭虎耳草	*S. giraldiana* Engl.
(349)	四川虎耳草	*S. sublineariifolia* J. T. Pan
(350)	理塘虎耳草	*S. litangensis* Engl.
(351)	狭瓣虎耳草	*S. pseudohirculus* Engl.
(352)	平武溲疏	*Deutzia longifolia* Franch. var. *pingwuwnsis* S. M. Hwang
(353)	锯齿溲疏	*D. subulata* Hand. -Mazz.
(354)	多辐线溲疏	*D. multiradiata* W. T. Wang
(355)	光叶溲疏	*D. nitidula* W. T. Wang
(356)	长叶溲疏	*D. longifolia* Franch.

续表

编号	中文名	学名
(357)	异色溲疏	*D. discolor* Hemsl.
(358)	西南绣球	*Hydrangea davidii* Franch.
(359)	松潘绣球	*H. sungpanensis* Hand. -Mazz.
(360)	灰绒绣球	*H. mandarinorum* Diels
(361)	东陵绣球	*H. bretschneideri* Dippel
(362)	圆锥绣球	*H. paniculata* Sieb.
(363)	挂苦绣球	*H. xanthoneura* diels
(364)	大枝绣球	*H. reathornii* Diels
(365)	长柄绣球	*H. longipes* Franch.
(366)	毛柱山梅花	*Philadelphus subscanus* Koehne
(367)	毛药山梅花	*P. reevesianus* S. Y. Hu
(368)	山梅花	*P. incanus* Koehne
(369)	紫萼山梅花	*P. purpurascens* (Koehne) Rehd.
(370)	毛萼山梅花	*P. dasycalyx* (Rehd.) S. Y. H
(371)	绢毛山梅花	*P. sericanthus* Koehne
(372)	东方茶藨子	*Ribes orientale* Desf.
(373)	腺毛茶藨子	*R. longiracemosum* Franch. var. *davidii* Jancz.
(374)	小果茶藨子	*R. vilmorinii* Jancz.
(375)	青海茶藨子	*R. pseudofasciculatum* Hao
(376)	甘青茶藨子	*R. meyeri* Maxim. var. *tanguticum* Jancz.
(377)	渐尖茶藨子	*R. takare* D. Don
(378)	矮醋栗	*R. humile* Jancz.
(379)	狭萼茶藨子	*R. laciniatum* HR. F. et Thoms.
(380)	糖茶藨子	*R. himalense* Royle ex Decne.
(381)	大刺茶藨	*R. alpestre* Wall. ex Decnce.
(382)	宝兴茶藨子	*R. moupinense* Franch.
(383)	细枝茶藨子	*R. tenue* Jancz.
36	蔷薇科	Rosaceae
(384)	龙牙草	*Agrimonia pilosa* Ledeh.
(385)	羽衣草	*Alchemilla japonica* Nakai et Hara
(386)	山桃	*Amygdalus davidiana* (Carr.) C. de Vos ex Henry
(387)	西康扁桃	*A. tangutica* (Batal.) Korsh.
(388)	野杏	*Armeniaca vulgaris* Lam. var. *ansu* (Maxim.) Yű et Lu
(389)	野梅	*A. mume* Sieb. var. *cernua* (Franch.) Yű et Lu
(390)	假升麻	*Aruncus Sylvester* Kostel . ex Maxim
(391)	毛樱桃	*Cerasus pseudocerasus* Thunb.

续表

编号	中文名	学名
(392)	锥腺樱桃	*C. conadenia* Koehne
(393)	西南樱桃	*C. pilosiuscula* Koehne
(394)	川西樱桃	*C. trichostorna* (Koehne) Yűet Li
(395)	四川樱桃	*C. szechuanica* (Batal.) Yűet Li
(396)	小叶栒子	*Cotoneaster microphyllus* Wall.
(397)	毛叶水栒子	*C. submultiflorus* Popov
(398)	平枝栒子	*C. horizontalis* Decue
(399)	尖叶栒子	*C. acuminatus* Lindl
(400)	细枝栒子	*C. gracilis*Reng. et Wils.
(401)	四川栒子	*C. ambiguous*Rehd. et Wils
(402)	匍匐栒子	*C. adpressus* Bois
(403)	细尖栒子	*C. apiculatus* Rehd. et Wils.
(404)	麻核栒子	*C. foceolatus*Rehd. & Wils.
(405)	水栒子	*C. multiflorus* Bge.
(406)	黄杨叶栒子	*C. buxifolium* Lindl.
(407)	金露梅	*Dasiphora fruticossa* L.
(408)	东方草莓	*Fragaria orientalis* Lozinsk.
(409)	西南野草莓	*F. moupinensis* (Franch.) Card.
(410)	水杨梅	*Geum aleppicum* Jacg.
(411)	陇东海棠	*Malus kansuensis* (Batal.) Schneid.
(412)	西府海棠	*M. micromalus* Makino
(413)	丽江山荆子	*M. vockii* Rehd.
(414)	中华绣线梅	*Neillia sinensis* Olivl.
(415)	华西小石积	*Osteomeleus schwerinae* Schneid.
(416)	稠李	*Padus padus* L.
(417)	楔叶萎陵菜	*Potentilla ambigua* Wall.
(418)	伏毛银露梅	*P. glabra* var. *veitchii*
(419)	银叶萎陵菜	*P. leuconota*D. Don
(420)	西南萎陵菜	*P. fulgens* Wall.
(421)	柔毛萎陵菜	*P. griffithii*Hook.
(422)	多茎萎陵菜	*P. multicaulis* Bge.
(423)	多头萎陵菜	*P. multiceps* Yü et Li
(424)	钉柱萎陵菜	*P. saundersiana* Royle
(425)	匍匐萎陵菜	*P. reptans*L.
(426)	绢毛匍匐萎陵菜	*P. reptans* L. var. *sericophylla* Franch.
(427)	甘肃火棘	*P. crenulata* (D. Don) Roem. var. *kansuensis* Rehd.

续表

编号	中文名	学名
(428)	火棘	*P. fortuneana* (Maxim.) Li
(429)	美蔷薇	*Rosa bella* Rehd.
(430)	单瓣黄刺玫	*R. xanthina* Lindl. f. *normalis* Rehd. et Wils.
(431)	腺叶扁刺蔷薇	*R. sweyinzoeii* Koehne var. *glandulose* Lard.
(432)	绢毛蔷薇	*R. sericea* Lindl.
(433)	光叶绢毛蔷薇	*R. sericea* Lindl. f. *glabrescens* Franch.
(434)	峨眉蔷薇	*R. omeiensis* Rolfe.
(435)	小叶川滇蔷薇	*R. soulieana* Crép var. *microphylla* Yü et Ku
(436)	华西蔷薇	*R. moyesii* Hemsl. et Wils.
(437)	缫丝花	*R. roxburghii* Tratt
(438)	黄色悬钩子	*Rubus lutescens* Franch.
(439)	空心泡	*R. rossaefoliu* Smith
(440)	黄果悬钩子	*R. xanthocarpus* Bureau et Franch.
(441)	乌泡子	*R. parleri* Hance
(442)	插田泡	*R. coreanus* Miq
(443)	茅莓	*R. parvifolius* L.
(444)	刺悬钩子	*R. pungens* Camb.
(445)	川莓	*R. setchuensis* Bur. et Franch
(446)	菰帽悬钩子	*R. pileatus* Focke
(447)	紫花五蕊梅	*Sibbaldia macropetala* O. Muravjeva.
(448)	鲜卑花	*S. laevigata* (L.) Maxim.
(449)	窄叶鲜卑花	*S. angustata* (Rehd.) Hand. -Mazz.
(450)	高丛珍珠梅	*Sorbaria arborea* Schneid.
(451)	西康花楸	*Sorbus prattii* Koehne
(452)	四川花楸	*S. setschwanensis* (Schneid.) Koehne
(453)	湖北花楸	*S. hupehensis* Schneid
(454)	石灰花楸	*S. folgneri* (schneid.) Rehd.
(455)	陕甘花楸	*S. koehneana* Schneid.
(456)	华西花楸	*S. wilsoniana* Sahneid.
(457)	高山绣线菊	*Spiraea alpina* Turcz.
(458)	陕西绣线菊	*S. wilsonii* Duthie.
(459)	川滇绣线菊	*S. schneideriana* Rehd. var. *amphidoxa* Rehd.
(460)	狭叶绣线菊	*S. japonica* L. f. var. *acuminata* Franch.
(461)	光叶绣线菊	*S. japonica* L. f. Var. *foltunei* (Planch.) Rehd.
(462)	细枝绣线菊	*S. myrtilloides* Rohd.
37	豆科	Leguminosae

续表

编号	中文名	学名
(463)	湖北羊蹄甲	*Caesalpinia sepiaria* Roxb.
(464)	黄花黄芪	*Astragalus luteolus* Tsai et Yü
(465)	扁茎黄芪	*A. complanatus* R. Br.
(466)	长萼裂黄芪	*A. longilobus* Pet. -Stib.
(467)	小苞黄芪	*A. prattii* Simps.
(468)	西南杭子梢	*Campylotropis delavayi* (Franch.) Schindl.
(469)	草山杭子梢	*C. prainii* (Coll. et Hemsl.) Schindl.
(470)	毛杭子梢	*C. hirtella* (Franch.) Schindle.
(471)	川青锦鸡儿	*C. tibctica* Maxim.
(472)	川西锦鸡儿	*C. crinaceae* Kom.
(473)	粗毛锦鸡儿	*C. dasyphylla* Pojark.
(474)	金钱草	*Desmodium styracifolium* (Osbeck) Merr.
(475)	总状花序山蚂蝗	*D. spicatum* Rehd.
(476)	中国岩黄芪	*Hedysarum chinense* (B. Fedtsch .) Hand. -Mazz.
(477)	滇岩黄芪	*H. limitaneum* Hand. -Mazz.
(478)	铁扫帚	*Indigofera bungeana* Steud
(479)	大花木蓝	*I. nwisonii* Craib
(480)	胡枝子	*Lespedeza bicolor* Turcz.
(481)	美丽胡枝子	*L. Formosa* (Vog.) Koehne
(482)	中华胡枝子	*L. floribunda* Bunge
(483)	花胡枝子	*L. chinensis* D. Don
(484)	大叶胡枝子	*L. davidii* Franch.
(485)	天蓝苜蓿	*Medicago hupulina* L.
(486)	紫苜蓿	*M. sativa* Linn.
(487)	白香草苜樨	*Melilotus albus* Desr.
(488)	黄花草木樨	*M. officinalis* (Linn.) Pall.
(489)	华西棘豆	*Oxytropis giraldii* Vlbr.
(490)	宽苞棘豆	*O. latibracteata* Jurtz.
(491)	甘肃棘豆	*O. Kansuensis* Bunge.
(492)	黄花棘豆	*O. ochrocephala* Bunge.
(493)	槐树	*Sophora alopecuroides* L.
(494)	大花野豌豆	*Vicia sepium* L.
(495)	野豌豆	*V. bungei* Ohwi
(496)	华野豌豆	*V. chinensis* Franch.
(497)	西南野豌豆	*V. nummularia* Hand. -Mazz.
(498)	山野豌豆	*V. amoena* Fisch.

续表

编号	中文名	学名
(499)	三齿萼野豌豆	*V. bungei* Ohwi
(500)	广布野豌豆	*V. cracca* L.
(501)	歪头菜	*V. unijuga* A. Br.
38	酢浆草科	Oxalidaceae
(502)	山酢浆	*Oxalis griffithii* Edgew. et Hook. f.
(503)	酢浆草	*O. corniculata* L.
39	牻牛儿苗科	Geraniaceae
(504)	尼泊尔老鹳草	*Geranium hortorum* Bailey
(505)	毛蕊老鹳草	*G. eriostemon* Fisch. ex DC.
(506)	甘青老鹳草	*G. pylzowianum* Maxim.
(507)	理县老鹳草	*G. pseudofarreri* Z. M. Tan
(508)	四川老鹳草	*G. fangii* R. Knuth
(509)	具腺老鹳草	*G. wilfordii* Maxim. var. *glandulosum* Z. M. Tan
40	大戟科	Euphorbiaceae
(510)	铁苋菜	*Acalypha australis* L.
(511)	红背山麻杆	*A. trewioides* (Bebth) Muell-Arg.
(512)	毛果山麻杆	*A. mollis* (Benth.) Muell.
(513)	钩腺大戟	*Euphorbia sieboldiana* Morr. et Decne.
(514)	甘肃大戟	*E. kansuensis* Prokh.
(515)	泽漆	*E. helioscopia* L.
(516)	地锦	*E. humifusa* Willd.
(517)	斑地锦	*E. maculata* L.
(518)	野桐	*Mallotus japonicus* var. *floccosus* (Muell. Arg.) S. M. Hwang
(519)	石岩枫	*M. repandus* (Willd) Muell. Arg.
(520)	山乌桕	*Sapium discolor* (Champ.) Muell-Arg.
(521)	乌桕	*S. sebiferum* (L.) Roxb.
(522)	地构叶	*Speranskia tuberculata* (Bunge) Baill.
41	芸香科	Rutaceae
(523)	湖北吴茱	*Evodia henryi* Dode
(524)	臭檀吴萸	*E. daniellii* (Benn.) Hemsl.
(525)	花椒	*Zanthoxylum bungeanum* Maxim.
(526)	大花花椒	*Z. macranthum* (Hand.-Mazz.) Huang
(527)	陕西花椒	*Z. piasezkii* Maxim.
(528)	卵叶花椒	*Z. ovalifolium* Wright
(529)	刺卵叶花椒	*Z. ovalifolium* Wright var. *spinifolium* (Rehd. et Wils.) Huang
(530)	蚬壳花椒	*Z. dissitum* Hemsl.

续表

编号	中文名	学名
(531)	野花椒	*Z. Simulans* Hance.
42	楝科	Meliaceae
(532)	川楝	*Melia toosemdan* Sieb. et Zucc.
(533)	红椿	*Toona ciliata* Roem.
(534)	香椿	*T. sinensis* (A. Juss) Roem
43	远志科	Polygalaceae
(535)	西伯利亚远志	*Polygala sibirica* L.
(536)	苦远志	*P. sibirica* L. var. *megalopha* Franch.
(537)	小扁豆	*P. tatarinowii* Regel
(538)	瓜子金	*P. japonica* Houtt.
44	马桑科	Coriariaceae
(539)	马桑	*Coriaria nepalensis* Wall
45	漆树科	Anacardiaceae
(540)	四川黄栌	*Cotinus szechuanensis* A. Pénzes
(541)	毛黄栌	*C. coggygria* Scop. var. *pubescens* Engl
(542)	青麸杨	*Rhus potaninii* Maxim.
(543)	红麸杨	*R. punjabensis* Stew. var. *sinica* (Diels) Rehd. et Wils.
(544)	盐肤木	*R. chinensis* Mill
(545)	野漆树	*Toxilodendron verniciflum* (Stokes) F. A. Barkley
46	槭树科	Aceraceae
(546)	四蕊槭	*Acer tetramerum* Pax.
(547)	桦叶四蕊槭	*A. tetramerum* Pax var. *betufolium* (Maxim.) Rehd.
(548)	五尖槭	*A. maximowiczii* Pax.
(549)	黄毛槭	*A. fulvesens* Rehd.
(550)	色木槭	*A. mono* Maxim.
(551)	毛叶槭	*A. stachyophllum* Hiern
(552)	疏花槭	*A. laxiflorum* Pax
(553)	青榨槭	*A. davidii* Franch.
(554)	长尾槭	*A. caudatum* Wall.
(555)	花楷槭	*A. ukurunduense* Trautv et Mey.
(556)	毛果槭	*A. franchetii* Pax
(557)	五裂槭	*A. oliverianum* Pax
(558)	大翅色木槭	*A. mono* Maxim. var. *macropterum* Fang
(559)	太白深灰槭	*A. caesium* Wall. ex Brandis subsp. *giraldii* (Pax) E. Murr.
(560)	川滇长尾槭	*A. caudatum* Wall. var. *prattii* Rehd.
47	清风藤科	Sabiaceae

续表

编号	中文名	学名
(561)	泡花树	*Meliosma cuneifolia* Franch.
(562)	山楼叶泡花树	*M. buchananifolia* Merr.
(563)	阔叶清风藤	*Sabia yunnanensis* Franch. subsp. *latifolia* (Rehd. et Wils.) Y. F. Wu
(564)	四川清风藤	*S. schumanniana* Diels.
48	无患子科	Sapindaceae
(565)	复羽叶栾树	*Koelreuteria bipinnata* Franch.
(566)	栾树	*K. paniculata* Laxm.
49	凤仙花科	Balsaminaceae
(567)	川西凤仙花	*Impatiens apsotis* Hook. f.
(568)	凤仙花	*I. balsamina* L.
(569)	耳叶凤仙花	*I. delavayi* Franch.
(570)	齿萼凤仙花	*I. dicentra* Franch.
(571)	高山凤仙花	*I. nubigena* W. W. Smith
(572)	宽距凤仙花	*I. platyceras* Maxim.
(573)	黄金凤	*I. siculifer* Hook. f.
(574)	窄萼凤仙花	*I. stenosepala* Pritz. ex Diels
50	冬青科	Aquifoliaceae
(575)	猫儿刺	*Ilex pernyi* Franch.
(576)	珊瑚冬青	*I. corallina* Franch.
51	卫矛科	Celastraceae
(577)	南蛇藤	*Celastrus orbiculatus* Thunb.
(578)	粉背南蛇藤	*C. hypoleucus* (Oliv.) Warb.
(579)	四川卫矛	*Euonymus szechuanensis* C. H. Wang
(580)	纤齿卫矛	*E. giraldii* Loes.
(581)	紫花卫矛	*E. porphyreus* Loes.
(582)	八宝茶	*E. przewalskii* Maxim.
(583)	小卫矛	*E. nanoides* Loes. et Rehd.
(584)	紫花卫矛	*E. porphyreus* Loes.
(585)	中亚卫矛	*E. semenovii* Reg. et Herd.
(586)	石枣子	*E. sanguineus* Loes.
(587)	角翅卫矛	*E. cornutus* Hemsl.
(588)	裂果卫矛	*E. dielsianus* Loes.
(589)	矩圆叶卫矛	*E. oblongifolius* Loes. et Rehd.
52	黄杨科	Buxaceae
(590)	黄杨	*Buxus microphylla* Sieb. et Zucc. Subsp. *sinica* (Rehd. et Wils.) Hatusima
53	鼠李科	Rhamnaceae

续表

编号	中文名	学名
(591)	勾儿茶	*Berchemia sinica* Schneid.
(592)	牯岭勾儿茶	*B. kulingensis* Schneid.
(593)	云南勾儿茶	*B. yunnanensis* Franch.
(594)	多花勾儿茶	*B. floribunda* (Wall.) Brongn.
(595)	黄背勾儿茶	*B. flavescens* (Wall.) Brongn.
(596)	长叶冻绿	*Rhamnus crenata* Sieb. et Zucc.
(597)	冻绿	*R. utilid* Decne.
54	葡萄科	Vitaceae
(598)	三裂叶蛇葡萄	*Ampelopsis delavayana* Flanch.
(599)	乌蔹莓	*Cayratia japonica* (Thunb.) Gagnep.
(600)	崖爬藤	*Tetrastigma obtectum* (Wall.) Planch.
(601)	桦叶葡萄	*Vitis betulifolia* Diels et Gilg.
(602)	网脉葡萄	*V. wilsonae* Veitch
(603)	毛葡萄	*V. quinquangularis* Rehd.
55	椴树科	Tiliaceae
(604)	大叶椴	*Tilia mandschurica* Rupr. et Maxim
(605)	亮华椴	*T. laetevirens* Rehd. et Wils.
(606)	多毛椴	*T. intonsa* Rehd. et Wils.
56	瑞香科	Thymelaeaceae
(607)	芫花	*Daphne genkwa* Sieb. et Zucc.
(608)	凹叶瑞香	*D. retusa* Hemsl.
(609)	黄瑞香	*D. giraldii* Nitsch
(610)	白瑞香	*D. papyrace* Wall. ex Steud.
(611)	唐古特瑞香	*D. tangutica* Maxim.
(612)	华瑞香	*D. rosmarinifolia* Rehd.
(613)	尖辨瑞香	*D. acutiloba* Rehd.
(614)	长瓣瑞香	*D. altaica* Pall. var. *longilobata* Lec
(615)	甘肃瑞香	*D. tangutica* Maxim
(616)	一柱香狼毒	*Stellera chamaejasme* Linn.
(617)	匙叶荛花	*Wikstroemia cochlearifolia* S. C. Huang
57	胡颓子科	Elaeagnaceae
(618)	牛奶子	*Elaeagnus umbellate* Thunb.
(619)	长叶胡颓子	*E. bockii* Diels.
(620)	披针叶胡颓子	*E. lanceolata* Warb. Ex Diels.
(621)	沙枣	*E. angustifolia* L.
(622)	沙棘	*Hippophe rhamnoides* L.

续表

编号	中文名	学名
(623)	高沙棘	*H. rhamnoides* Linn. var. *procera* Rehd.
(624)	西藏沙棘	*H. thibetana* Schlecht.
(625)	中国沙棘	*H. hamnoides* Linn. subsp. *sinensis* Rousi
58	旌节花科	Sachyuraceae
(626)	中国旌节花	*Stachyurus chinensis* Franch.
(627)	喜马拉雅旌节花	*S. himalaicus* Hook. f. et Thoms.
59	柽柳科	Tamaricacea
(628)	球花水柏枝	*Myricaria laxa* W. W. Sm
(629)	三春柳	*M. squamosa* Desv.
(630)	柽柳	*Tamarix chinensis* Lour.
60	葫芦科	Cucurbitaceae
(631)	长果雪胆	*Hemsleya longicarpa* W. J. Chang
(632)	川赤瓟	*Thladiantha davidii* Franch.
(633)	长毛赤瓟	*T. villosula* Cogn.
(634)	南赤瓟	*T. nudiflora* Hemsl.
(635)	中华栝楼	*Trichosanthes rosthornii* Harms
61	柳叶菜科	Onagraceae
(636)	高寒露珠草	*Circaea alpina* L. subsp. *micrantha* (Skvortsov.) Boufford.
(637)	高山露珠草	*C. alpina* L.
(638)	柳叶菜	*Epilobium hirsutum* L.
(639)	川西柳叶菜	*E. fangii* C. J. Chen, Hoch & Raven
(640)	长柱柳叶菜	*E. blinii Lévl.*
(641)	小花柳叶菜	*E. parviflorum* Schreb.
(642)	长籽柳叶菜	*E. pyrricholophum* Franch. et Savat.
(643)	宽叶柳兰	*E. latifolium L.*
(644)	柳兰	*E. angustifolium* L.
(645)	毛脉柳兰	*E. angustifolium* L. subsp. *circumvagum* Mosqui
62	山茱萸科	Cornaceae
(646)	青荚叶	*Helwingia japonica* (Thunb.) Dietr.
(647)	四川青荚叶	*H. japonica* (Thunb.) Dietr. var. *szechuanensis* (Fang) Fang et Soong
63	五加科	Aralialeae
(648)	楤木	*Aralia chinensis* L.
(649)	棘茎楤木	*A. echinocaulis* Hand. -Mazz.
(650)	土当归	*A. cordata* Thunb.
(651)	龙眼独活	*A. fargessii* Franch.
(652)	刺五加	*Acanthopanax senticosus* (Rupr. et Maxim.) Harms

续表

编号	中文名	学名
(653)	红毛五加	*A. giraldi* Harms
(654)	刚毛五加	*A. simonii* Schneid.
(655)	藤五加	*A. leucorrhizus* (Oliv.) Harms
(656)	五加	*A. gracilistylus* W. W. Smith
(657)	狭叶五加	*A. wilsonii* Harms
(658)	吴茱萸五加	*A. evodiaefolius* Franch
(659)	珠子参	*Panax japonicus* var. *major* (Burk.) C. Y. Wu et K. M. Feng ex C. Chow *et al*.
(660)	羽叶三七	*P. bipinnatifidus* Seem.
(661)	秀丽假人参	*P. psedo-ginseng* Wall. var. *elegantior* (Burkill) Hoo & Tseng
(662)	珠子七	*P. transitorius* Hoo.
64	伞形科	Umbelliferae
(663)	当归	*Angelica sinensis* (Oliv.) Diels
(664)	峨参	*Anthriscus sglvestris* (L.) Hoffm.
(665)	竹叶柴胡	*Bupleurum marginatum* Wall. ex DC.
(666)	小柴胡	*B. tenue* Buch. -Ham ex D. Don
(667)	空心柴胡	*B. Longicaule* Wall ex DC. var. *franchetiide* Boiss.
(668)	狭叶柴胡	*B. scorzonerifolium* Willd.
(669)	矮泽芹	*Chamaesium paraqdoxum* H. Wolff
(670)	蛇床	*Cnidium monnieri* (Linn.) Cuss.
(671)	葛缕子	*Carum carvi* Linn.
(672)	积雪草	*Centella asiatica* (L.) Urban
(673)	鸭儿芹	*Cryptotaenia japonica* Hassk.
(674)	茴香	*Foeniculum vulgare* Mill.
(675)	独活	*Heracleum hemsleyanum* Diels
(676)	短毛独活	*H. moellendorfii* Hance
(677)	裂叶独活	*H. millefolium* Diels
(678)	白亮独活	*H. candicans* Wall. ex DC.
(679)	渐尖叶独活	*H. acuminatum* Franch.
(680)	天胡荽	*Hydrocotyle sibthorpioides* Lam.
(681)	红马蹄草	*H. nepalensis* Hook.
(682)	藁本	*Ligusticum sinense* Oliv
(683)	尖叶藁本	*L. acuminatum* Franch.
(684)	羌活	*Notopterygium incisum* Ting
(685)	疏叶香根芹	*Osmorhiza aristata* Makino et Yabe var. *laxa* (Royle) Constance et Shan
(686)	锐叶茴芹	*Pimpinella arguta* Diels

续表

编号	中文名	学名
(687)	重波茴芹	*P. bisinuata* H. Wolff
(688)	城口茴芹	*P. fargesii* H. de Boiss.
(689)	羊齿囊瓣芹	*Pternopetalum filicinum* (Franch.) Hand. -Mazz.
(690)	异叶囊瓣芹	*P. heterophyllum* Hand. -Mazz.
(691)	松潘棱子芹	*P. franchetianum* Hemsl.
(692)	异伞棱子芹	*P. heterosciadium* H. Wolff
(693)	粗茎棱子芹	*P. crassicaule* H. Wolff
(694)	首阳变豆菜	*Sanicula giraldii* Wolff
(695)	变豆菜	*S. chinensis* Bunge
(696)	锯叶变豆菜	*S. serrata* Wolff
(697)	川滇变豆菜	*S. astrantiifolia* H. Wolff et Kretsch.
(698)	糙果芹	*Trachyspermum scaberulum* (Franch.) Wolff et Hand. -Mazz.
(699)	窃衣	*Torilis scabra* (Thunb.) DC.
(700)	破子草	*T. japonica* (Houtt.) DC.
65	岩梅科	Diapensiaceae
(701)	岩匙	*Berneuxia thibetica* Decne.
66	鹿蹄草科	Pyrolaceae
(702)	鹿蹄草	*Pyrola rotundifolia* L. subsp. *chinensis* H. Andress
(703)	普通鹿蹄草	*P. adecorata* H. Andres
(704)	皱叶鹿蹄草	*P. rugosa* H. Andres
(705)	珍珠鹿蹄草	*P. sororia* H. Andres
(706)	四川鹿蹄草	*P. szechuanica* H. Andres
(707)	团叶单侧花	*Ramischia obtusata* (Turcz.) Freyn.
67	杜鹃花科	Ericaceae
(708)	短叶岩须	*Cassiope abbreviate* Hand-Mazz.
(709)	岩须	*C. selaginoides* Hook. f. et Thoms.
(710)	灯笼花	*Enkianthus chinensis* Franch.
(711)	四川白珠	*Gautheria cuneata* (Rehd. et Wils.) Dean
(712)	毛枝白珠	*G. veitchiana* Craib
(713)	滇白珠	*G. yunnanensis* Rehd.
(714)	南烛	*Lyonia ovalifolia* (Wall.) Drude
(715)	毛叶南烛	*L. villosa* (Wall.) Hand. -Mazz.
(716)	烈香杜鹃	*Rhododendron anthopogonoides* Maxim.
(717)	无柄杜鹃	*R. watsonii* Hemsl et Wils.
(718)	宝兴杜鹃	*R. moupinense* Franch.
(719)	密枝杜鹃	*R. fastigiatum* Franch.

续表

编号	中文名	学名
(720)	紫花杜鹃	*R. amesiae* Rehd. et Wils.
(721)	紫丁杜鹃	*R. violaceum* Rehd. et Wils.
(722)	长毛杜鹃	*R. trichanthum* Rehd.
(723)	照山白	*R. micranthum* Turcz.
(724)	暗紫杜鹃	*R. atropuniceum* H. P. Yang
(725)	头花杜鹃	*R. capitatum* Maxim.
(726)	光亮峨眉杜鹃	*R. nitidulum* var. *omeiense* Philipson et. M. N. Philipson
(727)	毛叶杜鹃	*R. radendum* Fang
(728)	无柄杜鹃	*R. watsonii* Hemsl et Wils.
(729)	阔柄杜鹃	*R. platypodum* Diels
(730)	问客杜鹃	*R. ambiguum* Hemsl.
(731)	山光杜鹃	*R. oreodoxa* Franch.
(732)	粉红杜鹃	*R. fargesii* Franch.
(733)	毛肋杜鹃	*R. augustinii* Hemsl.
(734)	鲜黄杜鹃	*R. xanthostephanum* Merr.
(735)	康定杜鹃	*R. prattii* Franch.
(736)	黄毛杜鹃	*R. rufum* Batal.
(737)	四川杜鹃	*R. sutchunese* Franch.
68	紫金牛科	Myrsinaceaae
(738)	紫金牛	*Ardisia japonica* Bl.
(739)	朱砂根	*A. crenata* Sims
(740)	铁仔	*Myrsine africana* L.
(741)	齿叶铁仔	*M. semiserrata* Wall.
69	报春花科	Primulaceae
(742)	点地梅	*Androsace umbellata* (Lour.) Merr.
(743)	高原点地梅	*A. zambalensis* (Petitm.) Hand. -Mazz.
(744)	狼尾花	*Lysimachia barystachys* Bunge.
(745)	虎尾草	*L. barystachys* Bunge.
(746)	多脉报春	*Primula polyneura* Franch.
(747)	单伞长柄报春	*P. hoii* Fang.
(748)	双花报春	*P. diantha* Bur. et Franch.
(749)	四川报春	*P. szechuanica* Pax
(750)	甘青报春	*P. tangutica* Duthie
(751)	松潘报春	*P. pseudoglabra* Hand. -Mazz.
(752)	条裂叶报春	*P. laciniata* Pax et Hoftim.
(753)	圆辨黄花报春	*P. orbicularis* Hemsl.

续表

编号	中文名	学名
(754)	紫花雪山报春	*P. sinopurpurea* Balf. F. ex Hutch
(755)	黄甘青报春	*P. tangutica* Duthie var. *flavescens* Chen et C. M. Hu
(756)	带叶报春	*P. vittata* Bur. et Franch.
70	蓝雪科	Plumbaginaceae
(757)	岷江蓝雪花	*Ceratostigma willmottianum* Stapf
(758)	小角柱花	*C. minus* Stapf ex Prain
71	木樨科	Oleaceae
(759)	秦岭白蜡树	*Fraxinus paxiana* Lingelsh.
(760)	光叶白蜡树	*F. chinensis* Roxb. var. *acuminata* Lingelsh.
(761)	女贞	*Ligustrum lucidum* Ait.
(762)	探春花	*Jasminum floridum* Bunge
(763)	甘肃矮探春	*J. humile* var. *kansuense* Kobuski
(764)	紫丁香	*Syringa oblata* Lindl.
(765)	羽叶丁香	*S. pinatifolia* Hemsl.
(766)	四川丁香	*S. sweginzowii* Kohne et Lingelsh
72	龙胆科	Gentianaceae
(767)	椭圆叶花锚	*Halenia elliptica* D. Don
(768)	假鳞叶龙胆	*Gentiana pseudosquarrosa* H. Smith
(769)	黄管秦艽	*G. officinalis* H. Smith
(770)	粗茎秦艽	*G. crassicaulis* Duthie ex Burk.
(771)	假水生龙胆	*G. pseudo-aquatica* Kusnez.
(772)	钟花龙胆	*G. nannobella* Marq.
(773)	六叶龙胆	*G. hexaphylla* Maxim. ex Kusnez.
(774)	条纹龙胆	*G. striata* Maxim.
(775)	匙叶龙胆	*G. spathulifolia* Maxim. ex Kusnez.
(776)	龙胆	*G. scabra* Bunge.
(777)	扁蕾	*Gentianopsis barbata* (Fröel.) Ma
(778)	湿生扁蕾	*G. paludosa* (Hook. f) Ma
(779)	卵叶扁蕾	*G. paludosa* (Hook. f) Ma var. *ovatao-deltoidea* (Burk.) Ma. et T. N. Ho
(780)	细萼扁蕾	*G. barbata* (Fröel.) Ma var. *stenocalyx* H. W. Li ex T. N. Ho
(781)	辐状肋柱花	*Lomatogonium rotatum* (L.) Fries ex Nym.
(782)	翼萼藤	*Pterygocalyx volubilis* Maxim.
(783)	獐牙菜	*S. bimaculata* (Sieb. et Zucc.) Hook. f. et Thoms. ex C. B. Clarke
(784)	西南獐牙菜	*S. cincta* Burk.
73	夹竹桃科	Apocynaceae
(785)	川山橙	*Melodinus hemsleyanus* Diels

续表

编号	中文名	学名
(786)	夹竹桃	*Nerium indicum* Mill.
(787)	紫花络石	*Trachelospermum axillare* Hook. f.
(788)	乳儿绳	*T. cathayanum* Schneid.
74	萝藦科	Asclepiadaceae
(789)	宝光藤	*Biondia pilosa* Tsiang et P. T. Li
(790)	大理白前	*Cynanchum forrestii* Schltr.
(791)	竹灵消	*C. inamoenum* (Maxim.) Loes.
(792)	牛皮消	*C. auriculatum* Royle ex Wight.
(793)	杠柳	*Periploca sepium* Bunge
(794)	云南娃儿藤	*Tylophora yunnanensis* Schltr.
(795)	紫花娃儿藤	*T. herryi* Ward.
75	茜草科	Rubiaceae
(796)	猪殃殃	*Galium aparine* L. var. *tenerum* (Gren. et Godr.) Rchb.
(797)	四叶葎	*G. bungei* Steud.
(798)	六叶葎	*G. saperuloides* Edgew. var *hoffmeisteri* (Klotzsch) H. m
(799)	三脉猪殃殃	*G. kamtschaticum* Steller ex Roem. Et Schult.
(800)	林猪殃殃	*G. paradoxum* Maxim.
(801)	松潘拉拉藤	*G. sungpanense* Cuf.
(802)	拉拉藤	*G. aparine* L. var. *echinospermum* (Wallr.) Cuf.
(803)	狭叶四叶葎	*G. bungei* Steud. var. *angustifolium* (Loes.) Cuf.
(804)	茜草	*Rubia cordifolia* L.
(805)	林生茜草	*R. sylvatica* (Maxim.) Nakai
(806)	柄花茜草	*R. podantha* Diels
(807)	卵叶茜草	*R. ovatifolia* Z. Y. Zhang
(808)	多花茜草	*R. wallichiana* Decne.
(809)	峨眉茜草	*R. magana* P. G. Xiao
76	旋花科	Convolvulaceae
(810)	毛打碗花	*Calystegia dahurica* (Herb.) Choisy
(811)	篱打碗花	*C. sepium* (Linn.) R. Br.
(812)	长裂打碗花	*C. sepium* (Linn.) R. Br. var. *japonica* (Choisy) Mak. et Matsum
(813)	马蹄金	*Dichondra repens* G. Forst.
77	紫草科	Boraginaceae
(814)	狼紫草	*Anchusa ovata* Lehm
(815)	倒提壶	*Cynoglossum amaabile* Stapf et Drumm.
(816)	琉璃草	*C. zeylanicum* (Vahl) Thunb.
(817)	卵盘鹤虱	*Lappula redowskii* (Hornem.) Greene

续表

编号	中文名	学名
(818)	卵果鹤虱	*L. patula* (Lehm.) Aschers. ex Gürke.
(819)	微孔草	*Microula sikimensis* (Clarke) Hemsl.
(820)	甘青微孔草	*M. pseudotrichocarpa* W. T. Wang
(821)	长叶微孔草	*M. trichocarpa* (Maxim.) Johnst
(822)	长果微孔草	*M. turbinata* W. T. Wang
(823)	小叶滇紫草	*Onosma sinicum* Diels
(824)	小花滇紫草	*O. farrerii* Johnst
78	马鞭草科	Verbenaceae
(825)	紫珠	*Callicarpa japonica* Thunb.
(826)	莸（叉枝莸）	*Caryopteris divaricata* (Sieb. et Zucc.) Maxim.
(827)	兰香草	*C. incana* (Thun ex Houtt.) Miq.
(828)	毛球莸	*Caryopteris trichosphaera* Smith
(829)	光果莸	*C. tangutica* Maxim.
(830)	尖齿臭茉莉	*Clerodendron lindleyi* Decne. ex Planch.
(831)	毛赪桐	*Clerodendrum petasites* (Lour.) Moore
(832)	臭牡丹	*C. bungei* Steud.
(833)	海州常山	*C. trichotomum* Thunb.
(834)	黄荆	*Vitex negundo* L.
(835)	马鞭草	*Verbena officinalis* L.
79	唇形科	Labiatae
(836)	藿香	*Agastache rugosa* (Fisch. et Mey.) O. Ktze. Rev.
(837)	圆叶筋骨草	*Ajuga ovalifolia* Bur. et Franch.
(838)	鬃尾草	*Chaiturus marrubiastrum* (L.) Spenn.
(839)	多头灯笼草	*Clinopodium polycephalum* (Vaniot) C. Y. Wu et Hsuan ex Hsu
(840)	邻近风轮菜	*C. confine* (Hance) Kuntze
(841)	野香草	*Elsholtzia cypriani* (Pavol.) S. Chw ex P. S. Hsu
(842)	鸡骨柴	*E. fruticosa* (D. Don) Rehd.
(843)	光叶鸡骨柴	*E. fruticosa* (D. Don) Rehd. glabrifolia C. Y. Wu et S. C. Huang
(844)	密花香薷	*E. densa* Benth.
(845)	疏穗香薷	*E. ciliata* (Thunb.) Hyland. var. *remota* C. Y. Wu
(846)	毛穗香薷	*E. eriostachya* Benth.
(847)	弯锥香茶菜	*Isodon loxlthyrsus* (Hand.-Mazz.) Hara
(848)	宝盖草	*Lamium amplexicaule* L.
(849)	益母草	*Leonunus japonicus* Houtt.
(850)	华西龙头花	*Meehania fargesii* (Lévl.) C. Y. Wu
(851)	蜜蜂花	*Melissa axillaris* (Benth.) Bakh. f.

续表

编号	中文名	学名
(852)	薄荷	*Mentha haplacalyx* Briq.
(853)	荆芥	*Nepeta cataria* L.
(854)	多花荆芥	*N. stewartiana* Diels
(855)	康藏荆芥	*N. prattii* Lévl.
(856)	牛至	*Origanum Vulgare* L.
(857)	南方糙苏	*Phlomis umbrosa* Turcz. var. *australis* Hemsl.
(858)	糙苏	*P. umbrosa* Turcz.
(859)	夏枯草	*Prunella vulgaris* L.
(860)	短唇鼠尾草	*Salvia brevilabra* Franch.
(861)	宝兴鼠尾草	*S. paohsingensis* C. Y. Wu
(862)	甘西鼠尾草	*S. przewalskii* Maxim.
(863)	褐毛甘西鼠尾草	*S. przewalskii* Maxim. var. *mandarinorum*. (Diels.) Stib.
(864)	鄂西鼠尾草	*S. maximowicziana* Hemsl.
(865)	甘肃黄芩	*Scutellaria rehderiana* Diels
(866)	方枝黄芩	*S. delavayi* Lévl.
80	茄科	Solanaceae
(867)	赛莨菪	*Anisodus luridus* Link et Otto
(868)	曼陀罗	*Datura stramonium* L.
(869)	天仙子	*Hyoscyamus niger* L.
(870)	枸杞	*Lycium chinense* Mill.
(871)	假酸浆	*Nicandra physaloides* (L.) Gaertn.
(872)	红姑娘	*Physalis alkekengi* L. var. *franchetii* (Mast.) Makino
(873)	青杞	*Solanum septemlobum* Bunge
(874)	白英	*S. lyratum* Thunb.
(875)	茄子蒿	*S. septemlobum* Bunge var. *indutum* Hand.-Mazz.
(876)	刺天茄	*S. indicum* L.
(877)	龙葵	*S. nigrum* L.
(878)	珊瑚樱	*S. pseudo-capsicum* L.
81	醉鱼草科	Loganiaceae
(879)	大叶醉鱼草	*Buddleja davidii* Fr.
(880)	巴东醉鱼草	*B. albiflora* Hemsl.
(881)	密蒙花	*B. officinalis* Maxim.
(882)	驳骨丹	*B. asiatica* Lour.
82	玄参科	Scrophulariaceae
(883)	通泉草	*Mazus pumilus* (Burm. F.) Steenis (Mazus japonicus (Thunb.) O. Kuntze

续表

编号	中文名	学名
(884)	四川沟酸浆	*Mimulus szechuanensis* Pai
(885)	沟酸浆	*M. tenellus* Bunge
(886)	轮叶马先蒿	*Pedicularis verticillata* L.
(887)	伞花马先蒿	*P. umbelliformis* Li
(888)	小唇马先蒿	*P. microchila* Franch.
(889)	草甸马先蒿	*P. roylei* Maxim.
(890)	四川马先蒿	*P. szetchuanica* Maxim.
(891)	粗野马先蒿	*P. rudis* Maxim.
(892)	短唇马先蒿	*P. brevilabris* Franch.
(893)	半扭卷马先蒿	*P. semitorta* Maxim.
(894)	聚齿马先蒿	*P. roborowskii* Maxim.
(895)	短茎马先蒿	*P. artelaeri* Maxim.
(896)	扭盔马先蒿	*P. davidii* Franch.
(897)	华马先蒿	*P. oederi* Vahl var. *sinensis* (Maxim.) Hurus.
(898)	细穗玄参	*Scrophularia chinensis* Maxim.
(899)	光叶翼萼	*Torenia glabra* Osbeck
(900)	紫萼翼萼	*T. violacea* (Azaola) Pennel
(901)	婆婆纳	*Veronica didyma* Tenore
(902)	四川婆婆纳多毛亚种	*V. szechuanica* subsp. *sikkimensis* (Hook f.) Hong
(903)	疏花婆婆纳	*V. laxa* Benth.
(904)	毛果婆婆纳	*V. eriogyne* H. Winkl
83	透骨草科	Phrymataceae
(905)	透骨草	*Phryma leptostachya* L. var. *asiatica* Hara
84	车前科	Plantaginaceae
(906)	平车前	*Plantago depressa* Willd.
(907)	大车前	*P. major* L.
(908)	车前	*P. asiatica* L
(909)	疏花车前	*P. asiatica* L. ssp. *erosa* (Wall.) Z. Y. Li
85	杉叶藻科	Hippuridaceae
(910)	杉叶藻	*Hippuris vulgaris* L.
86	菟丝子科	Cuscutaceae
(911)	菟丝子	*Cuscuta chinensis* Lam.
(912)	日本菟丝子	*C. japonica* Choisy
87	列当科	Orobanchaceae
(913)	列当	*Orobanche coerulescens* Steph.
(914)	丁座草	*Xylanche himalacia* (Hook. f. et Thoms.) G. Beck.

续表

编号	中文名	学名
88	苦苣苔科	Gesneriaceae
(915)	粗筒苣苔	*Briggsia amabilis* (Diels) Craib
(916)	川鄂粗筒苣苔	*B. rosthornii* (Diels) Burtt
(917)	石花	*Corallodiscus flabellatus* (Craib) Burtt.
(918)	珊瑚苣苔	*C. cordatulus* (Craib) Burtt
(919)	狭冠长蒴苣苔	*Didymocarpus stenanthos* Clarke
(920)	半蒴苣苔（山白菜）	*Hemiboea henryi* Clarke
(921)	毛蕊金盏苣苔	*Isometrum giraldii* (Diels) Burtt
(922)	吊石苣苔	*Lysionotus Pauciflorus* Maxim.
(923)	川西吊石苣苔	*L. wisonii* Rehd.
89	忍冬科	Caprifoliaceae
(924)	南方六道木	*Abelia dielsii* (Graebn. et Buchw.) Rehd.
(925)	六道木	*A. biflora* Turcz.
(926)	双盾木	*Dipelta floribunda* Maxim.
(927)	云南双盾木	*D. yunnanensis* Franch.
(928)	大苞双盾木	*D. elegans* Batal.
(929)	圆叶忍冬	*Lonicera Myrtillus* Hook. f. et Thoms. var. *eyclophylla* Rehd.
(930)	甘肃忍冬	*L. kansuensis* (Batal. ex Rehd.) Pojark
(931)	柳叶忍冬	*L. lanceolata* Wall.
(932)	盘叶忍冬	*L. tragophylla* Hemsl.
(933)	光枝柳叶忍冬	*L. lanceolata* Wall. var. *glabra* Chien ex Hsu et H. J. Wang
(934)	金花忍冬	*L. chrysantha* Turcz.
(935)	须蕊忍冬	*L. chrysantha* Turcz. Subsp. Koehneana (Rehd.) Hsu et H. J. Wang
(936)	淡红忍冬	*L. acuminata* Wall.
(937)	无毛淡红忍冬	*L. acuminata* Wall. var. *depilata* Hsu et H. J. Wang
(938)	黄毛忍冬	*L. giraldii* Rehd.
(939)	蓝靛果	*L. caerulea*l var. *edulis* Turcz. ex Herd.
(940)	袋花忍冬	*L. saccata* Rehd.
(941)	唐古特忍冬	*L. tangutica* Maxim.
(942)	红花忍冬	*L. rupicola* Hook. f. et . Thoms. var. *syringantha* (Maxim.) Zabel.
(943)	刚毛忍冬	*L. hispida* Pall. ex Roem. et Schult
(944)	四川忍冬	*L. szechuanica* Betal.
(945)	大苞忍冬	*L. hispida* Pall. ex Roem. et Schult var. *chaetocarpa* Batal. ex Rehd.
(946)	血满草	*Sambucus adnata* Wall. ex DC.
(947)	莛子藨	*Triosteum pinnatifidum* Maxim.
(948)	陕西荚蒾	*Viburnum schensianum* Maxim.

续表

编号	中文名	学名
(949)	茶荚蒾	*V. setigerum* Hance.
(950)	阔叶荚蒾	*V. lobophyllum* Graebu.
(951)	水红木	*V. cylindricum* Buch.
(952)	樟叶荚蒾	*V. cinnamomifolium* Rehd.
(953)	心叶荚蒾	*V. cordifolium* Wall.
(954)	淡红荚蒾	*Viburnrm erubescens* Wall.
(955)	荚蒾	*V. dilatatum* Thunb.
(956)	球花荚蒾	*V. glomeratum* Maxim.
90	败酱科	Valerianaceae
(957)	窄叶败酱	*Patrinia angustifolia* Hemsl.
(958)	单蕊败酱	*P. monandra* C. B. Clarke
(959)	缬草	*Valeriana officinalis* L.
(960)	秀丽缬草	*V. venusta* L. C. Chiu
91	川续断科	Dipsacaceae
(961)	川续断	*Dipsacus asperoides* C. Y. Cheng et T. M. Ai
(962)	日本续断	*D. japonicus* Miq.
(963)	白花刺参	*Morina alba* Hand. -Mazz.
(964)	圆萼刺参	*M. chinensis* (Batal. ex Diels) Pai
(965)	双参	*Triplostegia glandulifera* Well. ex DC.
92	桔梗科	Campanulaceae
(966)	无柄沙参	*Adenophora stricta* Miq. Subsp. Sessilifolia Hong.
(967)	川西沙参	*A. aurita* Franch.
(968)	泡沙参	*A. potaninii* Korsh.
(969)	川藏沙参	*A. lilifolioides* Pax et Hoffm.
(970)	金钱豹	*Campanumoea javanica* Bl. subsp. Japonica (Makina) Hong
(971)	长叶轮钟草	*C. lancifolia* (Roxb.) Merr.
(972)	西南风铃草	*Campanula colorata* Wall.
(973)	光萼党参	*Codonopsis levicalyx* L. T. Shen.
(974)	脉花党参	*C. nervosa* (Chipp) Nannf.
(975)	党参	*C. pilosula* (Franch) Nannf.
(976)	管花党参	*C. tubulosa* (Franch.) Nannf.
(977)	川党参	*C. tangshen* Oliv.
(978)	铜锤玉带	*Pratia nummularia* (Lam.) A. Br. et Aschers.
(979)	桔梗	*Platycodon grandiflorus* (Jacq.) A. DC.
(980)	蓝花参	*Wahlenbergia marginata* (Thunb.) A. DC.
93	菊科	Compositae

续表

编号	中文名	学名
(981)	腺梗菜	*Adenocaulon himalaicum* Edgew.
(982)	心叶兔儿风	*Ainsliaea bonatii* Beauvd.
(983)	柳叶亚菊	*Ajania salicifolia* (Mattf.) Poljak
(984)	香青	*Anaphalis sinica* Hance[A. pterocaula(Franch. et Sav.)Maxim].
(985)	淡黄香青	A. *flavescens* Hand.-Mazz.
(986)	珠光香青	A. *margaritacea* (L.) Benth. Et Hook. f.
(987)	乳白香青	A. *lacteal* Maxim.
(988)	牛蒡	*Arcrtium lappa* L.
(989)	牛尾蒿	*Artemisia subdigitata* Mattf.
(990)	魁蒿	A. *princeps* Pamp.
(991)	灰苞蒿	A. *roxburghiana* Bess.
(992)	青蒿	A. *apiacea* Hance
(993)	大籽蒿	A. *sieversiana* Willd.
(994)	牡蒿	A. *japonica* Thunb.
(995)	艾蒿	A. *argyi* Lévl. et Vant
(996)	沙蒿	A. *desertorum* Spreng.
(997)	粘毛蒿	A. *mattfeldii* Pamp.
(998)	小球花蒿	A. *moorcroftiana* Wall.
(999)	三褶脉紫菀	*Aster ageratoides* Turcz.
(1000)	短毛紫菀	A. *brachytrichus* Franch.
(1001)	狗舌紫菀	A. *senecioides* Franch.
(1002)	重冠紫菀	A. *diplostephioides* (DC.) C. B. clarke
(1003)	小舌紫菀	A. *albescens* (DC.) Hand.-Mazz.
(1004)	小花鬼针草	*Bidens parviflora* Wild.
(1005)	鬼针草	B. *bipinnata* L.
(1006)	蛛毛蟹甲草	*Cacalia roborowskii* (Maxim.) Ling
(1007)	羽裂蟹甲草	C. *tsngutica* (Fanch.) Hand.-Mazz.
(1008)	双舌蟹甲草	C. *davidii* (Franch.) Hand.-Mazz.
(1009)	飞廉	*Carduus nutans* L.
(1010)	金挖耳	*Carpesium divaricatum* Sieb. Et Zucc
(1011)	高山金挖耳	C. *lipskyi* C. Winkl.
(1012)	大花金挖耳	C. *macrocephalum* Franch. et Savat
(1013)	绒毛天明精	C. *velutinum* Winkl.
(1014)	高原天明精	C. *lipskyi* Winkl.
(1015)	烟管头草	C. *Cernuum* L.
(1016)	四川天名精	C. *szechuanense* Chen et C. M. Hu

续表

编号	中文名	学名
(1017)	天明精	*C. abrotanoides* L.
(1018)	大刺儿菜	*Cephalanoplos setosum* (Willd.) Kitam
(1019)	魁蓟	*Cirsium leo* Nakai et Kitag.
(1020)	大蓟	*C. japonicum* DC.
(1021)	小蓬草	*Conyza canadensis* (L.) Cronq.
(1022)	矮垂头菊	*Cremanthoidium humile* Maxim.
(1023)	喜马拉雅垂头菊	*C. decaisnei* C. B. Clarke
(1024)	红头垂头菊	*C. rhoclocephalum* Diels
(1025)	戟叶垂头菊	*C. potaninii* C. Winkl.
(1026)	多榔菊	*Doronicum stenoglossum* Maxim.
(1027)	甘肃多榔菊	*D. gansuense* Y. L. Chen
(1028)	辣子草	*Galinsoga parviflora* Cav.
(1029)	鼠麴草	*Gnaphaslium japonicum* Thunbenm
(1030)	秋鼠麴草	*G. hypoleucum* DC.
(1031)	白背鼠麴草	*G. japonicum* Thunb.
(1032)	羊耳菊	*Inula cappa* (Buch. -Ham) DC.
(1033)	水朝阳旋覆花	*I. helianthus-aquatica* C. Y. Wu ex Ling
(1034)	山苦荬	*Ixeris chinensis* (Thunb.) Nakai
(1035)	苦荬菜	*I. denticulata* (Houtt.) Stebb.
(1036)	美头火绒草	*Leontopodium calocephalum* (Franch.) Beauv.
(1037)	香云火绒草	*L. haplophylloides* Hand. -Mazz.
(1038)	长叶火绒草	*L. longifolium* Ling.
(1039)	华火绒草	*L. sinense* Hemsl.
(1040)	钻叶火绒草	*L. subulatum* (Franch.) Beauv.
(1041)	矮火绒草	*L. nanum* (Hook. f. et Thoms.) Hand. -Mazz.
(1042)	火绒草	*L. leontopodioides* (Willd.) Beauv.
(1043)	川滇橐吾	*Ligularia limprichtii* (Diels) Hand. -Mazz.
(1044)	箭叶橐吾	*L. sagitta* (Maxim.) Mattf.
(1045)	齿叶橐吾	*L. franchetiana* (Levl.) Hand. -Mazz.
(1046)	黄帚橐吾	*L. virgaurea* (Maxim.) Matff.
(1047)	细茎橐吾	*L. hookeri* (C. B. Clarke) Hand. -Mazz.
(1048)	掌叶橐吾	*L. przewalskii* (Maxim.) Diels
(1049)	毛冠菊	*Nannoglottis* carpesioides Maxim.
(1050)	华帚菊	*Pertya sinensis* Oliv.
(1051)	狭叶帚菊	*P. angustifolia* Y. C. Tseng
(1052)	毛裂蜂斗菜	*P. tricholobus* Franch.

续表

编号	中文名	学名
(1053)	毛连菜	*Picris hieracioides* L. ssp. japcnica Kryiv.
(1054)	盘果菊	*prenanthes tatarinowii* Maxim.
(1055)	川滇盘果菊	*p. henryi* Dunn
(1056)	紫苞风毛菊	*Saussurea iodostegia* Hance
(1057)	柳叶菜风毛菊	*S. epilobioides* Maxim.
(1058)	禾叶风毛菊	*S. graminea* Dunn
(1059)	耳叶风毛菊	*S. neofranchetii* Lipsch
(1060)	球花风毛菊	*S. globosa* Chen
(1061)	大耳叶风毛菊	*S. otophylla* Diels
(1062)	风毛菊	*S. japonica* (Thunb.) DC.
(1063)	长毛风毛菊	*S. hieracioides* Hook. f.
(1064)	少花风毛菊	*S. oligantha* Franch
(1065)	水母雪莲花	*S. medusa* Maxim.
(1066)	千里光	*Senecio scandens* Buch. -Ham. ex D. Don
(1067)	齿裂千里光	*S. winklerianus* Hand. -Mazz.
(1068)	田野千里光	*S. oryzetorum* Diels.
(1069)	白背千里光	*S. latouchei* J. F. Jeffr.
(1070)	额河千里光	*S. argunensis* Turcz.
(1071)	毛梗豨莶	*Siegesbeckia glabrescens* Makino
(1072)	续断菊	*Sonchus asper* (L.) Hill.
(1073)	苦苣菜	*S. oleraceus* L.
(1074)	糖芥绢毛菊	*Soroseris hookeriana* (C. B. Clarke) Stebb.
(1075)	蒲公英	*Taraxacum mongolicum* Hand. -Mazz
(1076)	白缘蒲公英	*T. platypecidum* Diels
(1077)	川藏蒲公英	*T. maurocarpum* Dahlst.
(1078)	川甘蒲公英	*T. lugubre* Dahlst.
(1079)	白花蒲公英	*T. leucanthum* (Ledeb.) Ledub.
(1080)	柳叶斑鸠菊	*Vernonia saligna* (Wall.) DC.
(1081)	川西黄鹌菜	*Youngia prattii* (Babe.) Babe. et Stebb.
(1082)	苍耳	*Xanthium sibiricum* Patrin.
94	水麦冬科	Juncaginaceae
(1083)	水麦冬	*Triglochin palustre* Linn.
95	禾本科	Gramineae
(1084)	甘青芨芨草	*Achnatherum chingii* Keng
(1085)	异颖芨芨草	*A. inaequiglume* Keng
(1086)	小糠草	*Agrostis alba* L.

续表

编号	中文名	学名
(1087)	华北剪股颖	*A. clavata* Trin
(1088)	毛剪股颖	*A. capillaris* L.
(1089)	剪股颖	*A. clavatatrin.* Subsp. Matsumura (Hack. ex Honda) Tateoka
(1090)	小花剪股颖	*A. micarantha* Steud.
(1091)	川滇剪股颖	*A. limprichtii* Pilger
(1092)	赖草	*Aneurolepidium dasystachys* Nevski.
(1093)	藏黄花茅	*A. hookeri* (Griseb.) Rendle
(1094)	黄花茅	*A. odorum* L.
(1095)	野古草	*Arundindla fluriatilia* Hand. -Mazz.
(1096)	芦竹	*Arundo donax* L.
(1097)	小叶荩草	*Arthraxon lancifolius* Hochst.
(1098)	茅叶荩草	*A. prionodes* Dandy
(1099)	野燕麦	*Averna fatua* L.
(1100)	大雀麦	*Bromus magnus* Keng
(1101)	雀麦	*B. japonicus* Thunb.
(1102)	糙野青茅	*Calamagrostis scabrescens* (Griseb.) Munro
(1103)	野青茅	*C. arundinacea* Roth
(1104)	拂子茅	*C. epigejos* Roth
(1105)	发草	*Deschampsia caespitosa* (L.) Beauv.
(1106)	止血马唐	*Digitaria linearis* Crep.
(1107)	马唐	*D. sanguinalis* Scop.
(1108)	野稗	*Echinochloa crusgalli* Beauv.
(1109)	牛筋草	*Eleusine indica* Gaerth.
(1110)	麦宾草	*Elymus tangutorum* (Nevski) Hand. -Mazz.
(1111)	披碱草	*E. daburieas* Turcz.
(1112)	老芒草	*E. sibiricus* L.
(1113)	知风草	*Eragrostis ferruginea* (Thunb.) Beauv.
(1114)	画眉草	*E. pilosa* (L.) Beauv.
(1115)	缺苞箭竹	*Fargesia denudata* Yi
(1116)	华西箭竹	*F. nitida* Keng f.
(1117)	青川箭竹	*F. rufa* Yi
(1118)	冷箭竹	*Fargesia sp.*
(1119)	大羊茅	*Festuca gigantea* (L.) Vill.
(1120)	细芒羊茅	*F. stapfii* E. Alexeev.
(1121)	羊茅	*F. ovina* L.
(1122)	紫羊茅	*F. fubra* L.

续表

编号	中文名	学名
(1123)	青稞	*Hordeum vulgare* var. *nudum* Hook. f.
(1124)	黑麦草	*Lolium perenne* L.
(1125)	多花黑麦草	*L. multiflorum* Lamk.
(1126)	甘肃臭草	*Melica przealskyi* Roshev.
(1127)	广序臭草	*M. enoei* Franch. et Sav.
(1128)	粟草	*Milium effusum* L.
(1129)	短毛芒	*Miscanthus brevipilus* Hand. - Mazz.
(1130)	尼泊尔芒	*M. nepalensis* Hack.
(1131)	直芒草	*Orthoraphium grandifolium* (Keng) Keng
(1132)	狼尾草	*Pennisetum alopecuroides* Spreng.
(1133)	芦苇	*Phragmitas australis* (Cav.) Trin. ex Steud.
(1134)	草地早熟禾	*Poa pratensis* L.
(1135)	早熟禾	*P. annua* L.
(1136)	细长早熟禾	*P. prolixior* Rendle
(1137)	白顶早熟禾	*P. acroleuca* Steud.
(1138)	四川早熟禾	*P. Szechuensis* Rendle
(1139)	高原早熟禾	*P. alpigena* Lindm
(1140)	林地早熟禾	*P. nemoralis* L.
(1141)	中华早熟禾	*P. sinattenuat* L.
(1142)	棒头草	*Polypogon fugax* Nees ex Steud.
(1143)	垂穗鹅观草	*Roegnerl nutans* (Keng) Keng.
(1144)	鹅观草	*R. kamoji* Ohwi
(1145)	狗尾草	*Setatia viridis* (L.) Beauv
(1146)	金色狗尾草	*S. glauca* (L.) Beauv.
(1147)	黑穗茅	*Stephanchne nigerscens* Keng
(1148)	菅	*Themeda gigantia* var. *villosa* (Poir.) Keng
(1149)	穗三毛	*Trisetum spicatum* (L.) Richt
(1150)	长穗三毛草	*T. elarkei* (Hook.) R. R. Stewart.
96	莎草科	Cyperaceae
(1151)	黑花苔草	*Carex melanantha* C. A. Meg.
(1152)	无脉苔草	*C. erebvis* C. A. Mey.
(1153)	东陵苔草	*C. tangiana* Ohivi.
(1154)	丝叶苔草	*C. capilliformis* Franch.
(1155)	少花苔草	*C. filipes* Franch. var. *oligostachys* (Meinsh. ex Maxim.) Kükenth.
(1156)	膨囊苔草	*C. lehmanii* Drejei
(1157)	弯囊苔草	*C. dispalata* Boott

续表

编号	中文名	学名
(1158)	粗根苔草	*C. pachyrrhiza* Franch.
(1159)	膨柱苔草	*C. amgunenada* Fr. Schmidt.
(1160)	绿穗苔草	*C. chlorostachys* stev.
(1161)	矮生苔草	*C. pumlla* Thunb.
(1162)	长芒苔草	*C. davidii* Franch.
(1163)	丝叶苔草	*C. capilliformis* Franch.
(1164)	密生苔草	*C. crebra* V. Krecz.
(1165)	团序苔草	*C. agglomerata* C. B. Clarko
(1166)	甘肃苔草	*C. kansuensis* Nelmes
(1167)	白尖苔草	*C. oxyleuca* V. Krecz.
(1168)	刚毛荸荠	*Eleocharis valleculosa* Ohwi
(1169)	少花荸荠	*E. pauciflora* (Light f.) Link
(1170)	无刚毛荸荠	*E. kamtschatica* f. reducta (Ohwi) Ohwi
(1171)	甘肃嵩草	*Kobresia kansuensis* Kukenth.
(1172)	四川嵩草	*K. setchwanensis* Hand. -Mazz.
(1173)	大花嵩草	*K. macrantha* Böcklr.
(1174)	喜马拉雅嵩草	*K. royleana* (Nees) Böcklr.
(1175)	萤蔺	*Scirpus juncolde*s Roxb.
97	天南星科	Araceae
(1176)	石菖蒲	*Acorus gramineus* Soland
(1177)	一把伞南星	*Arisaema consanguineum* Schott
(1178)	天南星	*A. heterophyllim* Blume
(1179)	短苞南星	*A. brevispathum* Buchet
(1180)	刺柄南星	*A. asperatum* N. E. Brown.
(1181)	旱生南星	*A. aridum* H. Li
(1182)	紫苞南星	*A. erubescens* (Wall.) Schott
(1183)	川中南星	*A. wilsonii* Engl.
(1184)	象鼻南星	*A. elephas* S. Buchet
(1185)	花南星	*A. lobatum* Engl. var. *rosthorniamum* Engl.
(1186)	犁头尖	*Typhonium divaricatum* (Linn.) Decne.
(1187)	独角莲	*T. giganteum* Engl.
(1188)	半夏	*Pinellia ternata* (Thunb.) Breit.
98	鸭跖草科	Commelinaceae
(1189)	鸭跖草	*Commelina communis* L.
(1190)	饭包草	*C. bengalensis* L.
(1191)	川杜若	*Pollia omeiensis* Hong

续表

编号	中文名	学名
(1192)	竹叶子	*Streptolirion volubile* Edgew.
99	灯心草科	Juncaceae
(1193)	多花地杨梅	*Luzula Multiflora* (Retz.) Lej.
(1194)	雅灯心草	*Juncus elegans* Sam.
(1195)	多花灯心草	*J. modicus* N. E. Brown.
(1196)	喜马灯心草	*J. himalensis* Klotzsch
(1197)	枯灯心草	*J. sphacelatus* Decne.
(1198)	贴苞灯心草	*J. triglumis* L.
(1199)	展苞灯心草	*J. thomsonii* Buchen
(1200)	小花灯心草	*J. campocarpus* Ehrh.
(1201)	野灯心草	*J. sethuensis* Buchen.
100	百合科	Liliaceae
(1202)	狭瓣粉条儿菜	*Aletris stenoloba* Franch.
(1203)	无毛粉条儿菜	*A. glabra* Bur. et Franch.
(1204)	腺毛粉条儿菜	*A. glandulifera* Bur. et Franch.
(1205)	高山粉条儿菜	*A. alpestris* Diels
(1206)	疏花粉条儿菜	*A. laxiflora* Bur. et Franch.
(1207)	野黄韭	*Allium rude* J. M. Xu
(1208)	多叶韭	*A. plurifoliatum* Rendle
(1209)	滇韭	*A. mairei* Lévl.
(1210)	川甘韭	*A. cyathophorum* Bur. et Franch. var. *farreri* Stearn
(1211)	疏花韭	*A. henryi* C. H. Wright
(1212)	高山韭	*A. sikkimense* Baker
(1213)	卵叶韭	*A. ovalifolium* Hand. -Mazz.
(1214)	宽叶韭	*A. hookweri* Thwaites.
(1215)	太白韭	*A. pratrii* C. H. Wright
(1216)	羊齿天门冬	*Asparagus filicinus* Ham. ex D. Don
(1217)	七筋菇	*Clintonia udensis* Trautv. et Mey.
(1218)	浓蜜贝母	*Fritillaria mellea* S. Y. Tang et S. C. Yueb
(1219)	显斑贝母	*F. unibracteata* Hsiao et K. C. Hsia var. *maculata* S. Y. Tang et
(1220)	川贝母	*F. cirrhosa* Don
(1221)	折叶萱草	*Hemerocallis plicata* Stapf
(1222)	黄花菜	*H. citrina* Baroni
(1223)	川百合	*Lilium davidii* Duchartre Franch.
(1224)	岷江百合	*L. regale* Wilson
(1225)	野百合	*L. brownii* F. E. Brown ex Miell.

续表

编号	中文名	学名
(1226)	宝兴百合	*L. duchartre* Franch.
(1227)	禾叶土麦冬	*Liriope graminifolia* (L.) Baker.
(1228)	舞鹤草	*Maianthemum bifolium* (L.) F. W. Schmidt
(1229)	七叶一枝花	*Paris polyphylla* Smith
(1230)	狭叶重楼	*P. polyphylla* Smith var. *stenophylla* Franch.
(1231)	北重楼	*P. verticillata* M. Bieb.
(1232)	宽叶重楼	*P. polyphylla* Smith. var. *latifolia* Wang et Chang
(1233)	玉竹	*Polygonatum odoratum* (Mill.) Druce
(1234)	轮叶黄精	*P. verticillatum* (L.) All.
(1235)	对叶黄精	*P. oppositifolium* (Wall.) Royle
(1236)	湖北黄精	*P. zanlanscianense* Pampan.
(1237)	卷叶黄精	*P. cirrhifolium* (Wall.) Royle
(1238)	互卷黄精	*P. alternicirrhosum* Hand. -Mazz.
(1239)	管花鹿药	*Smilacina henryi* (Baker) Wang et Tang
(1240)	少叶鹿药	*S. tatsienensis* (Franch.) Wang et Tang var. *stenoloba* (Franch.) D. M. Liu
(1241)	紫花鹿药	*S. purpurea* Wall.
(1242)	鹿药	*S. japonica* A. Gray
(1243)	窄瓣鹿药	*S. paniculata* (Baker) Wang et Tang
(1244)	鞘柄菝葜	*Smilax stans* Maxim.
(1245)	糙柄菝葜	*S. trachypoda* Norton
(1246)	黑果菝葜	*S. glauo-china* Warb.
(1247)	防己叶菝葜	*S. menispermoidea* A. DC.
(1248)	扭柄花	*Streptopus obtusatus* Fassett.
(1249)	长白岩菖蒲	*Tofieldia coccinea* Richards
(1250)	岩菖蒲	*T. thibetica* Franch.
(1251)	黄花油点草	*Tricyrtis maculata* (D. Don) Machride.
(1252)	延龄草	*Trillium tschonoskii* Maxim.
(1253)	筒花开口箭	*Tupistra delavrayi* Franch.
(1254)	藜芦	*Veratrum nigrum* L.
(1255)	狭叶藜芦	*V. stenophyllum* Diels
101	薯蓣科	Dioscoreaceae
(1256)	薯蓣	*Dioscorea opposita* Thunb.
(1257)	穿龙薯蓣	*D. nipponica* Makino
(1258)	蜀葵叶薯蓣	*D. althaeoides* Knuth
(1259)	三角叶薯蓣	*D. deltoidea* Wall.
(1260)	盾叶薯蓣	*D. zingiberensis* C. H. Wright

续表

编号	中文名	学名
(1261)	黄山药	*D. panthaica* Prain. et Burkill
(1262)	黄独	*D. bulbifera* L.
102	鸢尾科	Iridaceae
(1263)	射干	*Belamcanda chinensis* (L.) Redouté.
(1264)	长葶鸢尾	*Iris delavayi* Mich.
(1265)	西南鸢尾	*I. bulleyana* Dykes
(1266)	鸢尾	*I. tectorum* Maxim.
(1267)	蝴蝶花	*I. japonica* Thunb.
103	兰科	Orchidaceae
(1268)	流苏虾脊兰	*Calanthe fimbrinata* Franch.
(1269)	布袋兰	*Calypso bulbosa* (L.) Rchb. f.
(1270)	头蕊兰	*Cephalanthera longifolia* (L.) Fritsch
(1271)	凹舌兰	*Coeloglossum viride* (L.) Hartm. var. *bracteatum* (Willd.) Richter
(1272)	杓兰	*Cypripedium calceolus* L
(1273)	大叶杓兰	*C. fasciolatum* Franch.
(1274)	黄花杓兰	*C. flavum* Hunt et Summerh.
(1275)	西藏杓兰	*C. tibeticum* King ex Rolfe
(1276)	毛杓兰	*C. franchetii* Wilson
(1277)	火烧兰	*Epipactis helleborine* (L.) Crantz.
(1278)	大叶火烧兰	*E. mairi* Schltr.
(1279)	大叶火烧兰	*E. mairi* Schltr.
(1280)	天麻	*Gastrodia elata* Bl.
(1281)	小斑叶兰	*Goodyera repens* (Linn.) R. Br.
(1282)	手参	*Gymnadenia conopsea* (L.) R. Br.
(1283)	西南手参	*G. orchidis* Lindl.
(1284)	粉叶玉凤花	*Habenaria glaucifolia* Bur. et Franch.
(1285)	舌喙兰	*Hemipilia cruciata* Finet
(1286)	对叶兰	*Listera chusua* D. Don
(1287)	沼兰	*Malaxis monophyllos* (L.) Sw.
(1288)	广布红门兰	*Orchis chusua* D. Don
(1289)	密花舌唇兰	*Platanthera holoylottis* Maxim.
(1290)	二叶舌唇兰	*P. chlorantha* Cust. ex Rchb.
(1291)	小花舌唇兰	*P. minutiflora* Schltr.
(1292)	对叶舌唇兰	*P. finetiana* Schltr.
(1293)	绶草	*Spiranthes sinensis* (Pers.) Ames

附录6　白河自然保护区昆虫名录

目	科	种
1 蜻蜓目(Odonata)	1)蜻科(Libellulidae)	(1)旭赤光蜻(*Sympetrum hypomelus*)
		(2)双横赤蜻(*Sympetrum ruptum*)
2 襀翅目(Plecoptera)	2)襀科(Perlidae)	(3)刘氏钩襀(*Kamimuria liui*)
3 直翅目(Orthoptera)	3)露螽科(Phaneropteridae)	(4)镰尾露螽(*Phaneroptera falcata*)
	4)蛩螽科(Meconemetidae)	(5)棒尾剑螽(*Xiphidiopsis clavata*)
	5)草螽科(Conocephalidae)	(6)疑钩额螽(*Rusplia dubia*)
	6)螽斯科(Tettigoniidae)	(7)中华螽斯(*Tettigonia chinensis*)
	7)菱蝗科(Tetrigidae)	(8)日本菱蝗(*Tetrix japonica*)
		(9)乳源蚱(*Tetrix ruyanensis*)
	8)锥头蝗科(Pyrgomorphidae)	(10)短额负蝗(*Atractomorpha sinensis*)
	9)斑翅蝗科(Oedipodidae)	(11)西藏飞蝗(*Locusta migratoria tibetensis*)
		(12)黄胫小车蝗(*Oedaleus infernalis*)
		(13)红胫小车蝗(*Oedaleus manjius*)
		(14)四川凹背蝗(*Ptygoxyus sichuanensis*)
	10)网翅蝗科(Arcypteridae)	(15)白边雏蝗(*Chorthippus albomarginatus*)
		(16)黑翅雏蝗(*Chorthippus aethalinus*)
		(17)宽隔雏蝗(*Chorthippus amplintersitus*)
		(18)东方雏蝗(*Chorthippus intermedius*)
		(19)条纹异爪蝗(*Chorthippus vittatus*)
	11)斑腿蝗科(Catantopidae)	(20)短角外斑腿蝗(*Xenocatantops humilis brachycerus*)
4 半翅目(Hemiptera)	12)异蝽科(Urostylidae)	(21)无斑壮异蝽(*Urochela pollescens*)
		(22)淡娇异蝽(*Urochela yangi*)
	13)姬蝽科(Nabidae)	(23)泛希姬蝽(*Himacerus apterus*)
		(24)黄翅花姬蝽(*Prostemma Flavipennis*)
		(25)暗色姬蝽(*Nabis stenoferus*)
	14)花蝽科(Anthocoridae)	(26)斑翅肩花蝽(*Tetraphleps galchanoides*)
		(27)二叉小花蝽(*Orius bifilarus*)
	15)龟蝽科(Plataspidae)	(28)双痣圆龟蝽(*Coptosoma biguttula*)
	16)蝽科(Pentatomidae)	(29)华麦蝽(*Aelia nasuta*)
		(30)紫翅果蝽(*Carpocoris purpureipennis*)
		(31)宽胫格蝽(*Cappaea tibialis*)

续表

目	科	种
		(32)印度辉蝽(*Carbula indica*)
		(33)凹肩辉蝽(*Carbula sinica*)
		(34)斑须蝽(*Dolycoris baccarum*)
		(35)横纹菜蝽(*Eurydema gebleri*)
		(36)扁盾蝽(*Eurygaster testudinarius*)
		(37)二星蝽(*Eysarcoris guttiger*)
		(38)绒盾蝽(*Irochrotus mongolicus*)
		(39)稻绿蝽(*Nezara viridula*)
		(40)浩蝽(*Okeanos quelpartensis*)
		(41)金绿宽盾蝽(*Poecilocoris lewisi*)
		(42)山字宽盾蝽(*Poecilocoris sanszesignatus*)
	17)红蝽科(Pyrrhocoridae)	(43)地红蝽(*Pyrrhocoris tibialis*)
	18)同蝽科(Acanthosomatidae)	(44)板同蝽(*Platacantha armifer*)
		(45)爪哇锥同蝽(*Sastragala javanensis*)
	19)姬缘蝽科(Rhopalidae)	(46)点伊缘蝽(*Aeschyntelus notatus*)
		(47)颗缘蝽(*Coriomerus scabricornis*)
		(48)欧姬缘蝽(*Corizus hyoscyami*)
		(49)克氏伊缘蝽(*Rhopalus kerzhneri*)
	20)缘蝽科(Coreoidae)	(50)波原缘蝽(*Coreus potanini*)
		(51)月肩奇缘蝽(*Derepteryx lunata*)
		(52)粟缘蝽(*Liorhyssus hyalinus*)
		(53)瘤缘蝽(*Acanthocoris scaber*)
		(54)一点同缘蝽(*Homoeocerus unipunctatus*)
		(55)黑竹缘蝽(*Notobitus meleagris*)
		(56)山竹缘蝽(*Notobitus montanus*)
	21)长蝽科(Lygaeidae)	(57)林长蝽(*Drymus sylvaticus*)
		(58)古铜长蝽(*Emphanisis cuprea*)
		(59)横带红长蝽(*Lygaeus equestris*)
	22)瘤蝽科(Pymatidae)	(60)天目螳瘤蝽(*Cnizocoris dimorphus*)
		(61)宝兴螳瘤蝽(*Cnizocoris potanini*)
	23)盲蝽科(Miridae)	(62)苜蓿盲蝽(*Adelphocoris lineaolatus*)
		(63)四点苜蓿盲蝽(*Adelphocoris quadripunztatus*)
		(64)棕苜蓿盲蝽(*Adelphocoris rufescens*)
		(65)棱额草盲蝽(*Lygus discreptans*)
		(66)长毛草盲蝽(*Lygus rugulipennis*)
		(67)黄丽盲蝽(*Lygocoris rhamnicola*)

续表

目	科	种
		(68)卧龙植盲蝽(*Phytocoris wolongensis*)
		(69)永平植盲蝽(*Phytocoris yongpinganus*)
		(70)瘦狭盲蝽(*Stenodema angustatum*)
		(71)深色狭盲蝽(*Stenodema elegans*)
		(72)小狭盲蝽(*Stenodema parvulum*)
	24)角蝉科(Membracidae)	(73)长瓣坚角蝉(*Erecticornia longovipositoris*)
		(74)中华高冠角蝉(*Hypsauchenia chinensis*)
		(75)秦岭耳角蝉(*Maurya qinlingensis*)
		(76)黄胫无齿角蝉(*Nondenticentrus flavipes*)
		(77)狭膜无齿角蝉(*Nondenticentrus angustimenbranosus*)
		(78)强三刺角蝉(*Tricentrus fortiornis*)
		(79)蟾锯角蝉(*Pantaleon bufo*)
	25)尖胸沫蝉科(Aphrophoridae)	(80)二点尖胸沫蝉(*Aphrophora bipunctata*)
		(81)四点尖胸沫蝉(*Aphrophroa quadriguttata*)
		(82)松铲头沫蝉(*Clovia conifer*)
		(83)一点铲头沫蝉(*Clovia puncta*)
		(84)叉突歧脊沫蝉 (*Jembrana forcipenis*)
		(85)二带中脊沫蝉 (*Mesoptyelus bifasciatus*)
		(86)中脊沫蝉 (*Mesoptyelus decoratus*)
		(87)二齿华沫蝉 (*Sinophora dipectinae*)
		(88)皱胸华沫蝉 (*Sinophora fusca*)
		(89)梅氏华沫蝉 (*Sinophora metcalfi*)
		(90)疣胸华沫蝉 (*Sinophora submacula*)
		(91)卧龙华沫蝉 (*Sinophora wolongensis*)
		(92)黄星夜沫蝉 (*Yezophora flavomaculata*)
	26)横脊叶蝉科(Evacanthidae)	(93)白边横脊叶蝉 (*Evacanthus albicostatus*)
		(94)二带横脊叶蝉 (*Evacanthus bivittatus*)
		(95)淡脉横脊叶蝉 (*Evacanthus danmainus*)
		(96)梵净横脊叶蝉 (*Evacanthus fanjinganus*)
		(97)黄褐横脊叶蝉 (*Evacanthus ochraceus*)
		(98)刺茎横脊叶蝉 (*Evacanthus spinosus*)
	27)大叶蝉科(Tettigellidae)	(99)顶斑边大叶蝉 (*Kolla paulula*)
		(100)一色透大叶蝉 (*Nanatka unica*)
		(101)大青叶蝉 (*Tettigella viridis*)
	28)乌叶蝉科(Gyponidae)	(102)端脉乌叶蝉 (*Penthimia subniger*)
	29)隐脉叶蝉科(Nirvanidae)	(103)黑背消室叶蝉 (*Chudania nigridorsalis*)

续表

目	科	种
		(104)白头小板叶蝉 (*Oniella honesta*)
		(105)黑带小板叶蝉 (*Oniella nigrovittata*)
	30)小叶蝉科(Typhlocybidae)	(106)陕西沙小叶蝉 (*Shaddai shaanxiensis*)
	31)殃叶蝉科(Euscelidae)	(107)六点叶蝉 (*Macrosteles sexnotata*)
	32)蜡蝉科(Fulgoridae)	(108)察雅丽蜡蝉 (*Limois chagyabensis*)
	33)木虱科(Psyllidae)	(109)黄色柳喀木 (*Cacopsylla flavisalicis*)
		(110)钳突柳喀木虱 (*Cacopsylla forcipisalicis*)
		(111)眼斑沙棘喀木虱 (*Cacopsylla oculata*)
		(112)弯茎沙棘喀木虱 (*Cacopsylla prona*)
		(113)方突柳喀木虱 (*Cacopsylla quadratisalicis*)
		(114)菱肛喀木虱 (*Cacopsylla rhombiani*)
		(115)北方沙棘喀木虱 (*Cacopsylla septentrionalis*)
		(116)蛇突沙棘喀木虱 (*Cacopsylla serpentina*)
	34)个木虱科(Triozidae)	(117)黑锥黑个木虱 (*Trioza aterigenae*)
		(118)黄锥黑个木虱 (*Trioza xanthogena*)
	35)飞虱科(Delphacidae)	(119)白背飞虱 (*Sogatella farcifera*)
	36)蜡蚧科(Coccidae)	(120)日本蜡蚧 (*Ceroplastes japonicus*)
5 啮虫目(Psocoptera)	37)双啮虫科(Amphipsocidae)	(121)无斑科啮 (*Kolbea immaculata*)
6 脉翅目(Neuroptera)	38)褐蛉科(Hemerobiidae)	(122)薄叶脉线蛉 (*Neuronema laminata*)
		(123)肖华脉线蛉 (*Sineuronema similis*)
7 双翅目(Diptera)	39)食蚜蝇科(Syrphidae)	(124)黄腹狭口食蚜蝇 (*Asarkina porcina*)
		(125)黄角深环食蚜蝇 (*Asiodidea nikkoensis*)
		(126)拟蜂暗食蚜蝇 (*Cheilosia bombiformis*)
		(127)灰带管食蚜蝇 (*Eristalis cerealis*)
		(128)喜马拉雅管食蚜蝇 (*Eristalis himalayensis*)
		(129)长尾管食蚜蝇 (*Eristalis tenax*)
		(130)铜绿鬃胸食蚜蝇 (*Ferdinandea cuprea*)
		(131)暗角条胸食蚜蝇 (*Helophilus pendulus*)
		(132)黑毛白腰食蚜蝇 (*Leucozona lucorum*)
		(133)梯斑黑食蚜蝇 (*Melanostoma scalare*)
		(134)宽颜食蚜蝇 (*Meliscaeva cinetella*)
		(135)月斑食蚜蝇 (*Metasyrphus luniger*)
		(136)凹带食蚜蝇 (*Metasyrphus nitens*)
		(137)红毛羽芒食蚜蝇 (*Pararctophila oberthuri*)
		(138)黑角食蚜蝇 (*Parasyrphus kirgizorum*)
		(139)迴毛扁足食蚜蝇 (*Platycheirus albimanus*)

续表

目	科	种
		(140)斜斑鼓额食蚜蝇 (*Scaeva pyrastri*)
		(141)短翅细腹食蚜蝇 (*Sphaerophoria scripta*)
		(142)野食蚜蝇 (*Syrphus torvus*)
		(143)黑股食蚜蝇 (*Syrphus vitripennis*)
	40)实蝇科(Tephritidae)	(144)丽长痣实蝇 (*Acidiostigma longipennis*)
		(145)雅长痣实蝇 (*Acidiostigma amoena*)
	41)花蝇科(Anthomyiidae)	(146)五鬃泉花蝇 (*Pegohylemyia pentachaeta*)
		(147)四川泉花蝇 (*Pegohylemyia sichuanensis*)
	42)麻蝇科(Sarcophagidae)	(148)尾黑麻蝇 (*Bellieria melanura*)
		(149)多突亚麻蝇 (*Parasarcophaga polystylata*)
		(150)拟对岛亚麻蝇 (*Parasarcophaga kanoi*)
	43)丽蝇科(Calliphoridae)	(151)青海丽蝇 (*Calliphora chinghaiensis*)
		(152)红头丽蝇 (*Calliphora vicina*)
		(153)反吐丽蝇 (*Calliphora vomitoria*)
		(154)广额丽蝇 (*Chrysomya phaonis*)
		(155)尸兰蝇 (*Cynomya mortuorum*)
		(156)斑腹瘦粉蝇 (*Dexopollenia maculata*)
		(157)三色依蝇 (*Jdiella tripartita*)
		(158)丝光线蝇 (*Lncilia sericata*)
		(159)九寨沟蚓蝇 (*Onesia jiuzhaigouensis*)
		(160)反曲金粉蝇 (*Xanthotryxus mongol*)
	44)蝇科(Muscidae)	(161)蛰毛膝蝇 (*Hebecnema umbratica*)
		(162)亮墨蝇 (*Mesembrina resplendens*)
		(163)日本腐蝇 (*Muscina japonica*)
		(164)九寨沟圆蝇 (*Mydaea jiuzhaigouensis*)
	45)寄蝇科(Tachinidae)	(165)黑须卷蛾寄蝇 (*Blondelia nigripis*)
		(166)望天广颜寄蝇 (*Eurithia connivens*)
		(167)采花广颜寄蝇 (*Eurithia anthophila*)
		(168)乡间追寄蝇 (*Exorista rustica*)
		(169)迷追寄蝇 (*Exorista mimula*)
		(170)斑腿透翅寄蝇 (*Hyalurgus sima*)
		(171)饰额短须寄蝇 (*Linnaemya comta*)
		(172)查禾短须寄蝇 (*Linnaemya zachvatkini*)
		(173)钩肛短须寄蝇 (*Linnaemya picta*)
		(174)吉姆驼背寄蝇 (*Phyllomyia gymnops*)
		(175)环形驼背寄蝇 (*Phyllomtia annularis*)

续表

目	科	种
		(176)赵氏茸毛寄蝇 (*Servillia chaoi*)
		(177)缺端鬃茸毛寄蝇 (*Servillia sinerea*)
		(178)蜂茸毛寄蝇 (*Servillia ursinoidea*)
		(179)侧条茸毛寄蝇 (*Servillia laterolinea*)
		(180)怒寄蝇 (*Tachina nupta*)
		(181)茹蜗寄蝇 (*Voria ruralis*)
		(182)凶猛温寄蝇 (*Winthemia cruentata*)
	46)蚊科(Culicidae)	(183)刺扰伊蚊 (*Aedes vexans*)
		(184)中华按蚊 (*Anopheles sinensis*)
		(185)拟态库蚊 (*Culex mimeticus*)
		(186)中华库蚊 (*Culex sinensis*)
		(187)三带喙库蚊 (*Culex tritaeniorhynchus*)
8 鞘翅目(Coleoptera)	47)步甲科(Carabidae)	(188)中华星步甲 (*Calosoma chinense*)
		(189)黄斑青步甲 (*Chlaenius micans*)
		(190)毛青步甲 (*Chlaeoius pallipes*)
		(191)蠋步甲 (*Dolichus halensis*)
		(192)肖毛婪步甲 (*Harpalus jureceki*)
		(193)云南通缘步甲 (*Pterostichus yunnanus*)
		(194)五斑狭胸步甲 (*Stenlophus quinquepustulatus*)
	48)蜉金龟科(Aphodiiae)	(195)粪堆蜉金龟 (*Aphoelius fumetrius*)
	49)花金龟科(Cetoniidae)	(196)墨伪花金龟 (*Pseudodiceros nigrocyaneus*)
		(197)绿罗花金龟 (*Rhomborrhina unicolor*)
		(198)日铜罗花金龟 (*Rhomborrhina japonica*)
	50)粪金龟科(Geotrupidae)	(199)东方粪金龟 (*Geotrupes orientalis*)
	51)鳃金龟(Melolonthidae)	(200)大栗鳃金龟 (*Melolotha hipocastanea*)
		(201)暗黑鳃金龟 (*Holotrichia parallela*)
		(202)棕色鳃金龟 (*Holotrichia titanis*)
	52)锹甲科(Lucanidae)	(203)戴狭锹甲 (*Prismognathus davidus*)
	53)瓢虫科(Coccinellidae)	(204)二星瓢虫 (*Adalia bipunctata*)
		(205)矛斑突角瓢虫 (*Asemiaelalia spiculimaculata*)
		(206)三纹裸瓢虫 (*Calvia championorum*)
		(207)七星瓢虫 (*Coccinella septempunctata*)
		(208)横带瓢虫 (*Coccinella trifasciata*)
		(209)银莲花瓢虫 (*Epilachna convexa*)
		(210 梵文菌瓢虫 (*Halyzia sanscrita*)
		(211)异色瓢虫 (*Harmonia axyridis*)

续表

目	科	种
		(212)隐斑瓢虫（*Harmonia yedoensis*）
		(213)多异瓢虫（*Hippodamia variegata*）
		(214)梯斑瓢虫（*Oenopia scalaris*）
		(215)龟纹瓢虫（*Propylaea japonica*）
	54)瘦天牛科(Disteniidae)	(216)瘤胸瘦天牛（*Distenia tuberosa*）
	55)天牛科(Cerambycidae)	(217)小灰长角天牛（*Acanthocinus griseus*）
		(218)褐色梗天牛（*Arhopalus rusticus*）
		(219)华西并脊天牛（*Glenea huasiana*）
		(220)四纹花天牛（*Leptura quadrifasciata*）
		(221)粗粒巨瘤天牛（*Morimospasma tuberculatum*）
		(222)肖显纹驼花天牛（*Pidonia soroia*）
		(223)蜀驼花天牛（*Pidonia indigna*）
		(224)禾黄驼花天牛（*Pidonia straminea*）
		(225)蓝绿驼花天牛（*Pidonia lucida* ）
	56)负泥虫科(Crioceridae)	(226)蓝负泥虫（*Lema coninipennis*）
		(227)齿负泥虫（*Lema coromandeliana*）
		(228)黑盾角胫叶甲（*Gonioctena fulva*）
	57)豆象科(Bruchidae)	(229)绿豆象（*Callosobruchus chinensis*）
	58)叶甲科(Chrysomelidae)	(230)蒿金叶甲（*Chrysolina aurichalcea*）
		(231)杨叶甲（*Chrysomela populi*）
		(232)双色柳圆叶甲（*Plagiodra bicolor*）
		(233)豆刺萤叶甲（*Atrachya manetriesi*）
		(234)中华阿萤叶甲（*Arthrotus chinensis*）
		(235)四川隶萤叶甲（*Liroetis sichuanensis*）
		(236)双斑长跗萤叶甲（*Monolepta hieroglypyhica*）
		(237)竹长跗萤叶甲（*Monolepta pallidula*）
		(238)阔叶萤叶甲（*Pallasiola absinthii*）
		(239)黑肩毛萤叶甲（*Pyrrhalta huneralis*）
		(240)细毛萤叶甲（*Trichomimastra attenuate*）
		(241)蓟跳甲（*Altica cirsicola*）
		(242)深蓝侧刺跳甲（*Aphthona varipes*）
		(243)双斑潜叶跳甲（*Argopistes biplagiatus*）
		(244)双毛黄丝跳甲（*Hespera Havodorsata*）
		(245)蓝长跗跳甲（*Longitrsus cyanipennis*）
		(246)蓝色九节跳甲（*Nonarthra cyaneum*）
		(247)黑胸九节跳甲（*Nonarthra nigricolle*）

续表

目	科	种
		(248)多变九节跳甲（*Nonarthra variabilis*）
		(249)铜色潜跳甲（*Podagrcomela cuprea*）
		(250)宽刺长瘤跳甲（*Trachyaphthona latispina*）
		(251)杉针黄叶甲（*Xanthonia collaris*）
	59)肖叶甲科(Eumolpidae)	(252)葡萄叶甲（*Bromius obscurus*）
		(253)光背锯叶甲（*Clytra laeviuscula*）
		(254)居间平肩跳甲（*Mireditha intermedia*）
		(255)杉针黄叶甲（*Xanthonia collaris*）
	60)铁甲科(Hispidae)	(256)甘薯台龟甲（*Taiwania circumdata*）
		(257)双枝尾龟甲（*Thlaspida biramosa* ）
	61)拟步甲科(Tenebrionidae)	(258)九寨沟莱伪叶甲（*Laena haigouica*）
		(259)郎木寺莱伪叶甲（*Laena langmisica*）
		(260)南坪小莱伪叶甲（*Hypolaenopsis nanpingica*）
		(261)野村小莱伪叶甲（*Hypolaenopsis nomurai*）
		(262)齿角伪叶甲（*Cerogria odontocera*）
		(263)紫蓝角伪叶甲（*Cerogria janthinipennis*）
		(364)凸纹伪叶甲（*Lagria lameyi*）
		(265)黑胸伪叶甲（*Lagria nigricollis*）
		(266)亮洁贞琵甲（*Agnaptoria lauta*）
		(267)阿坝亚琵甲（*Asidoblaps gorgneri*）
		(268)黄拟步甲（*Tenebrio molitor*）
		(269)短角隐毒甲（*Cryphaeus brevicornus*）
	62)叩甲科(Elateridae)	(270)泥红槽缝叩甲（*Agrypnus argillacens*）
		(271)双瘤槽缝叩甲（*Agrypnus bipapulatus*）
		(272)利角弓背叩甲（*Priopus angulatus*）
		(273)松丽叩甲（*Campsosternus auratus*）
	63)芫菁科(Meloidae)	(274)中华豆芫菁（*Epicauta chinensis*）
		(275)条纹豆芫菁（*Epicauta waterhousei*）
	64)象甲科(Curculionidae)	(276)核桃长足象（*Alcidodes juglans*）
		(277)短胸长足象（*Alcidodes trifidus*）
		(278)尖齿尖象（*Phytoscaphus dentirostris*）
		(279)淡绿丽纹象（*Myllocerinus vossi*）
9 毛翅目(Trichoptera)	65)原石蛾科(Rhyzcophidae)	(280)异丽喜马石蛾（*Himalopsycha anomala*）
	66)角石蛾科(Stenopsychidae)	(281)纳氏角石蛾（*Stenopsyche navasi*）
		(282)格氏角石蛾（*Stenopsyche grahami*）
	67)沼石蛾科(Limnephilidae)	(283)大须沼石蛾（*Limnephilus distinctus*）

续表

目	科	种
		(284)三突伪长突石蛾（*Pseudostenophylax euphorion*）
	68)石蛾科(Phyganeidae)	(285)佛褐纹石蛾（*Eubasilissa fo*）
		(286)丽褐纹石蛾（*Eubasilissa splendida*）
		(287)扁肢高原纹石蛾（*Hydropsyche rhomboana*）
10鳞翅目(Lepidoptera)	69)羽蛾科(Pterophoridae)	(288)四川滑羽蛾（*Hellinsia sichuana*）
	70)螟蛾科(Pyralidae)	(289)褐翅棘趾野螟（*Anania egntalis*）
		(290)黄翅缀叶野螟（*Botyodes diniasalis*）
		(291)黄翅草螟（*Crambus humidellus*）
		(292)白纹翅野螟（*Diasemia litterata*）
		(293)茴香薄翅野螟（*Evergestis extimalis*）
		(294)网锥额野螟（*Loxostege sticticalis*）
		(295)麦牧野螟（*Nomophila noctuella*）
		(296)金双点螟（*Orybina flaviplaga*）
		(297)褐小野螟（*Pyrausta cespitalis*）
		(298)黄缘红带野螟（*Pyrausta contigualis*）
	71)卷蛾科(Tortricidae)	(299)花楸烟卷蛾（*Capua vulgana*）
		(300)桦叶小卷蛾（*Epinotia ramella*）
		(301)伪柳小卷蛾（*Gypsonoma oppessana*）
		(302)丝里卷蛾（*Leontochroma suppurpuratum*）
		(303)歧褐卷蛾（*Pandemis dryoxesta*）
		(304)苹褐卷蛾（*Pandemis heparana*）
		(305)肉桂双瓣卷蛾（*Polylopha cassiicola*）
		(306)落叶松实小卷蛾（*Retinia perangustana*）
		(307)沙果窄纹卷蛾（*Stenodes jaculana*）
		(308)冷杉线小卷蛾（*Zeiraphera rufimitrana*）
	72)刺蛾科(Limacodida)	(309)黄褐球刺蛾（*Scopelodes testacea*）
	73)舟蛾科(Notodontidae)	(310)黑带二尾舟蛾（*Cerura vinula felina*）
		(312)栎掌舟蛾（*Phalera assimilis*）
		(313)山羽舟蛾（*Pterostoma montanum*）
		(314)黄二星舟蛾（*Rabtala cristata*）
		(315)茅莓蚁舟蛾（*Stauropus basalis*）
		(316)点舟蛾（*Stigmatophorina hammamelis*）
	74)尺蛾科(Geometridae)	(317)醋栗尺蛾（*Abraxas grossudariata*）
		(318)丝棉木金星尺蛾（*Abraxas suspecta*）
		(319)鹿尺蛾（*Alcis admissaria*）
		(320)黄星尺蛾（*Arichanna melanaria fraterna*）

续表

目	科	种
		(321)淡网弥尺蛾（*Arichanna divisaria*）
		(322)娴尺蛾（*Auaxa cesadarea*）
		(323)桦尺蛾（*Biston betularia*）
		(324)叉线青尺蛾（*Tanaoctenia dehaliaria*）
		(325)水晶尺蛾（*Centronaxa montanaria*）
		(326)银花尺蛾（*Coenolarentia argentiplumbea*）
		(327)褐波珂尺蛾（*Coentephria homophana*）
		(328)仿涤尺蛾（*Dysstroma imitaria*）
		(329)栓皮栎尺蛾（*Erannis dira*）
		(330)树形尺蛾（*Erebomorpha consors*）
		(331)焦点滨尺蛾（*Exangerona prattiaria*）
		(332)枯叶尺蛾（*Gandaritis flavata sinicaria*）
		(333)西藏尖尾尺蛾（*Gelasma tibeta*）
		(334)贡嘎灰涛尺蛾（*Glaucorhoe unduliferaria geraea*）
		(335)红边锈腰青尺蛾（*Hemithea rubrifrons*）
		(336)白脉青尺蛾（*Hipparchus albovenaria*）
		(337)黄辐射尺蛾（*Iotaphora iridicolor*）
		(338)橄璃尺蛾（*Krananda oliveomarginata*）
		(339)中国巨青尺蛾（*Limbatochlamys rothorni*）
		(340)葡萄迴纹尺蛾（*Lygris ludovicaria*）
		(341)白眉黑尺蛾（*Odezia atrata*）
		(342)四星尺蛾（*Ophthalmitis irrorataria*）
		(343)核桃四星尺蛾（*Ophthalmitis albosignaria*）
		(344)三齿黄尺蛾（*Opisthograptis tridentifera*）
		(345)红带黄尺蛾（*Opisthograptis sulphurea*）
		(346)四川尾尺蛾（*Ourapteryx ebuleata szechuana*）
		(347)桑尺蛾（*Phthonandria atrilineata*）
		(348)苹烟尺蛾（*Phthonosema tendinosaria*）
		(349)直线幅尺蛾（*Photoscorosia rectilinearia*）
		(350)玉幅尺蛾（*Photoscorosia dejeani*）
		(351)中齿幅尺蛾（*Photoscorosia undulosa*）
		(352)黑缘幅尺蛾（*Photoscorosia tonchignearia*）
		(353)郁汝尺蛾（*Rheumaptera tristis*）
		(354)白斑汝尺蛾（*Rheumaptera albiplaga*）
		(355)三线银尺蛾（*Scopula pudicaria*）
		(356)同掷尺蛾（*Scotopteryx similaria*）

续表

目	科	种
		(357)槐尺蛾（*Chiasmia cinerearia*）
		(358)缺口镰翅青尺蛾（*Tanaorhinus discolor*）
		(359)间脊尺蛾（*Trichoplites intermedia*）
		(360)啄黑点尺蛾（*Xenortholitha dicaea*）
		(361)直脉青尺蛾（*Geometra valida*）
		(362)双线新青尺蛾（*Neohipparchus vallata*）
		(363)亚肾纹绿尺蛾（*Comibaena subprocumbaria*）
		(364)黄边仿锈腰青尺蛾（*Chlorissa distinctaria*）
		(365)掌尺蛾（*Amraica superans*）
	75)枯叶蛾科(Lasiocampidae)	(366)室纹松毛虫（*Dendrolimus atrilineis*）
		(367)竹黄毛虫（*Philudoria laeta*）
		(368)栗黄枯叶蛾（*Trabala vishnou*）
	76)波纹蛾科(Thyatiridae)	(369)阔浩波纹蛾（*Habrosyne conscripta*）
		(370)浩波纹蛾（*Habrosyne derasa*）
		(371)蚀波纹蛾（*Thyatira straminerta*）
	77)箩纹蛾科(Brahmaeidae)	(372)紫光箩纹蛾（*Brahmaea porhyrio*）
	78)斑蛾科(Iygaenidae)	(373)李拖尾斑蛾（*Elcysma westwoodi*）
	79)苔蛾科(Lithoiidae)	(374)窄条华苔蛾（*Agylla angustifascia*）
		(375)条华苔蛾（*Agylla vittata*）
		(376)褐条金苔蛾（*Chrysorabdia viridata*）
		(377)锡金雪苔蛾（*Cyana sikkimensis*）
		(378)血红雪苔蛾（*Cyana sanguinea*）
		(379)十字美苔蛾（*Miltochrista cruciata*）
		(380)优美苔蛾（*Miltochrista striata*）
	80)灯蛾科(Arcttiidae)	(381)云斑艳灯蛾（*Asura nubifascia*）
		(382)首丽灯蛾（*Callimorpha principalis*）
		(383)华虎丽灯蛾（*Calpenia zerenaria*）
		(384)淡黄污灯蛾（*Spilarctia jankouskii*）
		(385)斜带污灯蛾（*Spilarctia rubitincta punctilinea*）
		(386)星白雪灯蛾（*Spilosoma menthastri*）
		(387)尖斑污灯蛾（*Spilarctia nigrifrons*）
		(388)姬白污灯蛾（*Spilarctia rhodophila*）
	81)夜蛾科(Notuidae)	(389)桦剑纹夜蛾（*Acronicta alni*）
		(390)利剑纹夜蛾（*Acronicta consanguis*）
		(391)梨剑纹夜蛾（*Acronicta rumicis*）
		(392)小地老虎（*Agrotis segetum*）

续表

目	科	种
		(393)蔷薇扁身夜蛾（*Amphipyra perflua*）
		(394)苎麻夜蛾（*Arcte coerula*）
		(395)满丫纹夜蛾（*Autographa mandarina*）
		(396)干煞夜蛾（*Azazia rubricans*）
		(397)异拟胸须夜蛾（*Bertula hisbonalis*）
		(398)疖角壶夜蛾（*Calyptra minuticornis*）
		(399)筱客来夜蛾（*Chrysorithrum flavomaculata*）
		(400)同首夜蛾（*Craniophora similima*）
		(401)斜尺夜蛾（*Dierna strigata*）
		(402)中金弧夜蛾（*Diachrysia intermixta*）
		(403)布光裳夜蛾（*Ephesia butleri*）
		(404)前光裳夜蛾（*Ephesia praegnax*）
		(405)白斑锦夜蛾（*Euplexia albovittata*）
		(406)锦夜蛾（*Euplexia lucipara*）
		(407)白边切夜蛾（*Euxoa oberthuri*）
		(408)象夜蛾（*Grammodes geometrica*）
		(409)伊狭翅夜蛾（*Hermonassa ellenae*）
		(410)斑狭翅夜蛾（*Hermonassa stigmatica*）
		(411)桔肖毛翅夜蛾（*Lagoptera dotata*）
		(412)瘦银锭夜蛾（*Macdunnoughia confusa*）
		(413)黑齿狼夜蛾（*Ochropleura praecurrens*）
		(414)利翅夜蛾（*Oxygonitis sericeata*）
		(415)八字地老虎（*Xestia c-nigrum*）
	82)毒蛾科(Lymantriidae)	(416)霉茸毒蛾（*Dasychira catocaloides*）
		(417)暗茸毒蛾（*Dasychira tenebrisa*）
		(418)镶带黄毒蛾（*Euprochira punctifascia*）
		(419)模毒蛾（*Lymantria monacha*）
		(420)栎毒蛾（*Lymantria mathura*）
		(421)杨雪毒蛾（*Stilpnotia candida*）
	83)大蚕蛾科(Saturniidae)	(422)绿尾大蚕蛾（*Actisa selene ningpoana*）
		(423)红尾大蚕蛾（*Actisa rhodopneuma*）
		(424)柞蚕（*Anthreaea pemyi*）
		(425)核桃大蚕蛾（*Dictyoploca cachara*）
		(426)黄豹大蚕蛾（*Loepa katinka*）
	84)钩蛾科(Drepanidae)	(427)宏山钩蛾（*Oreta hoenei*）
		(428)黄带山钩蛾（*Oreta pulchripes*）

续表

目	科	种
		(429)曲突山钩蛾（*Oreta sinata*）
		(430)哑铃带钩蛾（*Macrocilix mysticata*）
		(431)珊瑚树钩蛾（*Psiloreta turpis*）
		(432)中华豆斑钩蛾（*Auzata chinensis*）
	85)圆钩蛾科(Cyclidiidae)	(433)洋麻圆钩蛾（*Cyclidia substigmaria*）
	86)天蛾科(Sphingidae)	(434)条背天（*Cechenena lineosa*）
		(435)白薯天蛾（*Hersa convolvuli*）
		(436)白须天蛾（*Kentrochrysalis sieversi*）
		(437)青背长喙天蛾（*Macroglossum bombylans*）
		(438)菩提六点天蛾（*Marumba jankowskii*）
		(439)构月天蛾（*Parum colligata*）
		(440)四川红天蛾（*Pergesa slpenor szechuana*）
		(441)北方蓝目天蛾（*Smerithus planus alticolus*）
		(442)芋双线天蛾（*Theratra oldenlandiae*）
	87)凤蝶科(Papilionidae)	(443)蓝凤蝶（*Papilio protenor*）
		(444)碧凤蝶（*Papilio Bianor*）
		(445)柑橘凤蝶（*Papilio xuthus*）
		(446)金凤蝶（*Papilio machaon*）
		(447)华夏剑凤蝶（*Pazala mandarina*）
	88)粉蝶科(Pieridae)	(448)黑角方粉蝶（*Dercas Lycoris*）
		(449)斑缘豆粉蝶（*Colias erate*）
		(450)橙黄豆粉蝶（*Colias fieldii*）
		(451)尖钩粉蝶（*Gonepteryx mahaguru*）
		(452)锯纹绢粉蝶（*Aporia goutellie*）
		(453)三黄绢粉蝶（*Aporia larraldei*）
		(454)秦岭绢粉蝶（*Aporia tsinglingica*）
		(455)菜粉蝶（*Pieris rapae*）
		(456)东方粉蝶（*Pieris canidia*）
		(457)暗脉粉蝶（*Pieris napi*）
		(458)黑纹粉蝶（*Pieris melete*）
		(459)云粉蝶（*Pontia daplidice*）
		(460)红襟粉蝶（*Anthocharis cardamines*）
		(461)锯纹小粉蝶（*Lepidea serrata*）
		(462)突角小粉蝶（*Lepidea amurensis*）
	89)眼蝶科(Satyridae)	(463)小云斑黛眼蝶（*Lethe jalaurida*）
		(464)银线黛眼蝶（*Lethe argentata*）

续表

目	科	种
		(465)白眼蝶（*Melanargia halimeda*）
		(466)亚洲白眼蝶（*Melanargia asiatica*）
		(467)西方云眼蝶（*Hyponephele dysdora*）
		(468)蛇眼蝶（*Minois dryas*）
		(469)矍眼蝶（*Ypthima balda*）
		(470)乱云矍眼蝶（*Ypthima megalomma*）
		(471)多斑艳眼蝶（*Callerebia polyphemus*）
		(472)红眼蝶（*Erebia alcmena*）
		(473)阿芬眼蝶（*Aphantopus hyperanthus*）
	90)蛱蝶科(Nymphalidae)	(474)夜迷蛱蝶（*Mimathyma nycteis serica*）
		(475)累积蛱蝶（*Lelecella limenitoides*）
		(476)黄帅蛱蝶（*Sephisa princes*）
		(477)秀蛱蝶（*Pseudergolis wedah*）
		(478)素饰蛱蝶（*Stibochiona nicea*）
		(479)绿豹蛱蝶（*Argynnis paphia*）
		(480)老豹蛱蝶（*Argyronome laodice*）
		(481)福蛱蝶（*Fabriciana ramala*）
		(482)重眉线蛱蝶（*Limenitis amphyssa*）
		(483)断眉线蛱蝶（*Limenitis doerriesi*）
		(484)六点带蛱蝶（*Athyma punctata*）
		(485)缕蛱蝶（*Ltinga cotinit*）
		(486)中华黄芭蛱蝶（*Patsuia sinensis*）
		(487)锦瑟蛱蝶（*Seokia pratti*）
		(488)中环蛱蝶（*Neptis hylas*）
		(489)娑环蛱蝶（*Neptis soma*）
		(490)伊洛环蛱蝶（*Neptis ilos*）
		(491)单环蛱蝶（*Neptis rivuaris*）
		(492)重环尖端（*Neptis alwina*）
		(493)荨麻蛱蝶（*Aglais urticae*）
		(494)大红蛱蝶（*Vanessa indica*）
		(495)小红蛱蝶（*Vanessa cardui*）
		(496)琉璃蛱蝶（*Kaniska canace*）
		(497)孔雀蛱蝶（*Inachis io*）
		(498)直纹蛛蛱蝶（*Araschnia prorsoides*）
		(499)大卫蛛蛱蝶（*Araschnia davidis*）
	91)斑蝶科(Danainae)	(500)蔷青斑蝶（*Tirumala septentrionis*）

续表

目	科	种
	92)蚬蝶科(Riodinidae)	(501)无尾蚬蝶 (*Dodona durga*)
		(502)银纹尾蚬蝶 (*Dodona eugenes*)
	93)灰蝶科(Lycaenidae)	(503)青灰蝶 (*Abtigius attilia*)
		(504)银线工灰蝶 (*Gonerilia thespis*)
		(505)优秀斯灰蝶 (*Strymonidia eximia*)
		(506)蓝灰蝶 (*Everes argiades*)
		(507)琉璃灰蝶 (*Celastrina argiola*)
		(508)枯灰蝶 (*Cupido minimus*)
		(509)珞灰蝶 (*Scolitantides orion*)
		(510)多眼灰蝶 (*Polyommatus erotides*)
		(511)豆灰蝶 (*Plebejus argus*)
	94)弄蝶科(Hesperiidae)	(512)无斑珞弄蝶 (*Caltoris bromus*)
		(513)花弄蝶 (*Pyrgus maculatus*)
		(514)豹弄蝶 (*Thymelicus leoninus*)
		(515)小赭弄蝶 (*Ochlodes venata*)
		(516)白斑赭弄蝶 (*Ochlodes subhyralina*)
		(517)三班银弄蝶 (*Carterocephalus argyrostigma*)
11膜翅目(Hymenoptera)	95)螯蜂科(Dryinidae)	(518)黑腹单节螯蜂 (*Haplognatopus oratorius*)
	96)茧蜂科(Braconidae)	(519)折半脊茧蜂 (*Aleiodes ruficornis*)
		(520)截距滑茧蜂 (*Homolobus trucator*)
	97)叶蜂科(Tenthredinidae)	(521)双色钝颊叶蜂 (*Aglaostigma bicolor*)
		(522)平颜淡毛三节叶蜂 (*Arge planifrons*)
		(523)黑胫残青叶蜂 (*Athalia proxima*)
		(524)黑肩残青叶蜂 (*Athalia scapulata*)
		(525)四川残青叶蜂 (*Athalia sichuanica*)
		(526)扁角隙臀叶蜂 (*Blennallantus compressicornis*)
		(527)吕氏宽距叶蜂 (*Eurhadinoceraea liu*)
		(528)黑基宽距叶蜂 (*Eurhadinoceraea melanocoxa*)
		(529)红背七节叶蜂 (*Heptamelus rufinotus*)
		(530)九寨七节叶蜂 (*Heptamelus jiuzhaigouensis*)
		(531)黑斑金叶蜂 (*Jinia nigromacula*)
		(532)波氏细锤角叶蜂 (*Leptocimbex potanini*)
		(533)反刻钩瓣叶蜂 (*Macrophya revertana*)
		(534)斑胫钩瓣叶蜂 (*Macrophya annulitibia*)
		(535)张氏副元叶蜂 (*Parasiobla zhangi*)
		(536)热氏副元叶蜂 (*Parasiobla zhelochovtsevi*)

续表

目	科	种
		(537)淡痣近脉叶蜂 (*Phymatoceropsis stigmaticalis*)
		(538)黄褐近脉叶蜂 (*Phymatoceropsis scalaris*)
		(539)红胸狭并叶蜂 (*Propodea rotundiventris*)
		(540)钟氏侧跗叶蜂 (*Siobla zhongi*)
		(541)尖刃翠绿叶蜂 (*Tenthredo acutiserrulana*)
		(542)阿丽突刺叶蜂 (*Tenthredo aliana*)
		(543)细条细斑叶蜂 (*Tenthredo beryllica*)
		(544)脊颚绿痣叶蜂 (*Tenthredo cariomandibularis*)
		(545)环额翠绿叶蜂 (*Tenthredo grahami*)
		(546)河南绿斑叶蜂 (*Tenthredo henanica*)
		(547)九寨沟绿痣叶蜂 (*Tenthredo jiuzhaigoua*)
		(548)长突翠绿叶蜂 (*Tenthredo longitubercula*)
		(549)黑顶高突叶蜂 (*Tenthredo mesomelas*)
		(550)黑额亚黄叶蜂 (*Tenthredo nigrofrintalinia*)
		(551)淡痣高突叶蜂 (*Tenthredo nimbata*)
		(552)亮胸高突叶蜂 (*Tenthredo obsoleta*)
		(553)稀毛高突叶蜂 (*Tenthredo parcepilosa*)
		(554)痕纹细斑叶蜂 (*Tenthredo pseudonephrica*)
		(555)三突绿斑叶蜂 (*Tenthredo tridentoclypeata*)
		(556)无斑翠绿叶蜂 (*Tenthredo smaragdula*)
		(557)角斑高突叶蜂 (*Tenthredo triangulifera*)
		(558)直截叶蜂 (*Tenthredo trunca verticina*)
		(559)变色端白叶蜂 (*Tenthredo variicolor*)
		(560)文氏黄角叶蜂 (*Tenthredo wenjuni*)
	98)金小蜂科(Pteromalidae)	(561)格刻柄金小蜂 (*Stictomischus groschkei*)
	99)隧蜂科(Halictidae)	(562)平武淡脉隧蜂 (*Lasioglossum upinense*)
	100)蜜蜂科(Apidae)	(563)中华蜜蜂 (*Apis cerana*)
		(564)黄胸木蜂 (*Xylocopa appendiculata*)
		(565)毛跗黑条蜂 (*Anthophora plumipes*)
		(566)盗条蜂 (*Anthophora plagiata*)
		(567)明亮熊蜂 (*Bombus lucorum*)
		(568)凸污熊蜂 (*Bombus convexus*)
		(568)橘背熊蜂 (*Bombus atrocinctus*)
		(569)黄熊蜂 (*Bombus flavescens*)
		(570)小雅熊蜂 (*Bombus lepidus*)
		(571)奇异熊蜂 (*Bombus mirus*)

续表

目	科	种
		(572)鸣熊蜂（*Bombus sonani*）
		(573)滇熊蜂（*Bombus yunnanicola*）
		(574)红体熊蜂（*Bombus ptrrhosoma*）
		(575)红束熊蜂（*Bombus rufofasciatus*）
		(576)宁波熊蜂（*Bombus ningpoensis*）
		(577)伪猛熊蜂（*Bombus personstus*）
	101)蚁科(Formicidae)	(578)中华小家蚁（*Monomorium chinense*）
		(579)那氏平结蚁（*Prenolepis naorojii*）
		(580)黄立毛蚁（*Paratrechina flavipes*）
12 等翅目(Isoptera)	102)鼻白蚁科(Rhinotermitidae)	(581)高山散白蚁（*Reticulitermes altus*）
13 蜚蠊目(Blattaria)	103)蜚蠊科(Blattidae)	(582)东方蜚蠊（*Blatta orientalis*）
14 蚤目(Anoplura)	104)细蚤科(Leptopsyllidae)	(583)半圆茸足蚤（*Geusibia hemisphaera*）
		(584)巨凹额蚤（*Frontopsylla megasinus*）
		(585)歧异怪蚤（*Paradoxopsyllus diversus*）
	105)角叶蚤科(Ceratophyllidae)	(586)卷带倍蚤（*Amphalius spirataenius spirataenius*）
		(587)巴东卷带倍蚤（*Amphalius spirataenius badongensis*）

附录 7　白河自然保护区鱼类名录

序号	动物名称	特有种	级别	备注
	硬骨鱼纲(Osteichthyes)			
	鲤形目(Cypriniformes)			
	鲤科(Cyprinidae)			
1	齐口裂腹鱼(*Schizothorax prenanti*)	是		采样标本
2	嘉陵裸裂尻鱼(*Schizopygopsis kialingensis*)	是	省级	采样标本
	鳅科(Cobitidae)			
3	贝氏高原鳅(*Trilophysa bleekeri*)			采集标本
4	粗壮高原鳅(*Triplophysa robust*)			采集标本
	鲇形目(Siluriformes)			
	鮡科(Sisoridae)			
5	青石爬鮡(*Euchiloglanis davidi*)	是	省级	访问种
6	黄石爬鮡(*Euchiloglanis kishinouyei*)	是		访问种

附录 8　白河自然保护区两栖动物名录

序号	动物名称	特有种	保护级别	IUCN	CITES	地理分布型	调查情况
1	有尾目(Caudata)						
1)	小鲵科(Hynobiidae)						
(1)	西藏山溪鲵(*Batrachuperus tibetanus*)	R	Ⅲ			H	●
(2)	山溪鲵(*Batrachuperus pinchonii*)	R	Ⅲ			H	●
2)	隐鳃鲵科(Cryptobrachidae)						
(3)	大鲵(*Andrias davidianus*)	R	Ⅱ		Ⅰ	W	△
2	无尾目(Anura)						
3)	角蟾科(Megophryidae)						
(4)	西藏齿突蟾(*Scutiger boulengeri*)	R	Ⅲ			H	●
(5)	平武齿突蟾(*Scutiger pingwuensis*)	R	Ⅲ			H	△
(6)	胸腺猫眼蟾(*Scutiger glandulatus*)	R	Ⅲ			H	△
(7)	川北齿蟾(*Oreolalax chuanbeiensis*)	R	Ⅲ			H	△
(8)	小角蟾(*Megophrys minor*)	R	Ⅲ			H	△
4)	蟾蜍科(Bufonidae)						
(9)	中华大蟾蜍岷山亚种(*Bufo gargarizans minshanicu*)	R	Ⅲ			H	▲
(10)	中华大蟾蜍华西亚种(*Bufo gargarizans andrewsi*)		Ⅲ			S	▲
5)	蛙科(Ranidae)						
(11)	四川湍蛙(*Amolops mantzorum*)	R	Ⅲ			S	▲
(12)	倭蛙(*Nanorana pleskei*)	R	Ⅲ			P	△
(13)	棘皮湍蛙(*Amolops granulosus*)	R	Ⅲ			H	▲
(14)	中国林蛙(*Rana chensinensis*)		Ⅲ			W	△
(15)	高原林蛙(*Rana kukunoris*)	R	Ⅲ			H	▲
(16)	隆肛蛙(*Feirana quadranu*)	R	Ⅲ			S	△

分类系统参照《四川两栖动物原色图鉴》(费梁等，2009)。

特有种：R 为中国特有种。

保护级别：Ⅰ代表 CITES 中附录 1；Ⅱ表示国家二级重点保护野生动物；Ⅲ表示为国家“三有”动物名录。

在分布型(张荣祖，1999)栏中：N 为北方型；M 为东北型；B 为华北型；X 为东北—华北型；E 为季候风型；P 为高地型；H 为喜马拉雅—横断山区型；S 为南中国型；O 为东洋型；D 为中亚型；W 为广布型。

调查情况：▲. 察见动物；△. 资料记载；●. 访问。

附录 9　白河自然保护区爬行动物名录

序号	动物名称	特有种	保护级别	IUCN	CITES	地理分布型	调查情况
1	有鳞目(Squamata)						
1)	鬣蜥科(Agamidae)						
(1)	草绿攀蜥(*Japalura flaviceps*)	R	Ⅲ			H	▲
(2)	四川攀蜥(*Japalura szechwanensis*)	R	Ⅲ			H	▲
2)	石龙子科(Scincidae)						
(3)	康定滑蜥(*Scincella potanini*)	R	Ⅲ			D	●
(4)	铜蜓蜥(*Sphenomorphus indicus*)		Ⅲ			W	△
3)	游蛇科(Colubriae)						
(5)	王锦蛇(*Elaphe carinata*)		Ⅲ			S	●
(6)	白条锦蛇(*Elaphe dione*)		Ⅲ			X	△
(7)	紫灰锦蛇(*Elaphe porphyracea*)		Ⅲ			O	△
(8)	双斑锦蛇(*Elaphe bimaculata*)		Ⅲ			O	△
(9)	乌梢蛇(*Zaocys dhumnades*)		Ⅲ			W	●
(10)	翠青蛇(*Cyclophiops major*)		Ⅲ			S	●
4)	蝰科(Viperidae)						
(11)	高原蝮(*Gloydius strauchii*)	R	Ⅲ			H	△
(12)	山烙铁头(*Ovophis monticola*)		Ⅲ			O	△
(13)	菜花原矛头蝮(*Protobothrops jerdonii*)		Ⅲ			S	▲

分类依据《中国濒危动物红皮书》(赵尔宓，1998)。

特有种：R 为中国特有种。

保护级别：Ⅲ表示为国家“三有”动物名录。

在分布型(张荣祖，1999)栏中：C 为全北型；M 为东北型；B 为华北型；X 为东北—华北型；E 为季候风型；P 为高地型；H 为喜马拉雅—横断山区型；S 为南中国型；O 为东洋型；D 为中亚型；W 为广布型。

调查情况：▲. 察见动物；△. 资料记载；●. 访问。

附录 10　白河自然保护区鸟类名录

序号	动物名称	特有种	保护级别	CITES	区系	留居型	分布型	调查情况
1	鹈形目(Pelecaniformes)							
1)	鸬鹚科(Phalacrocoracidae)							
(1)	普通鸬鹚(*Phalacrocorax carbo*)		Ⅲ，Ⅳ		广	W	O	△
2	鹳形目(Ciconiiformes)							
2)	鹭科(Ardeidae)							
(2)	苍鹭(*Ardea cinerea*)		Ⅲ		古	R	U	△
3	雁形目(Anseriformes)							
3)	鸭科(Anatidae)							
(3)	赤麻鸭(*Tadorna ferruginea*)		Ⅲ		古	P	U	△
(4)	绿头鸭(*Anas platyrhynchos*)		Ⅲ		古	P	C	△
4	隼形目(Falconiformes)							
4)	鹰科(Accipitridae)							
(5)	黑鸢(*Milvus migrans*)		Ⅱ	Ⅱ	古	R	U	△
(6)	雀鹰(*Accipiter nisus*)		Ⅱ	Ⅱ	古	R	U	△
(7)	普通鵟(*Buteo buteo*)		Ⅱ	Ⅱ	古	W	U	△
(8)	金雕(*Aquila chrysaetos*)		Ⅰ	Ⅰ	古	R	C	△
(9)	短趾雕(*Circettus gallicus*)		Ⅱ		广	R	O	△
(10)	草原雕(*Aquilia nipalensis*)		Ⅱ		古	R	D	△
5)	隼科(Falconidae)							
(11)	燕隼(*Falco subbuteo*)		Ⅱ	Ⅱ	古	W	U	△
(12)	灰背隼(*Falco columbarius*)		Ⅱ		古	R	C	△
(13)	黄爪隼(*Falco naumanni*)		Ⅱ	Ⅰ	古	R	U	△
5	鸡形目(Galliformes)							
6)	松鸡科(Tetraonidae)							
(14)	斑尾榛鸡(*Bonasa sewerzowi*)	R	Ⅰ		东	R	H	△
7)	雉科(Phasianidae)							
(15)	红喉雉鹑(*Tetraophasis obscurus*)		Ⅰ		东	R	H	△
(16)	蓝马鸡(*Crossoptilon auritum*)	R	Ⅱ		东	R	H	△
(17)	雉鸡(*Phasianus colchicus*)				广	R	O	△
(18)	血雉(*Ithaginis cruentus*)		Ⅱ	Ⅱ	东	R	H	▲

续表

序号	动物名称	特有种	保护级别	CITES	区系	留居型	分布型	调查情况
(19)	红腹角雉(*Tragopan temminckii*)		Ⅱ		东	R	H	▲
(20)	勺鸡(*Pucrasia macrolopha*)		Ⅱ		东	R	S	▲
(21)	绿尾虹雉(*Lophophorus lhuysii*)	R	Ⅰ	Ⅰ	东	R	H	●
(22)	红腹锦鸡(*Chrysolophus pictus*)	R	Ⅱ		东	R	W	▲
6	鸻形目(Charadriiformes)							
8)	鸻科(Charadriidae)							
(23)	金眶鸻(*Charadrius dubius*)		Ⅲ		广	P	O	△
(24)	环颈鸻 (*Charadrius alexandrinus*)				广	W	O	▲
9)	鹬科(Scolopacidae)							
(25)	针尾沙锥(*Gallinago stenura*)		Ⅲ		古	P	U	△
(26)	林鹬(*Tringa glareola*)		Ⅲ		古	P	U	△
7	鸽形目(Columbiformes)							
10)	鸠鸽科(Columbidae)							
(27)	灰斑鸠(*Streptopelia decaocto*)				东	R	W	△
(28)	点斑林鸽(*Columba hodgsoni*)				东	R	H	△
(29)	山斑鸠(*Streptopelia orientalis*)		Ⅲ		广	R	E	△
(30)	珠颈斑鸠(*Streptopelia chinensis*)		Ⅲ		东	R	W	▲
8	鹃形目(Cuculiformes)							
11)	杜鹃科(Cuculidae)							
(31)	鹰鹃(*Cuculus sparverioides*)		Ⅲ，Ⅳ		东	S	W	▲
(32)	四声杜鹃(*Cuculus micropterus*)		Ⅲ		东	S	W	△
(33)	中杜鹃(*Cuculus saturatus*)		Ⅲ		古	S	M	△
(34)	小杜鹃(*Cuculus poliocephalus*)		Ⅲ		东	S	W	△
(35)	噪鹃(*Eudynamys scolopaceus*)		Ⅲ		东	S	W	▲
9	鸮形目(Strigiformes)							
12)	鸱鸮科(Strigidae)							
(36)	鬼鸮(*Aegolits funereus*)		Ⅱ		古	R	C	▲
(37)	红角鸮(*Otus sunia*)		Ⅱ	Ⅱ	广	R	O	△
(38)	灰林鸮(*Strix aluco*)		Ⅱ	Ⅱ	广	R	O	△
(39)	四川林鸮(*Strix davidi*)	R	Ⅱ	Ⅱ	东	R	H	△
(40)	纵纹腹小鸮(*Athene noctua*)		Ⅱ	Ⅱ	古	R	U	△
10	雨燕目(Apodiformes)							
13)	雨燕科(Apodidae)							
(41)	白喉针尾雨燕(*Hirundapus caudacutus*)		Ⅲ，Ⅳ		东	S	W	△
(42)	白腰雨燕(*Apus pacificus*)		Ⅲ		古	S	M	▲

续表

序号	动物名称	特有种	保护级别	CITES	区系	留居型	分布型	调查情况
11	佛法僧目(Coraciiformes)							
14)	翠鸟科(Alcedinidae)							
(43)	普通翠鸟(*Alcedo atthis*)		Ⅲ		广	R	O	●
(44)	蓝翡翠(*Halcyon pileata*)		Ⅲ		东	S	W	●
(45)	冠鱼狗(*Magaceryle lugubris*)				广	R	O	△
12	戴胜目(Upupiformes)							
15)	戴胜科(Upupidae)							
(46)	戴胜(*Upupa* (epops		Ⅲ		广	S	O	▲
13	鴷形目(Piciformes)							
16)	啄木鸟科(Picidae)							
(47)	小斑啄木鸟(*Dendrocopos minor*)				古	R	U	△
(48)	大黄冠绿啄木鸟(*Picus flavinucha*)				东	R	W	△
(49)	棕腹啄木鸟(*Picoides hyperythrus*)		Ⅲ		东	R	H	△
(50)	大斑啄木鸟(*Picoides major*)		Ⅲ		古	R	U	▲
(51)	三趾啄木鸟(*Picoides tridactylus*)		Ⅲ		古	R	C	△
14	雀形目(Passeriformes)							
17)	百灵科(Alaudidae)							
(52)	细嘴短趾百灵 (*Calandrella acutirostris*)				古	S	P	△
(53)	短趾百灵(*Calandrella cheleensis*)				广	R	O	△
(54)	凤头百灵(*Galerida cristata*)				广	R	O	△
18)	燕科(Hirundinidae)							
(55)	岩燕(*Hirundo rupestris*)		Ⅲ		广	R	O	▲
(56)	家燕(*Hirundo rustica*)		Ⅲ		古	S	C	▲
(57)	金腰燕(*Hirundo daurica*)		Ⅲ		广	S	O	△
19)	鹡鸰科(Motacillidae)							
(58)	白鹡鸰(*Motacilla alba*)		Ⅲ		广	S	O	▲
(59)	黄头鹡鸰(*Motacilla citreola*)		Ⅲ		古	P	U	△
(60)	灰鹡鸰(*Motacilla cinerea*)		Ⅲ		广	S	O	▲
(61)	树鹨(*Anthus hodgsoni*)		Ⅲ		古	S	M	△
(62)	田鹨(*Anthus novaeseelandiae*)				古	S	M	▲
(63)	山鹨(*Anthus sylvanus*)		Ⅲ		东	S	S	△
20)	山椒鸟科(Campephagidae)							
(64)	小灰山椒鸟 (*Pericrocotus cantonensis*)				东	R	O	△

续表

序号	动物名称	特有种	保护级别	CITES	区系	留居型	分布型	调查情况
(65)	长尾山椒鸟(*Pericrocotus ethologus*)		Ⅲ		东	S	H	▲
21)	鹎科(Pycnonotidae)							
(66)	领雀嘴鹎(*Spizixos semitorques*)		Ⅲ		东	R	S	▲
(67)	黄臀鹎(*Pycnontus xanthorrhous*)		Ⅲ		东	R	W	▲
22)	太平鸟科(Bombycillidae)							
(68)	太平鸟(*Bombycilla garrulous*)				东	W	C	▲
23)	伯劳科(Laniidae)							
(69)	红尾伯劳(*Lanius cristatus*)		Ⅲ		古	S	X	△
(70)	灰背伯劳(*Lanius tephronotus*)		Ⅲ		东	R	H	△
24)	卷尾科(Dicruridae)							
(71)	黑卷尾(*Dicrurus macrocereus*)		Ⅲ		东	S	W	△
(72)	灰卷尾(*Dicrurus leucophaeus*)		Ⅲ		东	S	W	△
25)	椋鸟科(Sturnidae)							
(73)	八哥(*Acridotheres cristatellus*)		Ⅲ		东	R	W	▲
26)	鸦科(Corvidae)							
(74)	松鸦(*Garrulus glandarius*)				古	R	U	▲
(75)	寒鸦(*Corvus monedula*)				古	R	U	△
(76)	红嘴蓝鹊(*Urocissa erythrorhyncha*)		Ⅲ		东	R	W	▲
(77)	喜鹊(*Pica pica*)		Ⅲ		古	R	C	▲
(78)	星鸦(*Nucifraga caryocatactes*)				古	R	U	▲
(79)	小嘴乌鸦(*Corvus corone*)				古	R	C	△
(80)	大嘴乌鸦(*Corvus macrorhynchos*)				广	R	E	▲
(81)	白颈鸦(*Corvus torquatus*)				东	R	S	△
27)	河乌科(Cinclidae)							
(82)	河乌(*Cinclus cinclus*)				广	R	O	△
(83)	褐河乌(*Cinclus pallasii*)				东	R	W	▲
28)	鹪鹩科(Troglodytidae)							
(84)	鹪鹩(*Troglodytes troglodytes*)				古	R	C	△
29)	岩鹨科(Prunellidae)							
(85)	贺兰山岩鹨(*Prunella koslowi*)				古	R	D	△
(86)	棕胸岩鹨(*Prunella strophiata*)				东	R	H	△
30)	鸫科(Turdidae)							
(87)	黑喉石即鸟(*Saxicola torquata*)				古	S	O	△
(88)	白顶即鸟(*Oenanthe hispanica*)				古	S	D	△
(89)	赭红尾鸲(*Phoenicurus ochruros*)				广	R	O	▲

续表

序号	动物名称	特有种	保护级别	CITES	区系	留居型	分布型	调查情况
(90)	白喉红尾鸲(*Phoenicurus schisticeps*)				东	R	H	△
(91)	北红尾鸲(*Phoenicurus auroreus*)		Ⅲ		古	S	M	▲
(92)	蓝额红尾鸲(*Phoenicurus frontalis*)				东	R	H	△
(93)	红尾水鸲(*Rhyacornis fuliginosus*)				东	R	W	▲
(94)	小燕尾(*Enicurus scouleri*)				东	R	S	▲
(95)	黑背燕尾(*Enicurus leschenaulti*)				东	R	W	△
(96)	灰林(即鸟)(*Saxicola ferrea*)				东	R	W	▲
(97)	蓝矶鸫(*Monticola solitarius*)				广	S	O	△
(98)	棕背鸫(*Turdus kessleri*)				东	R	H	△
(99)	紫啸鸫(*Myophonus caeruleus*)				东	R	W	▲
(100)	虎斑地鸫(*Zoothera dauma*)		Ⅲ		古	R	U	△
(101)	乌鸫(*Turdus merula*)				广	R	O	▲
(102)	斑鸫(*Turdus naummanni*)		Ⅲ		古	P	M	△
31)	鹟科(Muscicapidae)							
(103)	白喉林鹟(*Rhinomyias brunneata*)				东	S	S	△
(104)	锈胸蓝姬鹟(*F. hodgsonii*)				东	S	H	△
(105)	橙胸姬鹟(*Ficedula strophiata*)				东	S	W	△
(106)	棕腹大仙鹟(*Niltava davidi*)				东	S	W	△
(107)	北灰鹟(*Muscicapa thalassina*)				古	S	M	△
(108)	方尾鹟(*Culicicapa ceylonensis*)				东	S	W	▲
32)	画眉科(Timaliidae)							
(109)	棕颈钩嘴(*Pomatorhinus Ruficollis*)				东	R	W	△
(110)	黑额山噪鹛(*G. sukatschewi*)				古	R	P	▲
(111)	灰翅噪鹛(*Garrulax cineraceus*)		Ⅲ		东	R	S	△
(112)	斑背噪鹛(*Garrulax lunulatus*)	R	Ⅲ		东	R	H	△
(113)	橙翅噪鹛(*Garrulax elliotii*)	R	Ⅲ		东	R	H	▲
(114)	褐头雀鹛(*Alcippe cinereiceps*)				东	R	S	▲
(115)	白领凤鹛(*Yuhina diademata*)				东	R	H	▲
33)	鸦雀科(Paradoxornithidae)							
(116)	红嘴鸦雀(*Conostoma oemodium*)		Ⅲ		东	R	H	△
(117)	三趾鸦雀(*Paradaxornis paradoxus*)	R	Ⅲ		东	R	H	●
(118)	白眶鸦雀(*Paradaxornis onspicillatus*)	R	Ⅲ		东	R	S	●
(119)	棕头鸦雀(*Paradaxornis webbianus*)				东	R	S	▲
34)	扇尾莺科(Cisticolidae)							

续表

序号	动物名称	特有种	保护级别	CITES	区系	留居型	分布型	调查情况
(120)	棕扇尾莺(*Cisticola juncidis*)				广	S	O	▲
35)	莺科(Sylviidae)							
(121)	高山短翅莺(*Bradypterus*)				东	R	W	▲
(122)	中华短翅莺(*Bradypterus tacsanowskius*)				广	S	O	▲
(123)	强脚树莺(*Cettia forpipes*)				东	R	W	▲
(124)	东方大苇莺(*Acrocephalus orientalis*)				广	S	O	△
(125)	黄腹柳莺(*Phylloscopus affinis*)		Ⅲ		东	S	H	▲
(126)	黄腰柳莺(*Phylloscopus proregulus*)		Ⅲ		古	S	U	▲
(127)	黄眉柳莺(*Phylloscopus inornatus*)		Ⅲ		古	S	U	▲
(128)	四川柳莺(*P. sichuanensis*)				古	S	C	△
(129)	暗绿柳莺(*Phylloscopus trochiloides*)		Ⅲ		古	S	U	△
(130)	冠纹柳莺(*Phylloscopus reguloides*)		Ⅲ		东	S	W	△
(131)	金眶鹟莺(*Seicercus burkii*)				东	S	S	△
36)	戴菊科(Regulidae)							
(132)	戴菊(*Regulus regulus*)		Ⅲ		古	R	C	△
37)	绣眼鸟科(Zosteropidae)							
(133)	暗绿绣眼鸟(*Zosterops japonicus*)		Ⅲ		东	R	S	▲
38)	长尾山雀科(Aegithalidae)							
(134)	红头长尾山雀(*Aegithalos concinnus*)		Ⅲ		东	R	W	△
(135)	银脸长尾山雀(*Aegithalos fuliginosus*)	R	Ⅲ		古	R	P	△
39)	山雀科(Paridae)							
(136)	沼泽山雀(*Parus palustris*)		Ⅲ		古	R	U	△
(137)	褐头山雀(*Parus montanus*)		Ⅲ		古	R	C	△
(138)	红腹山雀(*P. davidi*)				东	R	P	△
(139)	黑冠山雀(*Parus rubidiventris*)		Ⅲ		东	R	H	△
(140)	黄腹山雀(*Parus venustulus*)	R	Ⅲ		东	R	S	▲
(141)	褐冠山雀(*Parus dichrous*)		Ⅲ		东	R	H	△
(142)	大山雀(*Parus major*)		Ⅲ		广	R	O	▲
(143)	绿背山雀(*Parus monticolus*)		Ⅲ		东	R	W	▲
(144)	银喉长尾山雀(*Aegithalos caudatus*)				古	R	U	△
40)	䴓科(Sittidae)							
(145)	普通䴓(*Sitta europaea*)				古	R	U	△
41)	旋壁雀科(Tichodromidae)							

续表

序号	动物名称	特有种	保护级别	CITES	区系	留居型	分布型	调查情况
(146)	红翅旋壁雀(*Tichodroma muraria*)				广	R	O	△
42)	太阳鸟科(Nectariniidae)							
(147)	蓝喉太阳鸟(*Aethopyga gouldiae*)				东	S	S	△
43)	文鸟科(Ploceidae)							
(148)	麻雀(*Passer montanus*)				古	R	U	△
(149)	山麻雀(*Passer rutilans*)				东	R	S	△
(150)	白腰文鸟(*Lonchura striata*)				东	R	W	△
44)	燕雀科(Fringillidae)							
(151)	燕雀(*Fringilla montifringilla*)		Ⅲ		古	R	U	△
(152)	普通朱雀(*Carpodacus erythrirus*)		Ⅲ		古	R	U	△
(153)	斑翅朱雀(*Carpodacus trifasciatus*)		Ⅲ		东	R	H	△
(154)	白眉朱雀(*Carpodacus thura*)		Ⅲ		东	R	H	△
(155)	金翅雀(*Carduelis sinica*)		Ⅲ		古	R	M	△
(156)	灰头灰雀(*Pyrrhula erythaca*)		Ⅲ		东	R	H	△
(157)	白斑翅拟蜡嘴雀(*Mycerobas carnipes*)				古	R	I	△
45)	鹀科(Emberizidae)							
(158)	黄眉鹀(*E. chrysophrys*)				古	S	M	△
(159)	灰眉岩鹀(*Emberiza godlewskii*)		Ⅲ		广	R	O	△
(160)	三道眉草鹀(*Emberiza cioides*)		Ⅲ		古	R	M	▲
(161)	小鹀(*Emberiza pusilla*)		Ⅲ		古	W	U	△
(162)	黄喉鹀(*Emberiza elegans*)		Ⅲ		古	R	M	△
(163)	灰头鹀(*Emberiza spodocephala*)		Ⅲ		古	S	M	△

分类依据《中国鸟类分类与分布名录》(郑光美，2011)。

特有种：R 为中国特有种。

保护级别：Ⅰ表示国家一级重点保护野生动物；Ⅱ表示国家二级重点保护野生动物；Ⅲ：国家保护有益的、有重要经济价值的、有科学研究价值的动物；Ⅳ：四川省重点保护动物。

区系："古"代表古北界；"东"代表东洋界；"广"代表广布种。

居留类型：P 代表旅鸟；W 代表冬候鸟；R 代表留鸟；S 代表夏候鸟。

分布型(张荣祖，2011)：U 为古北型；C 为全北型；M 为东北型；X 为东北—华北型；E 为季风型；P 或 I 为高地型；H 为喜马拉雅—横断山区型；S 为南中国型；W 为东洋型；D 为中亚型；O 为不易归类的分布。

CITES 中：Ⅰ代表附录 I 收录物种；Ⅱ代表附录 II 收录物种；Ⅲ代表附录 III 收录物种。

调查情况：▲. 察见动物；△. 资料记载；●. 访问。

附录11　白河自然保护区兽类名录

序号	动物名称	特有种	保护级别	IUCN	CITES	地理分布型	数据来源
1	食虫目(Insectivora)						
1)	猬科(Erinaceidae)						
(1)	刺猬(*Erinaceus amurensis*)					O	△
2)	鼩鼱科(Soricidae)						
(2)	大长尾鼩(*Soriculus salenskii*)	R				H	△
(3)	普通鼩鼱(*S. araneus*)					U	▲
(4)	川西长尾鼩(*Chodsigoa hypsibia*)	R				H	▲
(5)	印度长尾鼩(C. leucops)					H	△
(6)	四川短尾鼩(*Anourosorex squamipes*)					S	▲
3)	鼹科(Talpidae)						
(7)	长吻鼹(*Talpa longirostris*)	R				S	△
2	翼手目(Chiroptera)						
4)	蝙蝠科(Vespertilionidae)						
(8)	亚洲宽耳蝠(*Barbstella leucomelas*)					U	△
(9)	金管鼻蝠(*Murina aurata*)					W	△
3	灵长目(Primates)						
5)	猴科(Cercopithecidae)						
(10)	川金丝猴(*Rhinopithecus roxellana*)	R	Ⅰ	EN	Ⅰ	H	▲
(11)	猕猴(*Macaca mulatta*)		Ⅱ		Ⅱ	W	▲
4	食肉目(Carnivora)						
6)	犬科(Canidae)						
(12)	豺(*Cuon alpinus*)		Ⅱ	VU	Ⅱ	W	△
(13)	狼(*Canis lupus*)			EN	Ⅱ	C	△
(14)	赤狐(*Vulpes vulpes*)		★,◎			C	▲
7)	熊科(Ursidae)						
(15)	黑熊(*Ursus thibetanus*)		Ⅱ	VU	Ⅰ	E	▲
(16)	马熊(*Ursus arctos pruinosus*)		Ⅱ	VU	Ⅰ	P	▲
8)	大熊猫科(Ailuropodidae)						
(17)	大熊猫(*Ailuropoda melanoleuca*)	R	Ⅰ	EN	Ⅰ	H	▲
9)	鼬科(Mustelidae)						

续表

序号	动物名称	特有种	保护级别	IUCN	CITES	地理分布型	数据来源
(18)	鼬獾(*Melogale moschata*)		★	NT		S	▲
(19)	猪獾(*Arctonyx collaris*)		★	NT		W	▲
(20)	黄腹鼬(*Mustela kathiah*)					S	▲
(21)	黄喉貂(*M. flavigula*)		Ⅱ			W	▲
(22)	黄鼬(*M. sibirica*)		★			U	▲
(23)	水獭(*Lutra lutra*)		Ⅱ		Ⅱ	U	▲
10)	灵猫科(Viverridae)						
(24)	果子狸(*Paguma larvata*)		★			W	▲
11)	猫科(Felidae)						
(25)	兔狲(*Felis manul*)		Ⅱ	NT	Ⅱ	D	△
(26)	猞猁(*Lynx lynx*)		Ⅱ		Ⅱ	C	△
(27)	金猫(*Catopuma temmincki*)		Ⅱ	NT	Ⅰ	W	▲
(28)	豹猫(*Prionailurus bengalensis*)		★,◎		Ⅱ	W	▲
(29)	豹(*Panthera pardus*)		Ⅰ	NT	Ⅰ	O	△
5	偶蹄目(Artiodactyla)						
12)	猪科(Suidae)						
(30)	野猪(*Sus scrofa*)		★			U	▲
13)	麝科(Moschidae)						
(31)	林麝(*Moschus berezovskii*)		Ⅰ	EN	Ⅱ	S	▲
(32)	高山麝(*M. sifanicus*)		Ⅰ	VU	Ⅱ	P	△
14)	鹿科(Cervidae)						
(33)	毛冠鹿(*Elaphodus cephalophus*)		★,◎	NT		S	▲
(34)	狍(*Capreolus capreolus*)					U	▲
15)	牛科(Bovidae)						
(35)	扭角羚(*Budorcas taxicolor*)		Ⅰ	VU	Ⅱ	H	▲
(36)	中华鬣羚(*Capricornis milneedwardsii*)		Ⅱ	VU	Ⅰ	W	▲
(37)	川西斑羚(*Naemorhedus goral*)		Ⅱ	VU	Ⅰ	E	▲
(38)	岩羊(*Pseudois nayaur*)		Ⅱ			P	●
6	啮齿目(Rodentia)						
16)	松鼠科(Sciuridae)						
(39)	隐纹花鼠(*Tamiops swinhoei*)		★			W	▲
(40)	喜马拉雅旱獭(*Marmota himalayana*)					P	●
(41)	岩松鼠(*Sciurotamias davidianus*)	R	★			O	▲
(42)	花鼠(*Tamias sibiricus*)					U	▲
17)	鼯鼠科(Petauristidae)						

续表

序号	动物名称	特有种	保护级别	IUCN	CITES	地理分布型	数据来源
(43)	复齿鼯鼠(*Trogopterus xanthipes*)	R	★	NT		H	●
(44)	红白鼯鼠(*Petaurista alborufus*)	R	★			W	△
18)	鼠科(Muridae)						
(45)	巢鼠(*Micromys minutus*)					U	△
(46)	高山姬鼠(*Apodemus chevrieri*)	R				S	▲
(47)	龙姬鼠(*A. draco*)	R				S	▲
(48)	大耳姬鼠(*A. latronum*)	R				H	△
(49)	大林姬鼠(*A. peninsulae*)					X	△
(50)	褐家鼠(*Rattus noryegicus*)					U	●
(51)	黄胸鼠(*R. flavipectus*)					W	●
(52)	小泡巨鼠(*Leopoldamys edwardsi*)					W	●
(53)	社鼠(*Niviventer confucianus*)		★			W	▲
(54)	川西白腹鼠(*N. excelsior*)	R				H	△
19)	林跳鼠科(Zapodidae)						
(55)	四川林跳鼠(*Eozapus setchuanus*)	R				P	△
(56)	中华蹶鼠(*Sicista concolor*)					U	△
20)	竹鼠科(Rhizomyidae)						
(57)	中华竹鼠(*Rhizomys sinensis*)	R	★			W	▲
21)	田鼠科(Microtidae)						
(58)	甘肃绒鼠(*Eothenomys eva*)	R				H	△
(59)	松田鼠(*Pitymys irene*)	R				P	△
22)	豪猪科(Hystricidae)						
(60)	豪猪(*Hystrix hodgsoni*)		★			W	●
7	兔形目(Lagomorpha)						
23)	兔科(Leporidae)						
(61)	灰尾兔(*Lepus oiostolus*)		★			P	△
(62)	草兔(*L. capensis*)		★			O	▲
24)	鼠兔科(Ochotonidae)						
(63)	藏鼠兔(*Ochotona thibetana*)	R				H	▲
(64)	狭颅鼠兔(*O. thomasi*)	R				P	▲
(65)	间颅鼠兔(*O. cansus*)					P	▲

分布型：S. 为南中国型；D. 为中亚型；H. 为喜马拉雅—横段山区型；W. 为热带亚热带型；O. 为不易归类的类型；E. 为季风型；C. 为全北型；P. 为高地型；X. 为东北—华北型；B. 为华北型；U. 为古北型。

保护级别：Ⅰ代表国家一级重点保护动物；Ⅱ代表国家二级重点保护动物；★代表国家保护有益的、有重要经济价值的、有科学研究价值的动物；◎代表四川省重点保护动物。

IUCN 濒危等级：濒危(Endangered，EN)；易危(Vulnerable，VU)；近危(Near Threatened，NT)(IUCN 红色名录，2010)。

CITIES 等级：Ⅰ为 CITIES 附录Ⅰ；Ⅱ为 CITIES 附录Ⅱ。

调查情况：●. 访问；▲. 察见实体；△. 资料记载。

附录 12　白河自然保护区物种数量及重点物种统计表

项目	物种数量	种/种				
		总数	国家重点保护物种（一级和二级）	国家一级重点保护物种	国家二级重点保护物种	中国特有种
真菌	33 科 65 属	106	1	0	1	0
苔藓	49 科 102 属	146	0	0	0	0
蕨类	25 科 49 属	144	0	0	0	0
裸子植物	5 科 10 属	35	5	1	4	33
被子植物	103 科 456 属	1293	4	1	3	12 属*
昆虫	105 科 424 属	587	0	0	0	0
鱼类	3 科 4 属	6	0	0	0	4
两栖类	5 科 10 属	16	1	0	1	12
爬行类	1 目 4 科	13	0	0	0	4
兽类	7 目 24 科	65	18	6	12	13
鸟类	14 目 45 科	163	22	4	18	11
合计(种)		2574	51	12	39	77(除被子植物外)

*：中国特有属为 12 属，具体种的数据缺失。

附录 13　白河自然保护区国家 Ⅰ、Ⅱ 级重点保护动物和中国特有动物名录

序号	动物名称	特有种	保护级别	分布型	调查情况
1	隼形目(Falconiformes)				
1)	鹰科(Accipitridae)				
(1)	黑鸢(*Milvus migrans*)		Ⅱ	U	△
(2)	雀鹰(*Accipiter nisus*)		Ⅱ	U	△
(3)	普通鵟(*Buteo buteo*)		Ⅱ	U	△
(4)	金雕(*Aquila chrysaetos*)		Ⅰ	C	△
(5)	短趾鵰(*Circettus gallicus*)		Ⅱ	O	△
(6)	草原鵰(*Aquilia rapax*)		Ⅱ	D	△
2)	隼科(Falconidae)				
(7)	燕隼(*Falco subbuteo*)		Ⅱ	U	△
(8)	灰背隼(*Falco columbarius*)		Ⅱ	C	△
(9)	黄爪隼(*Falco naumanni*)		Ⅱ	U	△
2	鸡形目(Galliformes)				
3)	松鸡科(Tetraonidae)				
(10)	斑尾榛鸡(*Bonasa sewerzowi*)	R	Ⅰ	H	△
4)	雉科(Phasianidae)				
(11)	红喉雉鹑(*Tetraophasis obscurus*)		Ⅰ	H	△
(12)	蓝马鸡(*Crossoptilon auritum*)	R	Ⅱ	H	△
(13)	血雉(*Ithaginis cruentus*)		Ⅱ	H	▲
(14)	红腹角雉(*Tragopan temminckii*)		Ⅱ	H	▲
(15)	勺鸡(*Pucrasia macrolopha*)		Ⅱ	S	▲
(16)	绿尾虹雉(*Lophophorus lhuysii*)	R	Ⅰ	H	●
(17)	红腹锦鸡(*Chrysolophus pictus*)	R	Ⅱ	W	▲
3	鸮形目(Strigiformes)				
5)	鸱鸮科(Strigidae)				
(18)	鬼鸮(*Aegolits funereus*)		Ⅱ	C	▲
(19)	红角鸮(*Otus sunia*)		Ⅱ	O	△
(20)	灰林鸮(*Strix aluco*)		Ⅱ	O	△
(21)	四川林鸮(*Strix davidi*)	R	Ⅱ	H	△
(22)	纵纹腹小鸮(*Athene noctua*)		Ⅱ	U	△

续表

序号	动物名称	特有种	保护级别	分布型	调查情况
4	雀形目(Passeriformes)				
6)	画眉科(Timaliidae)				
(23)	斑背噪鹛(*Garrulax lunulatus*)	R		H	△
(24)	橙翅噪鹛(*Garrulax elliotii*)	R		H	▲
7)	鸦雀科(Paradoxornithidae)				
(25)	三趾鸦雀(*Paradaxornis paradoxus*)	R		H	●
(26)	白眶鸦雀(*Paradaxornis onspicillatus*)	R		S	●
8)	长尾山雀科(Aegithalidae)				
(27)	银脸长尾山雀(*Aegithalos fuliginosus*)	R		P	△
9)	山雀科(Paridae)				
(28)	黄腹山雀(*Parus venustulus*)	R		S	▲
5	食虫目(Insectivora)				
10)	鼩鼱科(Soricidae)				
(29)	川西长尾鼩(*Chodsigoa hypsibia*)	R		H	▲
11)	鼹科(Talpidae)				
(30)	长吻鼹(*Talpa longirostris*)	R		S	△
6	灵长目(Primates)				
12)	猴科(Cercopithecidae)				
(31)	川金丝猴(*Rhinopithecus roxellana*)	R	Ⅰ	H	▲
(32)	猕猴(*Macaca mulatta*)		Ⅱ	W	▲
7	食肉目(Carnivora)				
13)	犬科(Canidae)				
(33)	豺(*Cuon alpinus*)		Ⅱ	W	△
14)	熊科(Ursidae)				
(34)	黑熊(*Selenarctos thibetanus*)		Ⅱ	E	▲
(35)	马熊(*Ursus arctos pruinosus*)		Ⅱ	P	▲
15)	大熊猫科(Ailuropodidae)				
(36)	大熊猫(*Ailuropoda melanoleuca*)	R	Ⅰ	H	▲
16)	鼬科(Mustelidae)				
(37)	黄喉貂(*M. flavigula*)		Ⅱ	W	▲
(38)	水獭(*Lutra lutra*)		Ⅱ	U	▲
17)	猫科(Felidae)				
(39)	兔狲(*Felis manul*)		Ⅱ	D	△
(40)	猞猁(*Lynx lynx*)		Ⅱ	C	△
(41)	金猫(*Catopuma temmincki*)		Ⅱ	W	▲
(42)	豹(*Panthera pardus*)		Ⅰ	O	△

续表

序号	动物名称	特有种	保护级别	分布型	调查情况
8	偶蹄目(Artiodactyla)				
18)	麝科(Moschidae)				
(43)	林麝(*Moschus berezovskii*)	R	Ⅰ	S	▲
(44)	高山麝(*M. sifanicus*)		Ⅰ	P	△
29)	牛科(Bovidae)				
(45)	扭角羚(*Budorcas taxicolor*)		Ⅰ	H	▲
(46)	中华鬣羚(*Capricornis milneedwardsii*)		Ⅱ	W	▲
(47)	川西斑羚(*Naemorhedus goral*)		Ⅱ	E	▲
(48)	岩羊(*Pseudois nayaur*)		Ⅱ	P	●
9	啮齿目(Rodentia)				
20)	松鼠科(Sciuridae)				
(49)	岩松鼠(*Sciurotamias davidianus*)	R		O	▲
21)	鼯鼠科(Petauristidae)				
(50)	复齿鼯鼠(*Trogopterus xanthipes*)	R		H	●
22)	鼠科(Muridae)				
(51)	高山姬鼠(*Apodemus chevrieri*)	R		S	▲
(52)	大耳姬鼠(*A. latronum*)	R		H	△
(53)	川西白腹鼠(*N. excelsior*)	R		H	△
23)	林跳鼠科(Zapodidae)				
(54)	四川林跳鼠(*Eozapus setchuanus*)	R		P	△
24)	田鼠科(Microtidae)				
(55)	甘肃绒鼠(*Eothenomys eva*)	R		H	△
10	兔形目(Lagomorpha)				
25)	鼠兔科(Ochotonidae)				
(56)	狭颅鼠兔(*O. thomasi*)	R		P	▲
11	有鳞目(Squamata)				
26)	鬣蜥科(Agamidae)				
(57)	草绿攀蜥(*Japalura flaviceps*)	R		H	▲
(58)	四川攀蜥(*Japalura szechwanensis*)	R		H	▲
27)	石龙子科(Scincidae)				
(59)	康定滑蜥(*Scincella potanini*)	R		D	●
28)	蝰科(Viperidae)				
(60)	高原蝮(*Gloydius strauchii*)	R		H	△
12	有尾目(Caudata)				
29)	小鲵科(Hynobiidae)				
(61)	西藏山溪鲵(*Batrachuperus tibetanus*)	R		H	●

续表

序号	动物名称	特有种	保护级别	分布型	调查情况
(62)	山溪鲵(*Batrachuperus pinchonii*)	R		H	●
30)	隐鳃鲵科(Cryptobrachidae)				
(63)	大鲵(*Andrias davidianus*)	R	Ⅱ	W	△
13	无尾目(Anura)				
31)	角蟾科(Megophryidae)				
(64)	西藏齿突蟾(*Scutiger boulengeri*)	R		H	●
(65)	平武齿突蟾(*Scutiger pingwuensis*)	R		H	△
(66)	胸腺猫眼蟾(*Scutiger glandulatus*)	R		H	△
(67)	川北齿蟾(*Oreolalax chuanbeiensis*)	R		H	△
(68)	小角蟾(*Megophrys minor*)	R		H	△
32)	蟾蜍科(Bufonidae)				
(69)	中华大蟾蜍岷山亚种 (*Bufo gargarizans minshanicu*)	R		H	▲
33)	蛙科(Ranidae)				
(70)	四川湍蛙(*Amolops mantzorum*)	R		S	▲
(71)	棘皮湍蛙(*Amolops granulosus*)	R		H	▲
(72)	高原林蛙(*Rana kukunoris*)	R		H	▲
14	鲤形目(Cypriniformes)				
34)	鲤科(Cyprinidae)				
(73)	齐口裂腹鱼(*Schizothorax prenanti*)	R			▲
(74)	嘉陵裸裂尻鱼(*Schizopygopsis kialingensis*)	R			▲
15	鲇形目(Siluriformes)				
35)	鮡科(Sisoridae)				
(75)	青石爬鮡(*Euchiloglanis davidi*)	R			●
(76)	黄石爬鮡(*Euchiloglanis kishinouyei*)	R			●

特有种：R 为中国特有种。

保护级别：Ⅰ表示国家一级重点保护野生动物；Ⅱ表示国家二级重点保护野生动物。

分布型(张荣祖，2011)：U 为古北型；C 为全北型；M 为东北型；X 为东北—华北型；E 为季风型；P 或 I 为高地型；H 为喜马拉雅—横断山区型；S 为南中国型；W 为东洋型；D 为中亚型；O 为不易归类的分布。

调查情况：▲. 察见动物；△. 资料记载；●. 访问。

附录 14　白河自然保护区国家Ⅰ、Ⅱ级重点保护植物和中国特有植物名录

序号	中文名	学名	特有种	级别
1）	松科	Pinaceae		
（1）	四川红杉	*Larix. mastersiana* Rehd. et Wils	R	Ⅱ
（2）	大果青杄	*P. neoveitchii* Mast.	R	Ⅱ
（3）	油麦吊云杉	*P. brachytyla* var. *complanata* (Mast.)Cheng. ex Rehd.	R	Ⅱ
（4）	华山松	*Pinus armandii* Franch.	R	
（5）	油松	*P. tabulaeformis* Carr.	R	
（6）	黄果冷杉	*A. recurvata* var. *ernestii* C. T. Kuan	R	
（7）	巴山冷杉	*Abies fargesii* Franch.	R	
（8）	岷江冷杉	*A. fargesii* var. *faxoniana* T. S. Liu	R	
（9）	云杉	*Picea asperata* Mast.	R	
（10）	紫果冷杉	*A. recurvata* Mast.	R	
（11）	铁杉	*Tsuga chinensis* (Franch.)Pritz.	R	
（12）	麦吊云杉	*P. brachytyla* (Franch.)Pritz.	R	
（13）	鳞皮云杉	*Picea aurantiaca* var. *retroflexa* (Mast.) C. T. Kuan et L. J. Zhou	R	
（14）	丽江云杉	*P. likiangensis* (Franch.)Pritz.	R	
（15）	青杄	*Picea wilsonii* Mast.	R	
（16）	紫果云杉	*P. purpurea* Mast.	R	
（17）	白皮云杉	*Picea aurantiaca* Mast.	R	
（18）	川西云杉	*Picea balfouriana* Rehd. et Wils.	R	
（19）	高山松	*Pinus densata* Mast.	R	
（20）	丽江铁杉	*Tsuga forrestii* Downie	R	
（21）	矩鳞铁杉	*Tsuga chinensis* var. *oblongisguamata* Cheng. et L. K	R	
2）	柏科	Cupressaceae		
（22）	岷江柏木	*Cupressus chengiana* S. Y. Hu	R	Ⅱ
（23）	香柏	*S. squamata* var. *wilsonii* Cheng et L. K.	R	
（24）	高山柏	*Sabina squamata* (Buch. －Hamilt.)Ant	R	
（25）	方枝柏	*S. saltuaria* Cheng et L. K. Fu	R	
（26）	刺柏	*Juniperus formosana* Hayata	R	
（27）	垂枝香柏	*Sabina pingii* (Cheng ex Ferré)Cheng et W. T. Wang	R	

续表

序号	中文名	学名	特有种	级别
3)	三尖杉科	Cephalotaxaceae		
(28)	三尖杉	*Cephalotaxus fortunei* Li	R	
(29)	高山三尖杉	*Cephalotaxus fortunei f.* var. *alpina* Li	R	
(30)	粗榧	*C. sinensis* (Rehd. et Wils) Li	R	
4)	红豆杉科	Taxaceae		
(31)	红豆杉	*Taxus chinensis* (Pilger) Rehd.	R	Ⅰ
5)	麻黄科	Ephedraceae		
(32)	矮麻黄	*Ephedra minuta* Florin	R	
(33)	丽江麻黄	*E. likiangensis* Florin	R	
6)	连香树科	Cercidiphyllaceae		
(34)	连香树	*Cercidiphyllum japonicum* Sieb. et Zucc.		Ⅱ
7)	毛茛科	Ranunculaceae		
(35)	独叶草	*Kingdonia uniflora* Balf. f. et W. W. Smith		Ⅰ
8)	水青树科	Tetracentraceae		
(36)	水青树	*Tctraccntron sinense* Oliv		Ⅱ
9)	罂粟科	Papaveraceae		
(37)	红花绿绒蒿	*Meconopsis punocea* maxim.		Ⅱ

特有种：R 为中国特有种。

保护级别：Ⅰ表示国家一级重点保护野生动物；Ⅱ表示国家二级重点保护野生动物。

附　　图

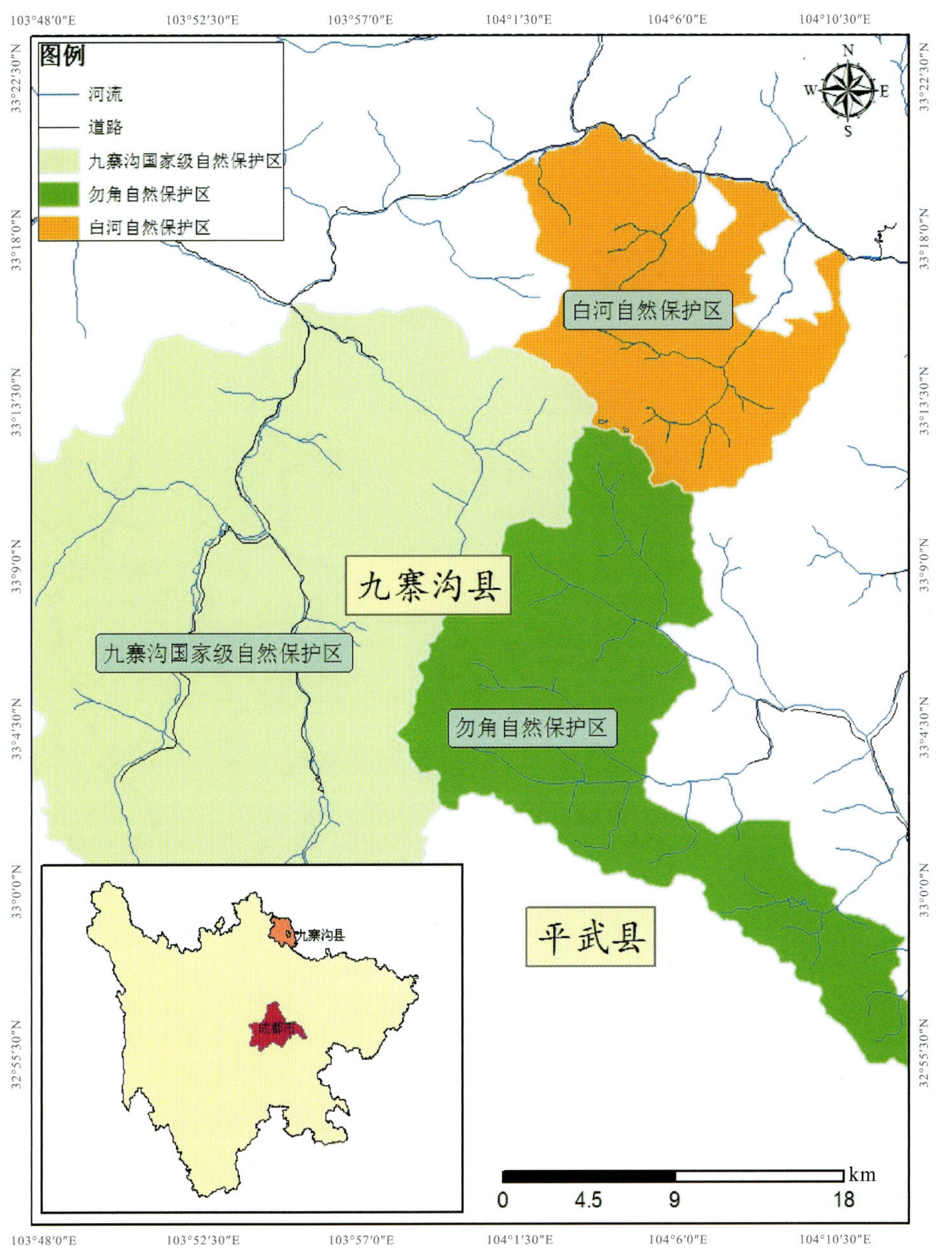

附图 1　白河自然保护区区位关系示意图

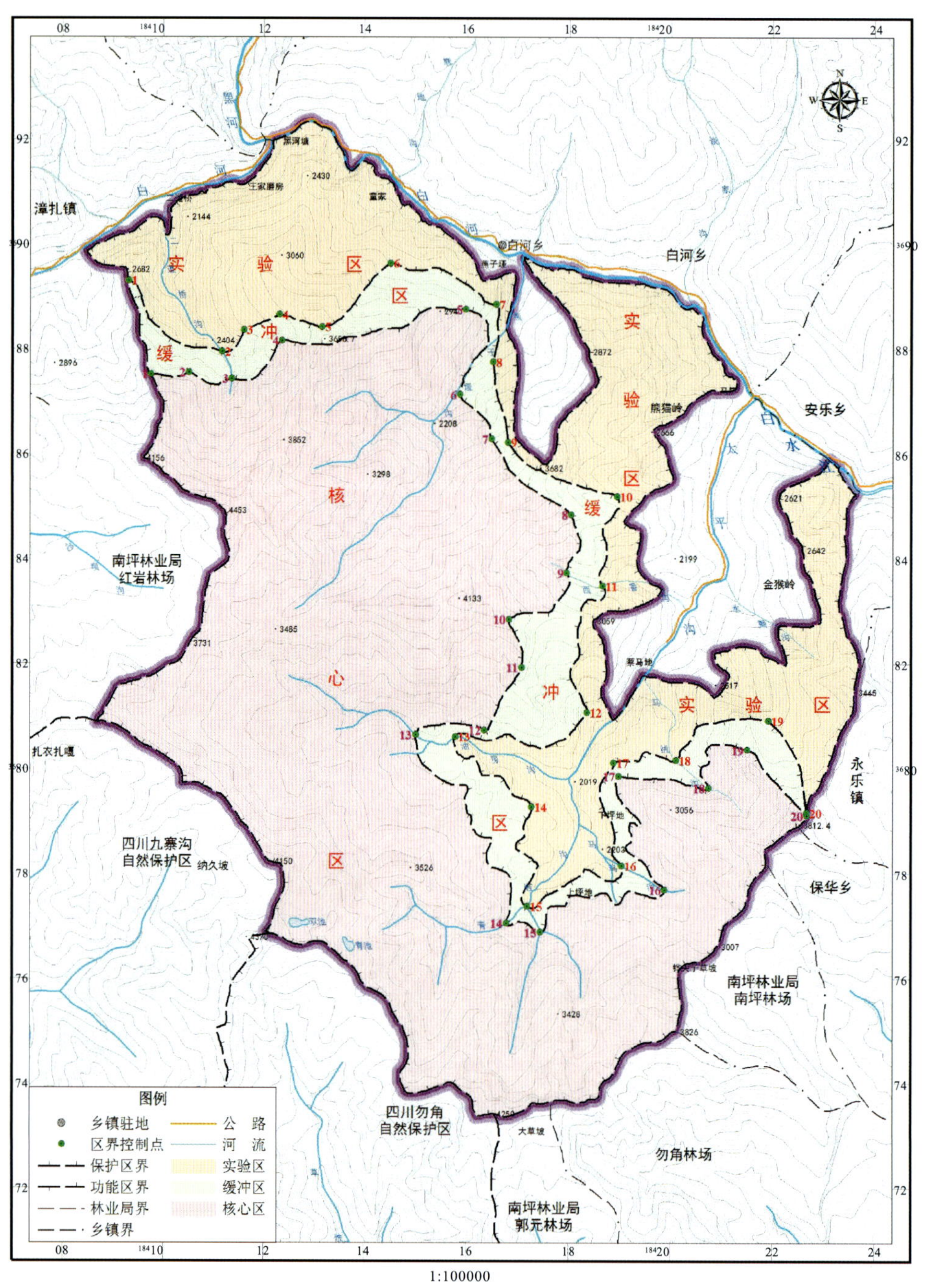

附图 2 白河自然保护区功能分区示意图

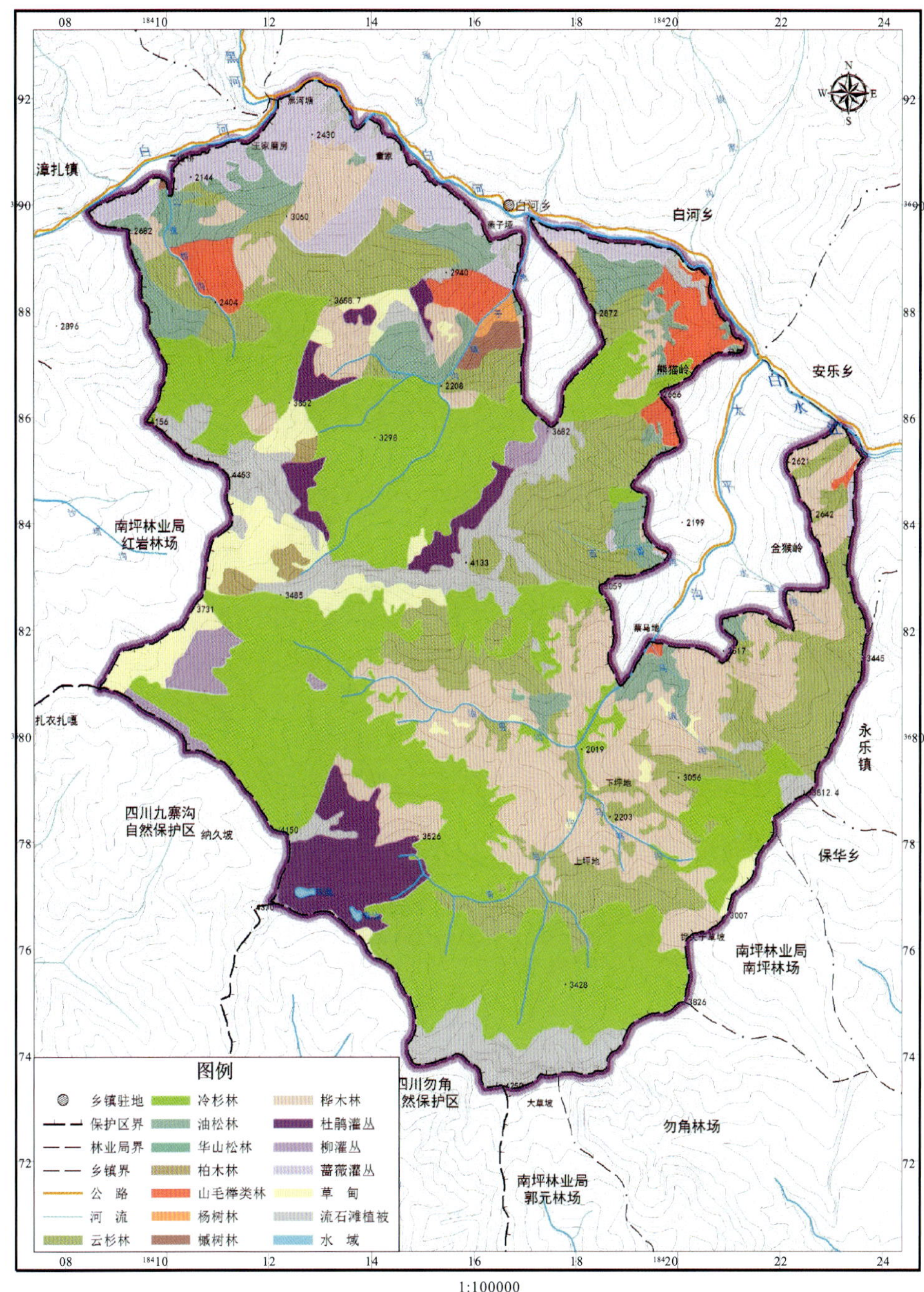

1:100000

附图 3　白河自然保护区植被类型示意图

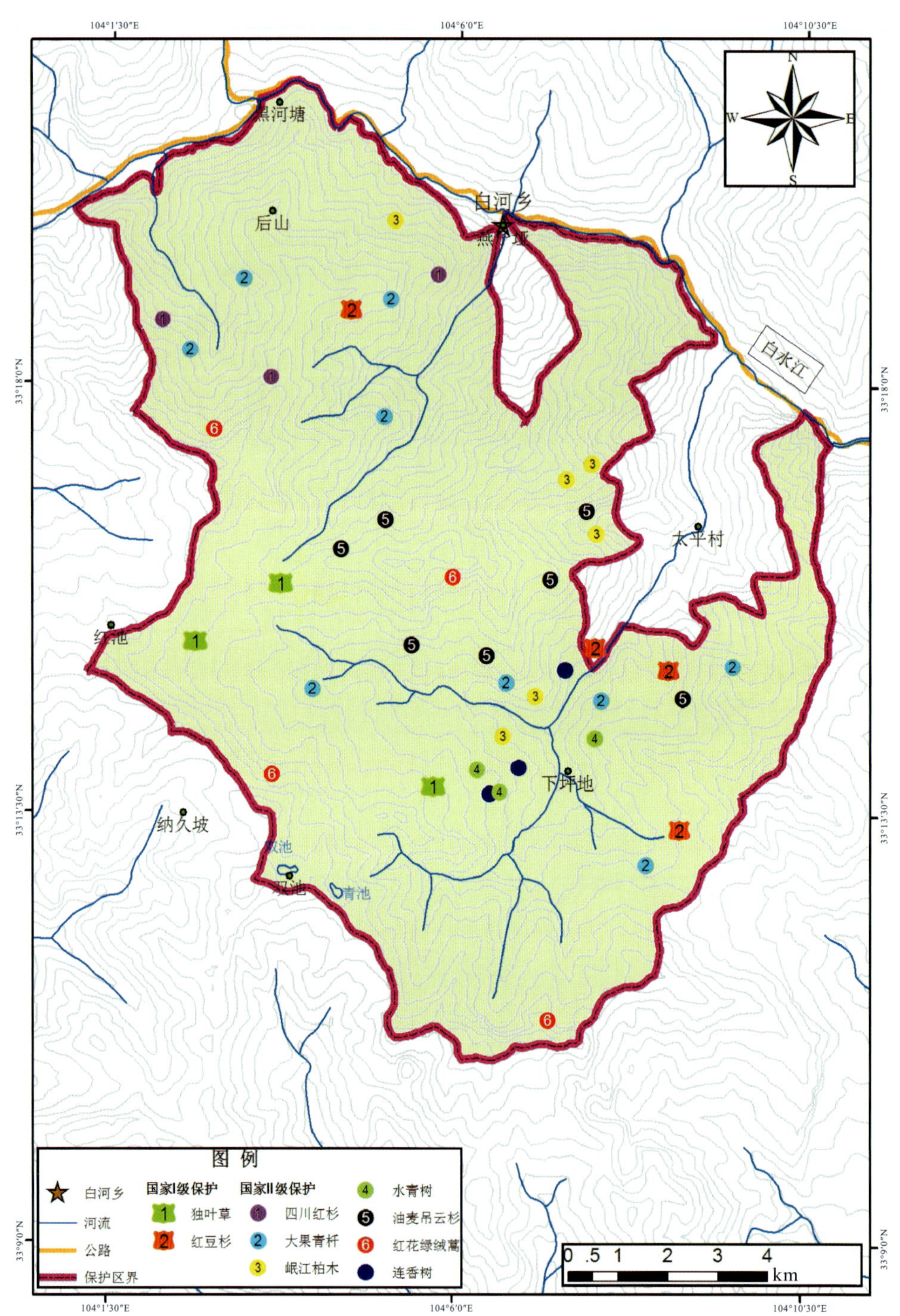

附图 4　白河自然保护区国家重点保护植物分布示意图

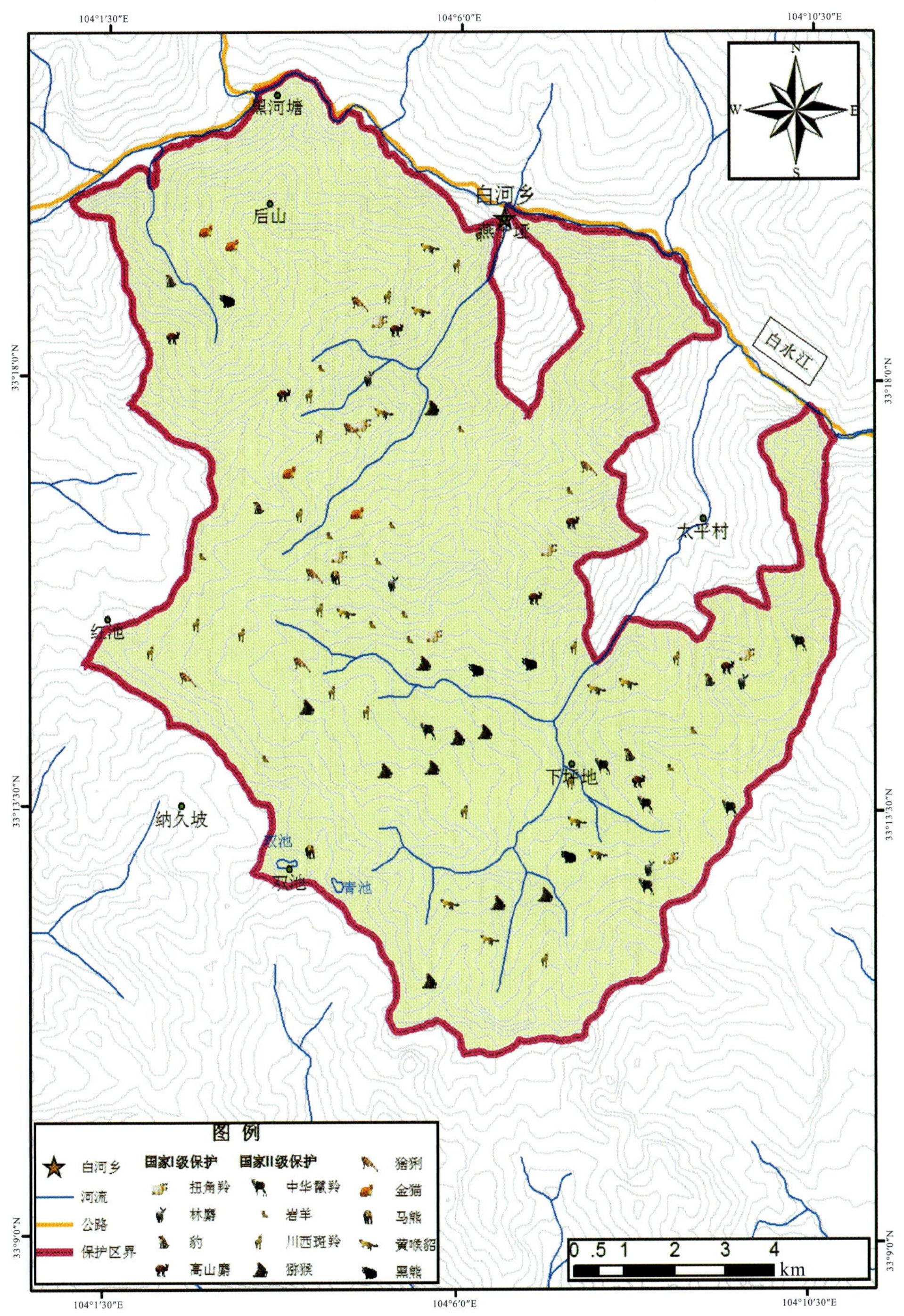

附图 5 白河自然保护区国家重点保护兽类分布示意图

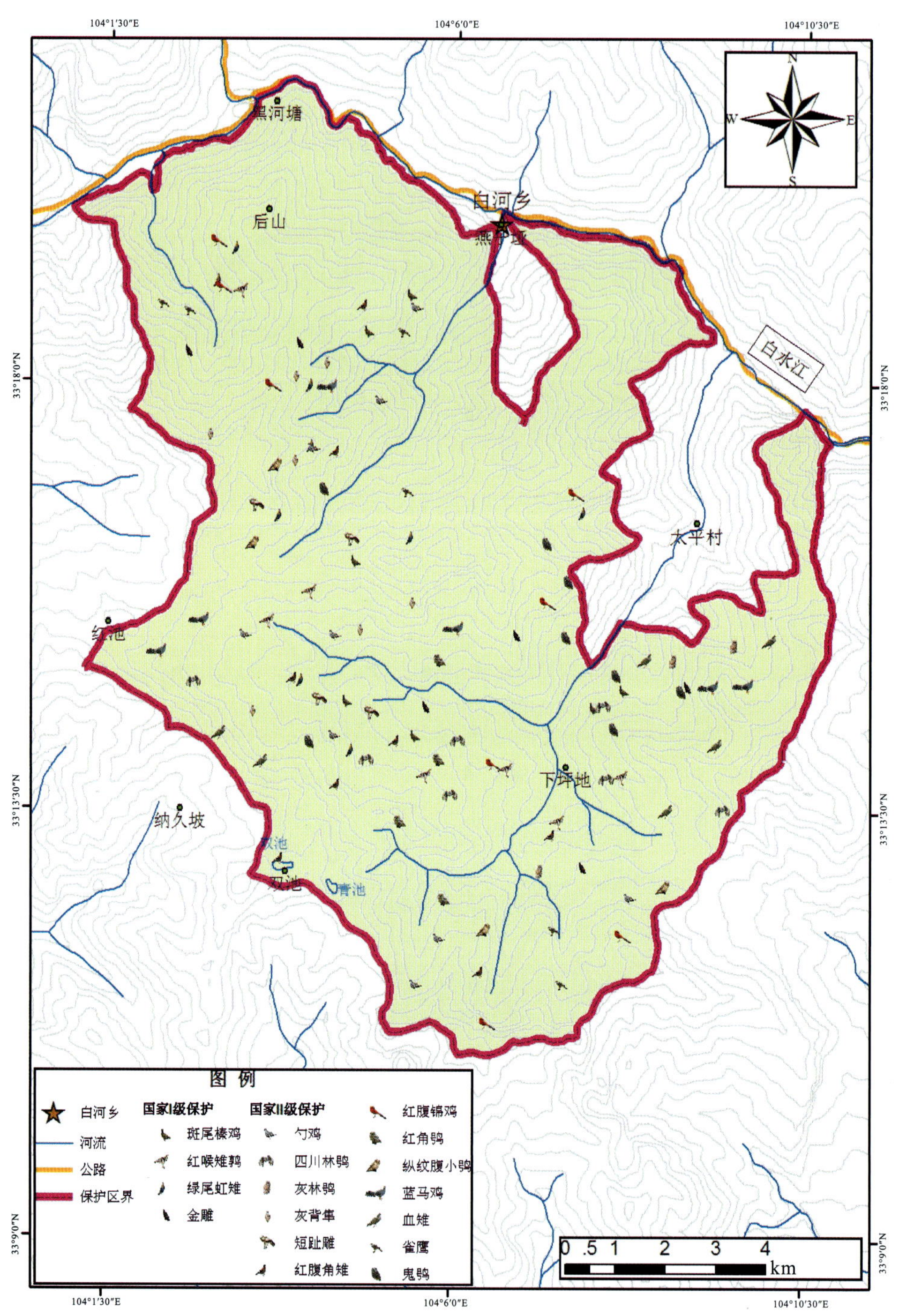

附图 6 白河自然保护区国家重点保护鸟类分布示意图

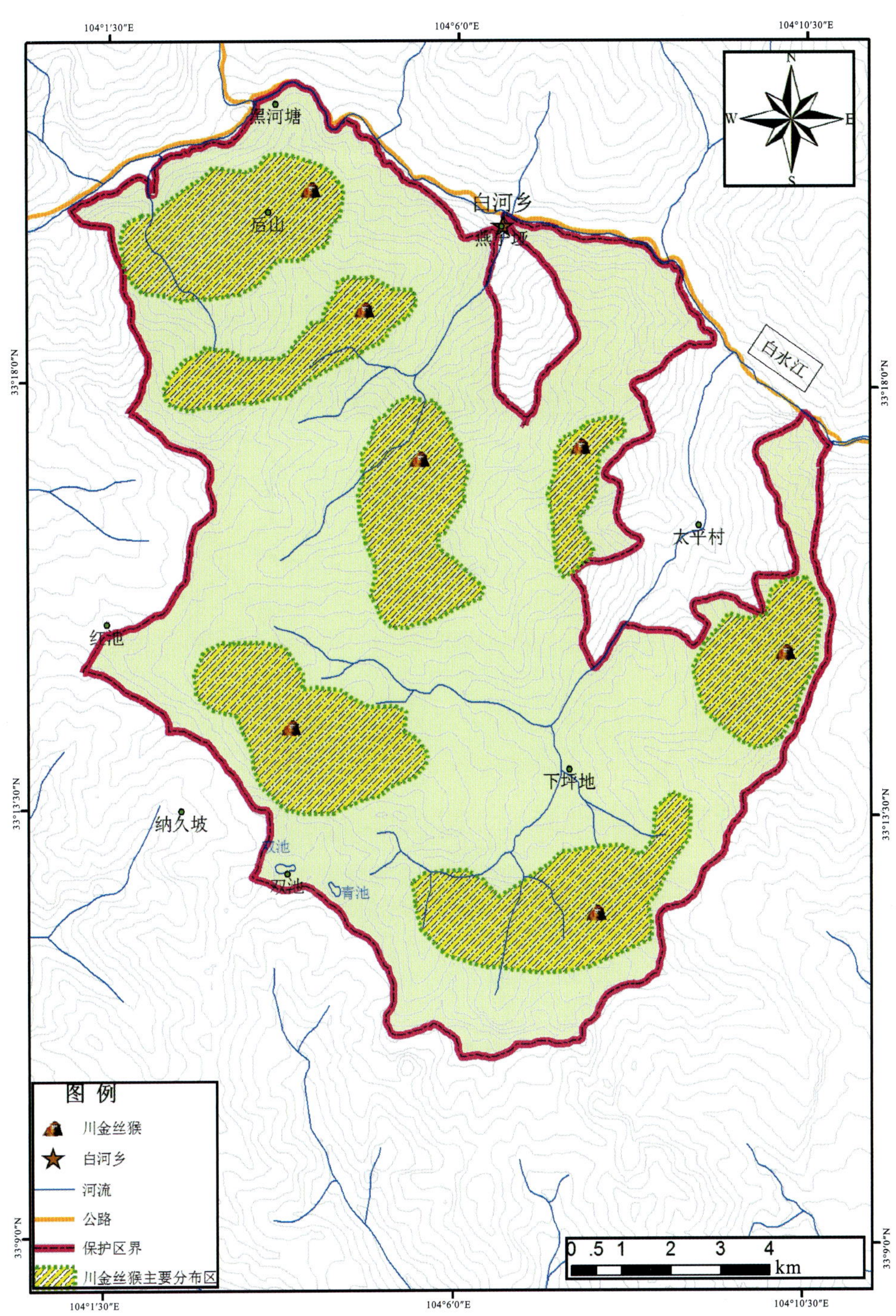

附图 7 白河自然保护区川金丝猴及其栖息地分布示意图

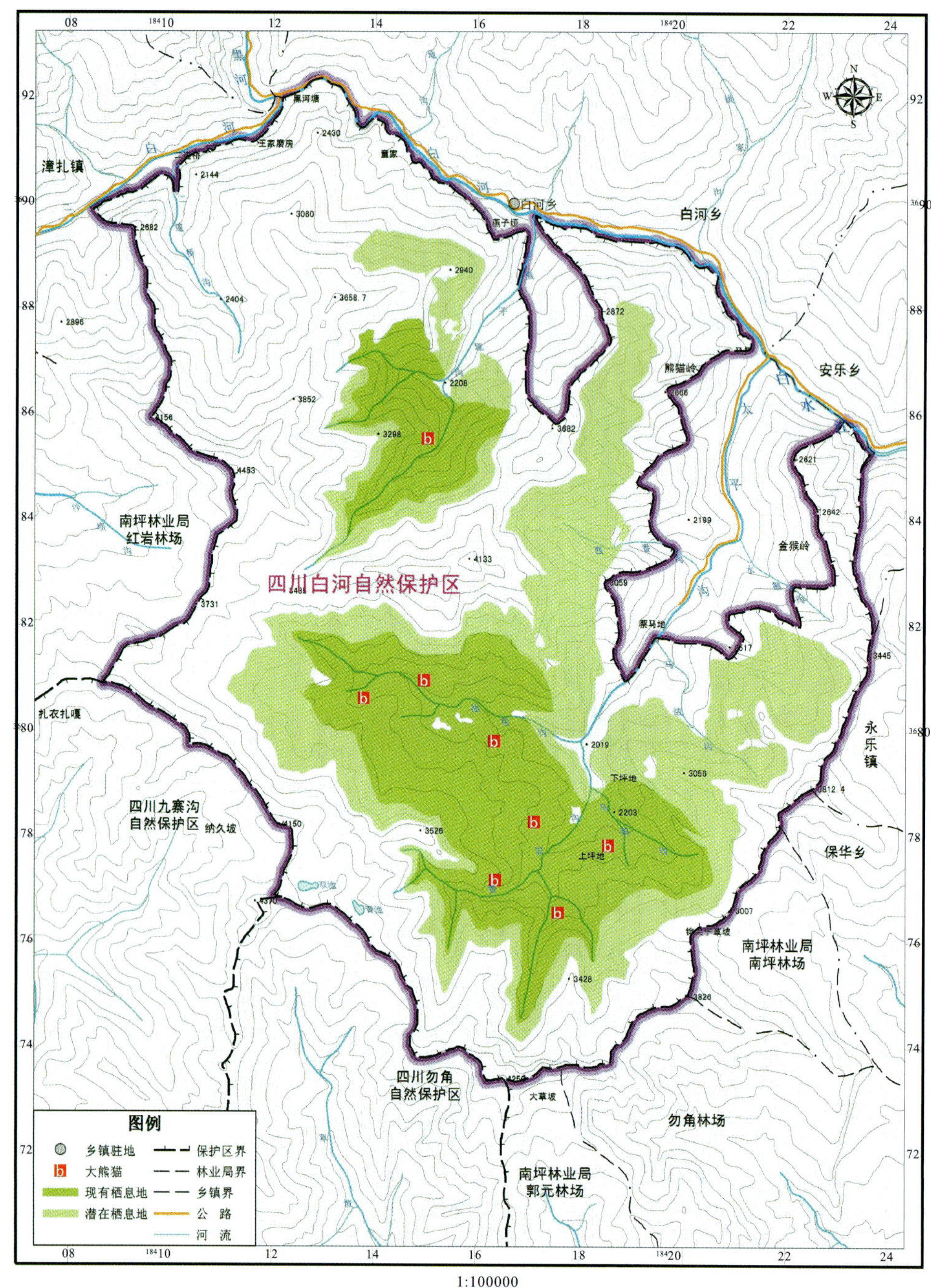

附图 8　白河自然保护区大熊猫及其栖息地分布示意图